TRAUNER VERLAG
RATGEBER

ELISABETH MOTSCH
DORIS SCHULZ

DER BENIMM-Code

+ Überzeugend und stilvoll auftreten

1. Auflage 2021

Köglstraße 14, 4020 Linz, Austria

Layout und Gestaltung: Bettina Victor, Michaela Kobyakov

Lektorat und Produktmanagement: Dr.[in] Regina Jaschke

Korrektorat: Barbara Schöberl

Coverfoto: deagreez / stock.adobe.com

Herstellung: Gutenberg-Werbering Gesellschaft m.b.H., Anastasius-Grün-Straße 6, 4020 Linz

ISBN: 978-3-99113-057-4

ELISABETH MOTSCH
DORIS SCHULZ

DER BENIMM-Code

+ Überzeugend und stilvoll auftreten

www.motsch.at
office@motsch.at

Vorwort

Elisabeth Motsch

Wir leben in einer sehr vernetzten, schnellen Welt, in der wir mit vielen Menschen tagtäglich on- und offline kommunizieren. Dazu braucht es Anleitungen für den respektvollen und sensiblen Umgang mit den anderen, sogenannte Benimm-Codes, welche auch die neuen Anforderungen in der digitalen Welt und im New Work berücksichtigen.

Diese Benimm-Codes haben mich mein Leben lang begleitet und bereichert. Als Buchautorin, Trainerin und Vortragende für Image, Stil und Umgangsformen trage ich dieses Wissen in alle Etagen der Wirtschaft, um Führungskräfte und Mitarbeiter/innen zu schulen. Täglich erlebe ich in meinen Seminaren und Coachings, wie selbstbewusst sich meine Teilnehmerinnen und Teilnehmer mit diesem Wissen in jeder privaten und beruflichen Situation fühlen. Sie erlangen wertvolle Fähigkeiten, die ihre Erfolgschancen erhöhen und dabei helfen, ihr Unternehmen zu präsentieren oder ihren Traumjob zu finden. Gelebte Werte werden in Zukunft mehr denn je für gute Arbeitspositionen entscheidend sein.

Wir widmen dieses Buch allen Menschen, denen Sicherheit im Umgang mit anderen sowie Respekt und Wertschätzung wichtig sind. Sie sollen überzeugend und stilvoll auftreten und damit viele Sympathien gewinnen!

Auf ein achtsames Miteinander, Ihre Elisabeth Motsch

www.medienfrau.at
office@medienfrau.at

PODCAST
#RAUS AUS DER COUCH
MEDIENFRAU DORIS SCHULZ

Vorwort

Mag.[a] Doris Schulz

Benimm-Codes sind keine Geheimsprache, sondern Kommunikation mit Wertschätzung, Respekt und Akzeptanz. Umgangsformen lassen sich erlernen und Sie sicherer und erfolgreicher auftreten. In meinen beruflichen Stationen als TV- und Radioredakteurin, Buchautorin, Trainerin, Aufsichtsratsvorsitzende und politische Mandatarin in Land und Bund habe ich tagtäglich erlebt: Wer den Benimm-Code beherrscht, der/dem werden Tür, Tor und Herzen geöffnet. In wenigen Sekunden entscheiden wir Menschen, wem wir vertrauen, wen wir sympathisch finden und mit wem wir beruflich oder privat mehr zu tun haben wollen.

Im 21. Jahrhundert erleben wir einen gesellschaftlichen Paradigmenwechsel, der uns neue Rollen zuteilt und alte Muster aufbricht. Die Umgangsformen bleiben in allen Kulturen zu großen Teilen als Konstante erhalten. Was sich trotz allem ändert, kommt in diesem Buch zur Sprache. Wenn Sie darüber hinaus in die Tiefe gehen möchten, so können Sie sich Inspirationen und Anregungen in meinem Podcast „Raus aus der Couch" holen, wo ich mit Expertinnen zu Themen wie Achtsamkeit, Leadership, Wertschätzung, Persönlichkeitsentwicklung und Resilienz spreche. In der Digibox des TRAUNER-Verlages zum Buch „Der Benimm-Code" finden Sie (via QR-Codes) zahlreiche Videofilme und Podcasts – nützen Sie dieses Angebot!

Viel Erfolg wünsche ich Ihnen!
Doris Schulz

Inhaltsverzeichnis

Sind Umgangsformen zeitgemäß?

Eine Botschaft kann man nur dann entschlüsseln, wenn man die Codes kennt, in denen sie verfasst ist. Das betrifft Umgangsformen, Kleidung und gesellschaftliche Strukturen gleichermaßen – sie unterliegen Regeln, die von anderen erwartet werden. Zuerst muss man die Etikette kennen, um sie situationsgerecht den Gegebenheiten anzupassen. Nicht jeder kennt dieselben Benimmregeln und deshalb kann es passieren, dass Sie trotz allem in ein Fettnäpfchen treten, obwohl Sie nach Etikette alles richtig gemacht haben.

Situationsgerechtes Handeln

Bei Umgangsformen geht es heute darum, viel zu wissen aber situationsgerecht zu handeln. Manches Mal ist es sogar notwendig, die Etikette zu brechen, weil Benimmregeln unterschiedlich gelebt und interpretiert werden. Aus dem ehemals strengen Regelwerk nach Freiherr von Knigge hat sich eine entspanntere Form des Zusammenlebens entwickelt. Es geht nicht um Perfektion, sondern darum, ein Gefühl für den Augenblick zu entwickeln. Die Etikette kann nie wichtiger sein als der Mensch selbst, den man eventuell verurteilt oder verletzt, weil sie/er die Benimm-Codes nicht kennt.

Soziale Kompetenz

Im Berufsleben hat ein Paradigmenwechsel bezüglich der notwendigen Kompetenzen stattgefunden. Wo früher eine klassische hierarchische Führung herrschte, regieren heute flache Hierarchien. Die Zusammenarbeit im New-Work-Unternehmensmodell funktioniert parallel und verlangt ihre Regeln im Miteinander. Dadurch steigen die Ansprüche, Fachwissen alleine reicht heute nicht mehr aus, um erfolgreich zu sein. Soziale Kompetenzen werden zu einem Schlüssel im Berufsalltag und haben entscheidenden Einfluss auf den Erfolg eines Unternehmens. Die menschliche Komponente wird immer wichtiger und gute Umgangsformen sind Ausdruck der Sozialkompetenz eines Menschen: Sie geben den Rahmen für ein respektvolles Miteinander vor, zeigen Anerkennung, Respekt und Achtung vor dem anderen – diese Attribute sind ein Grundbedürfnis des Menschen. Arbeitgeber/innen suchen gezielt nach sozial kompetenten Menschen, weil sie wissen, dass Mitarbeiter/innen mit guten Umgangsformen das Gold des Unternehmens sind.

Beleidigungen, die von verletzten Konventionen bis hin zu wüsten Beschimpfungen reichen, sind heute gang und gäbe. Wer respektvoll die „andere“ Meinung oder das „Anderssein“ respektiert, tut sich und den Mitmenschen etwas Gutes – wer möchte schon verurteilt werden. Wandelt sich die „Ich-Gesellschaft“ in eine „Wir-Gesellschaft“, finden angenehme und berührende menschliche Begegnungen statt und das gestaltet das Miteinander viel harmonischer.

Höflichkeit kommt aus dem Herzen

Eine verlogene Höflichkeit, um ein Ziel zu erreichen, mag zwar im ersten Moment gelingen, doch wird so ein Vorgehen leicht aufgedeckt. Menschen merken sehr schnell, ob Sie es ernst meinen oder nur mit Kalkül vorgehen. Anderen höflich zu begegnen sollte eine innere Haltung sein, eine Einstellung zu einem guten Miteinander. Das heißt nicht, dass man deshalb alles machen muss, nur weil es der andere will. Es bedeutet ebenso, höflich „Nein“ zu sagen, weil es auch um einen selbst geht. Es muss für beide Seiten passen, besonders wenn es um Entscheidungen geht, die ein gemeinsames Ziel verfolgen. Wer dies freundlich zu verstehen gibt, entspannt die Situation wesentlich. Es kommt nicht darauf an, was man sagt, sondern wie man es sagt und hinüberbringt – der Ton macht die Musik. Worte und Taten sollten ebenso übereinstimmen wie das gesprochene Wort und nonverbale Signale. An diesem höflichen Miteinander erkennt man die positive innere Haltung eines Menschen.

Je besser Sie über Benimm-Codes informiert sind, umso leichter fällt der Umgang mit Menschen. Jeder möchte geachtet werden – dazu gehört das Wissen um Umgangsformen. Sie machen das Leben leichter, weil sie uns einen Rahmen im Miteinander vorgeben.

Pünktlichkeit

Vielen Menschen ist nicht bewusst, was Unpünktlichkeit wirklich signalisiert – sie ist Ausdruck von mangelndem Selbst- und Zeitmanagement. Es gilt: „Pünktlichkeit ist die Seele des Geschäfts." Lässt mich eine Partnerin/ein Partner mehr als einmal warten, so kommt Zweifel an seiner Professionalität und organisatorischen Kompetenz auf. Es gehört sich schlichtweg nicht, andere Menschen warten zu lassen.

Professionalität beginnt mit Pünktlichkeit

Pünktlichkeit im Beruf ist keine Kür, sondern Pflicht! Sie soll nicht nur eine Geste gegenüber Kundinnen/Kunden sein, sondern auch den Umgang der Mitarbeiter/innen untereinander im Unternehmen kennzeichnen.

Pünktlichkeit bei Geschäftsterminen

Vereinbaren Sie erst dann einen Termin, wenn Ihnen eine Besprechung oder eine Verabredung tatsächlich möglich und wichtig ist. Wenn Sie mit Kundinnen/Kunden eine Besprechung haben, lassen Sie diese nie warten, damit vermeiden Sie den Eindruck von Unzuverlässigkeit. Kommt es doch vor, entschuldigen Sie sich dafür.

Falls Sie einen Termin nicht einhalten können, sagen Sie ihn lieber in absehbarer Zeit ab, auf keinen Fall in letzter Minute. Sollte sich eine Verspätung kurzfristig ergeben, rufen Sie von unterwegs an, sobald Sie dies abschätzen können. Jedes unpünktliche Erscheinen bedarf einer Entschuldigung, zumindest im kleinen Rahmen.

Um sich den ohnehin mit Terminen vollgestopften Alltag zu erleichtern, gibt es ein paar einfache Tricks. Planen Sie Vorbereitungszeit für Besprechungen ein. Auch wenn Sie inhaltlich nichts vorbereiten müssen, sollten Sie genügend Zeit haben, Schreibunterlagen oder auch den Laptop vorzubereiten. Fordern Sie bei Meetings eine Tagesordnung ein. Anfangs- und Endpunkt einer Besprechung sollten festgelegt sein, das verlangt auch eine professionelle Sitzungskultur.

Bei informelleren Zusammenkünften, z. B. Geschäftsessen, sollte ebenso klar sein, wie lange das Treffen anberaumt ist.

Nähere Details dazu im Kapitel „Sitzungen und Besprechungen", Seite 90.

So punkten Sie

- Verschicken Sie am besten eine Einladung per E-Mail an die Meeting-Teilnehmer/innen, sobald der Termin fixiert ist.
- Erinnern Sie die Personen, mit denen Sie verabredet sind, in einer kurzen E-Mail am Tag oder ein paar Stunden vor dem Termin an Ihr Treffen.
- Fünf Minuten vor dem Termin zu erscheinen ist pünktlich, wenn Sie keine langen Wege im Unternehmen zu Ihrem Meeting haben.
- Seien Sie nie mehr als 10 Minuten zu früh, das bringt Ihre Gesprächspartner/innen entweder in Zeitnot oder sie/er lässt Sie in der Wartezone sitzen. Am besten rufen Sie an und fragen, ob Sie früher kommen können, und holen sich ihr/sein Okay. Stehen Sie nie unangemeldet vor der Tür.
- Möchten Sie noch die Hände waschen gehen oder sich kurz frisch machen, so sind zehn Minuten, die Sie dafür einplanen, ausreichend.
- Planen Sie Ihre Termine so, dass Sie etwa fünfzehn Minuten vor dem Treffen vor Ort sind. Sie können die Zeit nützen, um sich vom Anreisestress zu erholen, zu erfrischen, die Unterlagen noch einmal zu überblicken oder sich auf das Gespräch vorzubereiten.
- Sie können die Weckfunktion auf Ihrem Handy so einstellen, dass es jeweils ein paar Minuten vor dem nächsten Termin piepst und kündigen Sie das zu Gesprächsbeginn an. So können Sie mit einer einfachen Entschuldigung längere Termine abkürzen und kommen trotz Zeitknappheit pünktlich zum nächsten Treffen.

SICH SELBST EINEN ZEITRAHMEN SETZEN

Wer von Beginn an einen zeitlichen Rahmen setzt, wird vor der unangenehmen Aufgabe bewahrt, sich wegen eines wichtigen anschließenden Termins überraschend verabschieden zu müssen. Beginnen Sie jedes Gespräch mit einer Rückfrage, ob es beim gesetzten Zeitrahmen bleibt.

Termine haben immer Vorrang

Ein Kunden- oder telefonischer Gesprächstermin hat immer Vorrang vor Gesprächen mit Personen, die keine Termine mit Ihnen vereinbart haben. Teilen Sie mit, dass Sie nur kurz Zeit haben, weil Sie bereits eine andere Verabredung haben.

Wenn Sie jemand fragt: „Haben Sie kurz Zeit für mich?“, so können Sie antworten: „Ja, ich habe kurz Zeit für Sie, aber um … Uhr habe ich den nächsten Termin.“ Fragen Sie, ob sich das Gewünschte in dieser Zeit erledigen lässt. Wenn nicht, bieten Sie sofort einen Ausweichtermin an.

Pünktlichkeit bei Meetings und Besprechungen

Es gibt Mitarbeiter/innen, die immer zu spät kommen, weil Sie noch ein wichtiges Gespräch führen mussten oder Ähnliches. Lassen Sie Unpünktlichkeit, weder analog noch digital, von Anfang an nicht einreißen.

Als Führungskraft sind Sie immer Vorbild. Schließlich haben Sie es mit Ihrer Art geschafft, Chef/in zu werden. Ihr Verhalten ist für Ihr Team Erfolg versprechend und nachahmenswert. Wenn Sie Ihre Mitarbeiter/innen warten lassen, werden diese sich ein Beispiel an Ihnen nehmen.

Machen Sie Ihrem Team von Beginn an klar, was Sie erwarten: pünktliches Erscheinen und Zuverlässigkeit. Diese Werte werden nur dann eingehalten, wenn Sie sie klar kommunizieren.

Starten Sie Meetings pünktlich, auch wenn noch eine Mitarbeiterin/ein Mitarbeiter fehlt. Damit setzen Sie ein klares Signal, dass Sie Unpünktlichkeit nicht akzeptieren.

Online gelten fast die gleichen Benimm-Codes wie offline. Hier sind Sie jedoch nicht fünf bis zehn Minuten vor dem Termin im Online-Meeting, sondern pünktlich, etwa eine Minute davor, außer es gibt vorher ein zwangloses Get-together. Checken Sie vorab Ihre Technik, damit sie nicht noch schnell eine App laden müssen und sich verspäten. Halten Sie immer eine Telefonnummer Ihrer Gesprächspartner/innen oder Meeting-Leiter/in parat, um bei technischen Schwierigkeiten schnell Bescheid geben können. Handelt es sich um ein lockeres Online-Meeting ohne fixe Zusage, muss niemand informiert werden. Man schaltet sich dazu und gibt auch keinen Grund an, warum man erst jetzt dabei ist. Sie können auch früher einem Online-Meeting beitreten, um wichtige Details mit den Teilnehmerinnen/Teilnehmern vorab zu klären oder die Zeit zum Plaudern zu nützen.

Bescheid geben bei Unpünktlichkeit

Jedem ist es schon passiert, aber unangenehm ist es trotzdem für beide Seiten, wenn Sie merken, dass Sie Ihren Termin nicht pünktlich schaffen: Wichtig ist, die anderen per Telefon oder SMS darüber zu informieren, dass Sie sich verspäten. Man kann das Sekretariat anrufen und ersuchen, die Verspätung weiterzugeben. Wer zu spät kommt, setzt sich diskret hin, ohne sich lange zu entschuldigen oder andere zu begrüßen, wenn das Meeting schon im Gange ist. Die Entschuldigung mit Grund wird bei nächster Gelegenheit nachgeholt. Aber nennen Sie lieber ehrlich den Grund, als dem anderen eine Lügengeschichte zu erzählen, das macht Sie sympathischer.

Pünktlichkeit bei privaten Einladungen

Bemühen Sie sich, bei privaten Essenseinladungen weder zu früh noch zu spät zu erscheinen – hier ist Pünktlichkeit gefragt. Gastgeber/innen sind selten mit den Vorbereitungen zu früh fertig, aber dann möchte sie/er pünktlich servieren. Auf keinen Fall sollten Sie fünf Minuten vorher erscheinen, sondern wirklich zur angegebenen Zeit.

S. T. **SINE TEMPORE**	Hier heißt es pünktlich sein, z. B. bei Festakten oder Trauerfeiern.
C. T. **CUM TEMPORE**	Hier ist die akademische Viertelstunde erlaubt.

Bei Einladungen mit dem Satz „… erwarten Sie ab 19 Uhr" steht es Ihnen frei zu entscheiden, wann Sie kommen möchten: Es kann auch eine Stunde später sein.

Bei Einladungen mit dem Satz „… erwarten Sie um 19 Uhr" haben Sie pünktlich um 19 Uhr zu erscheinen.

So punkten Sie

- Einladungen genau lesen und sich zeitlich darauf einstellen.
- Persönliche Einladungen dürfen nur nach Rücksprache mit dem Gastgeber oder der Gastgeberin weitergegeben werden.
- Entschuldigen Sie sich immer für Ihr Zuspätkommen.
- Nennen Sie im kleinen Rahmen den Grund für Ihre Verspätung.

Einladungen absagen

Die Absage soll innerhalb von drei Tagen nach Erhalt der Einladung erfolgen. Schriftliche und persönliche Einladungen werden immer persönlich abgesagt. Dies kann aus Zeitgründen telefonisch erfolgen – nennen Sie aber immer den Grund. Sagen Sie nie: „Es kam ein wichtiger Termin dazwischen", damit signalisieren Sie den Gastgebern, dass ihre Einladung nicht ausreichend Gewicht für Sie hat. Handynachrichten, wie SMS oder WhatsApp, sind nicht das passende Medium für die Absage einer schriftlichen oder persönlichen Einladung, außer Sie müssen kurzfristig absagen und erreichen die Gastgeberin/den Gastgeber nicht. Persönlicher ist es, auf die Sprachbox zu sprechen und Ihr Bedauern auszudrücken.

Begrüßung

Sie werden vielleicht überrascht sein, dass dem Grüßen ein ganzes Kapitel gewidmet ist. „Grüßen ist etwas Alltägliches, das kann ich doch“, meinen Sie womöglich, aber hier gibt es vieles zu bedenken, was die Begegnung freundlicher und Sie sympathischer macht. In Zeiten von Pandemien können ganz andere Benimm-Codes gelten, weil diese Krisen neue Lösungen und Verhaltensregeln verlangen. Wir beschreiben in diesem Kapitel beide Seiten – Sie erfahren die üblichen Rituale ebenso wie die Ausnahmen in Krisenzeiten.

Der erste Eindruck

Die richtige Begrüßung ist ein zentraler Moment für den ersten Eindruck. Wie lange, glauben Sie, dauert es bei einem ersten Zusammentreffen mit einer Person, dass Sie sich eine Meinung von Ihrem Gegenüber bilden? Sie haben ziemlich genau drei Sekunden für dieses erste Bild, das sich in Ihrem Unterbewusstsein kaum mehr verändern lässt. Vergessen Sie vor allem nicht zu lächeln. Ihr Auftreten kann noch so selbstbewusst sein, die Verbindlichkeit darf dabei nicht fehlen und die schaffen Sie durch ein Lächeln.

Wenn Sie jemanden begrüßen, konzentrieren Sie sich auch innerlich auf diese Person, sehen Sie ihr/ihm in die Augen. Meinen Sie es ernst mit Ihrer Freundlichkeit und zeigen Sie, dass Sie Interesse an der begrüßten Person haben.

Benimm-Codes

- Lassen Sie einen Gruß nie unerwidert.
- Blickkontakt und ein Lächeln sollen Ihren Gruß begleiten.
- Erwidern Sie einen Gruß nicht, so kann dies Missachtung ausdrücken.

WAHR-NEHMUNG

Wir Menschen werden, so belegen mehrere Studien, bereits nach etwa zwanzig Sekunden unruhig, wenn wir das Gefühl haben, übersehen worden zu sein. Als soziale Wesen wollen wir von unseren Mitmenschen wahrgenommen werden.

Begrüßung in Zeiten von Pandemie und Grippe

Der Handschlag galt in der westlichen Welt immer schon als ein Zeichen von Respekt und Höflichkeit, wer diesen verweigerte, wurde als Rüpel angesehen. Durch die Corona-Pandemie im Jahr 2020 hat sich diese Form der Höflichkeit und Respekterweisung etwas geändert und aus gesundheitlichen Gründen wird sogar davon abgeraten. Kaum ein Ereignis hat die Umgangsformen so sehr beeinflusst und man hat sich überraschend schnell daran gewöhnt.

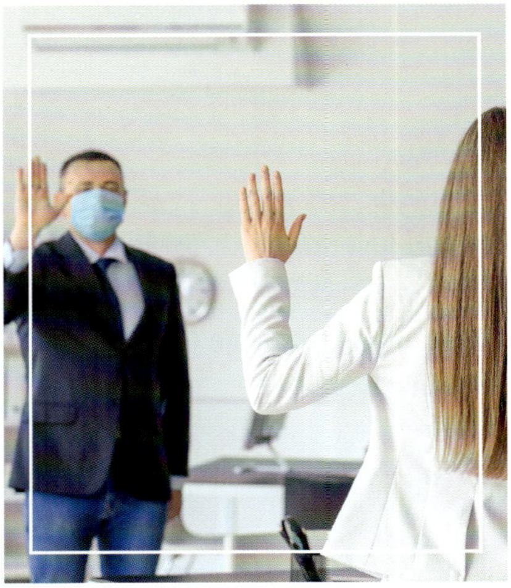

Sich nicht die Hände zu geben, also auf Distanz zu grüßen, ist die neue gesellschaftliche Norm. In Pandemie- und Grippezeiten ist es überhaupt kein Problem, sich nur anzulächeln oder einander zuzunicken und die Begrüßung kurz und knapp zu halten.

Körperkontakt, und sei es nur das Händeschütteln, ist vielen trotzdem wichtig und es haben sich daher mehrere Grußrituale herauskristallisiert. Beispiele dafür sind ein gegenseitiges Anboxen mit den Ellenbogen, eine gegenseitige Berührung mit geschlossener Faust an der Mittelhand oder ein Kick mit den Schuhen.

Das gegenseitige Anboxen hat sich vor allem bei Männern durchgesetzt, wirkt sehr kumpelhaft und sollte im Business vermieden werden, wenn kein vertrautes Verhältnis besteht. Genauso verhält es sich mit dem Kick mit den Schuhen. Stellen Sie sich diesen Fußtanz in der Führungsebene vor! Die stilvolle Variante im Business für Männer und Frauen ist, sich kontaktlos zu grüßen.

Eine kontaktlose Grußvariante ist, die rechte Hand aufs Herz zu legen und mit einer leichten Verbeugung zu grüßen, eine andere heißt „Namasté“: Man bringt die Handinnenflächen vor der Brust zusammen, schließt die Augen und neigt den Kopf zum Herzen. Dieses Begrüßungsritual kommt aus dem Hinduismus und bedeutet übersetzt: „Ich verbeuge mich vor dir.“ Es gilt als ein Zeichen höchsten Respekts und des Dankes vor dem Gegenüber. Wem diese Verneigung zu unterwürfig ist, der bringt seine aufeinandergelegten Handflächen vor das Gesicht und hält Augenkontakt mit seinem Gegenüber – der Gruß wird dazu gesprochen.

GRUSS-RITUALE

Im Privatleben sind die verschiedenen Grußrituale je nach Alter und Vertraulichkeit anzupassen.

Grüßen ist nicht gleich Begrüßen

In Zeiten, wo Menschen nicht durch Pandemien eingeschränkt sind, gelten die herkömmlichen Benimm-Codes. Sind Sie in Eile und haben keine Zeit, mit Handschlag zu begrüßen oder ein paar Worte auszutauschen, so nicken Sie im Vorbeigehen mit dem Kopf, mit einem Lächeln oder auch einem Winken – selbstverständlich in Verbindung mit dem Gruß. Dies bedeutet: „Ich habe Sie gesehen und möchte zeigen, dass Sie mir wichtig sind."

BEGRÜSSEN	Begrüßen erfolgt immer mit Handschlag, das wirkt persönlicher.
GRÜSSEN	Grüßen heißt, sich im Vorbeigehen zu grüßen, ohne sich die Hand zu geben.

Im Privatleben gelten die sonst im Berufsleben üblichen hierarchischen Regeln nicht. Hier grüßt immer zuerst der Mann die Frau und der Jüngere den Älteren. Wann ist jemand der Jüngere oder Ältere? Beachten Sie, dass mindestens eine Generation dazwischen ist. Doch Vorsicht: Manchmal sehen Menschen jünger aus als sie sind und umgekehrt.

So punkten Sie

- Für junge Führungskräfte: Im Geschäftsleben gilt beim Grüßen, Begrüßen und Vorstellen sowie beim Du-Wort-Anbieten, dass immer die/der Ranghöhere gegenüber wesentlich älteren Mitarbeiterinnen/Mitarbeitern die Initiative ergreift.
- Bei flachen Hierarchien im Unternehmen bleiben die Regeln bestehen. Es kann jedoch unterschiedlich gehandhabt werden. Warten Sie daher auf die entsprechenden Anweisungen oder fragen nach, was üblich ist.

ES GRÜSST/ GRÜSSEN	• der Jüngere den Älteren, • der Mann die Frau, • die Mitarbeiter/innen die Chefs.
DIE HAND REICHT/ REICHEN	• der Ältere den Jüngeren, • die Frau dem Mann, • die Chefin/der Chef der Mitarbeiterin/dem Mitarbeiter.

▶ FILM AB

Wer gibt wem privat die Hand?

www.trauner.at/HandgebenPrivat.aspx

Runden Sie die Begrüßung mit ein paar persönlichen Worten ab. Geben Sie nie zu fest und nie zu locker die Hand, der Händedruck soll angenehm und sicher wirken.

So punkten Sie

- Herren achten darauf, dass sie bei der Begrüßung und generell im Stehen Ihre Anzugjacke geschlossen haben – den mittleren Knopf bei drei Knöpfen und den obersten bei zwei Knöpfen.
- Stecken Sie Ihre linke Hand keinesfalls in die Hosentasche!
- Treffen Sie jemanden in einem Restaurant, grüßen Sie. An den Tisch treten Sie nur dann, wenn Sie mit Gesten oder mündlich dazu eingeladen werden.
- Wenn über die geschäftliche Verbindung hinaus eine sehr persönliche Beziehung besteht, sollten Sie bedenken, dass eine zu private Begrüßung bei offiziellen Anlässen deplatziert sein kann.
- Wenn Sie zu feuchten Händen neigen, trocknen Sie Ihre Hände vorher mit einem Stofftaschentuch, das Sie in der Tasche haben, ab oder gehen Sie vorher die Hände waschen.

▶ FILM AB

Darf eine Frau im geschäftlichen Kontext sitzen bleiben?

www.trauner.at/SitzenimBusiness.aspx

Benimm-Codes

- Blickkontakt aufnehmen – sehen Sie Ihrem Gegenüber immer in die Augen und lächeln Sie dabei.
- Herren stehen zur Begrüßung immer auf. Beruflich steht auch die Frau auf, privat kann sie sitzen bleiben.
- Wenn Sie Mitarbeiter/in sind und als Gastgeber/in bei Veranstaltungen im Unternehmen auftreten, begrüßen Sie Ihre Kundinnen und Kunden zuerst, obwohl Sie als Mitarbeiter/in rangniedriger sind.
- „Bussi-Bussi" gehört ins Privatleben.

Namen nennen beim Grüßen

Ganz sicher kommt es gut an, wenn Sie beim Grüßen den Namen der Person nennen, der Sie soeben begegnen. Jeder Mensch hört seinen Namen gern und fühlt sich auf diese Weise besonders wertgeschätzt. „Guten Tag (Grüß Gott), Frau Schuster!" wirkt persönlicher als nur „Guten Tag!" oder „Grüß Gott!". Versuchen Sie, sich die Namen der Kundinnen/Kunden zu merken. Vielleicht hilft hier eine Eselsbrücke.

- Begrüßen Sie in der Gruppe von Bekannten entweder alle mit Namen oder keinen, sonst wirkt das unhöflich.
- Treffen Sie Bekannte und Fremde, so grüßen Sie die Bekannten mit Namen und grüßen die Fremden sehr bewusst, indem Sie Ihren eigenen vollen Namen sagen. Dann werden Sie auch den Namen Ihres Gegenübers erfahren.

Verwenden Sie den Namen der begrüßten Person nicht inflationär, das wirkt aufdringlich und hinterlässt ein unangenehmes Gefühl.

Wen begrüßt man zuerst?

Im kleinen Kreis heißt es immer „Ladies first"! Bei zwei bis fünf Personen wird die Dame zuerst, bei größeren Gruppen der Reihe nach begrüßt, Ausnahmen sind Ehrengäste. Beachten Sie, dass eine um Jahrzehnte ältere Person oder die einzige Dame in der Runde vorgezogen wird.

Sollten Sie auf viele kleinere Kreise treffen, wird immer nur der Kreis begrüßt, zu dem Sie kommen. Sind Sie Gastgeber/in als Mitarbeiter/in, so begrüßen Sie, wenn möglich, jeden Kreis Ihrer Gäste. Selbstverständlich ist dies bei einer sehr großen Veranstaltung nicht möglich. Hier sind alle Mitarbeiter/innen aufgefordert, sich um die Gäste zu kümmern.

Der richtige Händedruck

Sie lernen jemanden kennen und begrüßen ihn oder sie mit Handschlag. Dabei geben Sie einiges von sich und Ihrem Charakter preis und vermitteln unbewusst Ihre Einstellung. Wenn Sie sich darüber im Klaren sind, können Sie das Händeschütteln entsprechend steuern, um eine Begegnung positiv zu beginnen. Folgende unterbewusste Botschaften gibt es:

- Dominanz: Dieser Mensch möchte mich dominieren.
- Unterwerfung: Diesen Menschen kann ich dominieren.
- Gleichheit: Diesen Menschen mag ich.

Der dominante Handschlag ist entweder sehr fest oder mit der Handfläche nach unten zeigend, was so viel bedeutet wie: „Ich möchte die Kontrolle übernehmen." Ein „Knochenbrecher-Händedruck" ist das Erkennungszeichen des aggressiven Machos. Manche scheuen sich sogar, diesem Menschen zu begegnen. Der unterwerfende Handschlag ist entweder sehr weich oder mit der Handfläche nach oben zeigend: „Ich möchte die Kontrolle abgeben oder

dem anderen ein Gefühl der Überlegenheit vermitteln." Der Griff an das Handgelenk kann bei fremden Personen Misstrauen auslösen. Reicht der Griff bis zum Ellbogen, Oberarm oder gar zur Schulter, wird die Intimzone verletzt, je weiter er nach oben geht, umso mehr.

Ihr Handschlag soll angenehm, aber nicht zu weich sein. Sie spüren sehr genau, wie stark Ihr Gegenüber die Hand drückt und dem passen Sie sich an, um gleichgestellt zu sein. Wenn Ihnen das Händeschütteln zu lange dauert, zeigen Sie dies mit einem festen abschließenden Händedruck an. Sollte Ihr Gegenüber nicht darauf reagieren, können Sie nur das Ende abwarten.

Benimm-Codes

- Ist jemand ranghöher, so warten Sie einfach ab, ob man Ihnen die Hand reicht.
- Achten Sie auf körpersprachliche Signale, denn nicht jeder Mensch möchte per Handschlag begrüßt werden.

Hauspersonal und Dienstleister/innen, wie Restaurantfachleute, Verkäufer/innen oder Hotelpersonal, werden nicht mit Handschlag, aber selbstverständlich freundlich begrüßt. Wenn Sie allerdings in diesem Haus Stammgast sind und mit einer Mitarbeiterin/einem Mitarbeiter eine sehr gute Beziehung aufgebaut haben, drücken Sie mit einem Handschlag Ihre Wertschätzung aus.

So punkten Sie

Wenn Sie Handschuhe im Winter tragen, ziehen Sie diese beim Handschlag aus. Trägt jemand in Zeiten von Grippe und Pandemien Handschuhe – können Sie nur die Hand geben, wenn auch Sie Handschuhe anhaben. Ansonsten bleiben Sie beim kontaktlosen Gruß.

Wer grüsst wen zuerst?
Korrekte Rangfolge im Geschäftsleben

▶ FILM AB

Wer gibt als Erster die Hand?

www.trauner.at/HandgebenChef.aspx

Hier gelten hierarchische Regeln. Die Mitarbeiterin/Der Mitarbeiter grüßt ohne Handschlag die Chefin/den Chef und nicht umgekehrt, auch wenn die Chefin/der Chef sehr viel jünger ist. Es gilt also:

- Rangniedere grüßen Ranghöhere.
- Ausländische Gäste oder Mitarbeiter/innen sind immer ranghöher gegenüber Inländerinnen/Inländern gleichen Ranges.
- Bei gleichem Rang grüßt der Mann die Frau und grüßen Jüngere die Älteren.

Wie grüße ich?

Überlegen Sie, wo Sie sind und wie Sie grüßen möchten. Die Grußformel ist oft regional verschieden. In Österreich finden Sie kaum „Guten Tag", wir sind im „Grüß Gott" verwurzelt. Bei der älteren Generation ist „Grüß Gott!" sicher gebräuchlicher als bei der jüngeren Generation in der Stadt. Reisen Sie nach Paris, so werden Sie mit „Bonjour" grüßen. Wenn Sie in bestimmten Regionen in Deutschland oder der Schweiz sprechen, werden Sie „Ade", „Gruezi" oder auch „Tschüss" hören. Immer mehr setzt sich das formlose „Hallo" durch, das wirkt sehr salopp und ist manchmal sogar ein Zeichen von Unsicherheit in der Begegnung.

Gruß unter Kolleginnen/Kollegen im Unternehmen

Auf fremdem Terrain ist es angebracht, sich zu erkundigen, wie begrüßt wird, damit Sie nicht ins Fettnäpfchen treten.

- Sie müssen nicht alle Kolleginnen/Kollegen jeden Morgen mit Handschlag begrüßen. Aber „schütteln Sie mit", wenn dies so üblich ist!
- Einmal am Tag zu grüßen reicht.
- Ist eine Tür geschlossen, so klopft man immer an, bevor man eintritt.

Sie grüßen immer, wenn Sie

- ein kleines Geschäft oder Lokal betreten,
- in einen Fahrstuhl steigen,
- in ein Wartezimmer kommen,
- ein geschlossenes Eisenbahnabteil betreten,
- sich im Flugzeug, in der Eisenbahn, in anderen öffentlichen Verkehrsmitteln sowie im Theater oder Kino neben jemanden setzen,
- auf Hotelfluren Menschen begegnen oder
- im Unternehmen Fremden begegnen.

Auch Dienstleister/innen, wie Kassierer/innen und Stewardessen/Stewards, möchten freundlich gegrüßt werden, ebenso Verkäufer/innen, die Sie im Kaufhaus etwas fragen.

Auf der Straße gelten die geschäftsinternen Rang- und Reihenfolgen nicht, sondern nur die Rangfolge nach Alter und Geschlecht. Es spricht aber nichts dagegen, wenn Sie die Hierarchie auch im öffentlichen Raum beachten.

So punkten Sie

- Sind Sie sehr groß gewachsen, so halten Sie mehr Abstand, um nicht „von oben herab" zu wirken.
- Lächeln Sie beim Grüßen.
- Dosieren Sie den Handschlag richtig.
- Einmal zu viel gegrüßt ist besser als einmal zu wenig.

„Darf ich bekannt machen?" oder „Darf ich vorstellen?"

Sie haben Gäste nach Hause eingeladen, diese treffen ein und kennen einander nicht. Jetzt kommt die große Frage, stelle ich nun vor oder mache ich bekannt?

Die gleichen Regeln gelten natürlich auch im Geschäftsleben bei Veranstaltungen, Sitzungen oder Konferenzen im kleineren Rahmen.

FILM AB

Wie wird der Kunde im Unternehmen vorgestellt?

www.trauner.at/VorstellungimUnternehmen.aspx

„Darf ich bekannt machen?“ oder „Darf ich vorstellen?“ richtet sich grundsätzlich nach Rang, Alter und Geschlecht der Person. Ein Bekanntmachen ist gleichrangig, beim Vorstellen besteht ein Rangunterschied. Bekannt gemacht wird in einem kleineren, persönlichen Kreis. Vorgestellt wird vorwiegend in beruflichen Situationen.

„DARF ICH BEKANNT MACHEN?“

Vor allem im Privatleben ist es üblich, dass jemand durch dritte Personen bekannt gemacht wird. Erzählen Sie zum Namen noch kurze Informationen, wie Beruf, Hobby oder auch Gemeinsamkeiten. Damit erleichtern Sie den Gesprächseinstieg und bieten Anknüpfungspunkte. Sie können in beliebiger Reihenfolge bekannt machen. Die beste Formulierung dazu lautet: „Darf ich Sie miteinander bekannt machen, das ist …“ Sehr sympathisch wirkt es auch, wenn Sie sich selbst bekannt machen. Eine passende Situation dafür ist in einer kleinen Gesprächspause.

„DARF ICH VORSTELLEN?“

Im Geschäftsleben wird die Chefin/der Chef den Gästen und Kundinnen/Kunden vorgestellt und nicht umgekehrt. Gehen Sie Besucherinnen/Besuchern entgegen und signalisieren Sie damit Ihre Wertschätzung. Kundinnen/Kunden dürfen nicht als Bittsteller erscheinen.

Bei flachen Hierarchien in einem Unternehmen impliziert „Darf ich dir/Ihnen vorstellen“, dass es Rangunterschiede gibt. Sie können stattdessen sagen: „Ich darf/möchte dich/Sie mit Gerald Koller bekannt machen.“ oder „Darf ich vorstellen: Gerald Koller – Peter Maier.“

Benimm-Codes

- Beachten Sie das Alter der vorzustellenden Personen, mindestens eine Generation macht den Unterschied.
- In offizieller Gesellschaft wird ein Herr immer der Dame vorgestellt, außer wenn der Herr im beruflichen Kontext der Vorgesetzte ist. Bei mehreren gleichrangigen Herren hat der ältere gegenüber dem jüngeren Herrn den höheren Rang – das Gleiche gilt bei Damen.
- Nennen Sie beim Vorstellen den höchsten akademischen Titel stets zum Namen dazu.

So punkten Sie

- Wenn Sie sich geschäftlich duzen, nennen Sie bei einer Vorstellung den Vor- und Zunamen – nur den Vornamen zu nennen ist ein Fauxpas.
- Stellen Sie Ihre Partnerin/Ihren Partner mit „meine Frau"/„mein Mann" – „meine Partnerin/mein Partner" vor. Die Begriffe „Gattin"/„Gatte" oder „Gemahlin"/ „Gemahl" sind altmodisch und nicht mehr gebräuchlich. Wenn Ihre Partnerin/ Ihr Partner bei der Hochzeit den Namen behalten hat, dann muss sie/er mit Vor- und Zunamen vorgestellt werden.
- Ihren Partner stellen Sie nur im privaten Kontext mit dem Vornamen vor, sonst immer mit: „Mein Mann/Partner" oder „Meine Frau/Partnerin".

Sich selbst vorstellen

Wie oft ist Ihnen das schon passiert: Sie kommen zu einer Gruppe, kennen niemanden und wollen nicht anonym an einem Gespräch teilnehmen bzw. Sie möchten eine bestimmte Person kennenlernen, es ist aber niemand zur Hand, der die Vorstellung übernimmt. Da gibt es nur einen Weg: Seien Sie mutig und stellen Sie sich selbst vor!

Benimm-Codes

- Die/Der augenscheinlich Jüngere, der Mann oder die/der Rangniedere nennt ihren/seinen Namen.
- Die/Der augenscheinlich Ältere, die Frau oder die/der Ranghöhere reicht die Hand und nennt dabei auch ihren/seinen Namen.
- Gegebenenfalls können Sie noch das Unternehmen, für das Sie tätig sind, nennen.
- Den eigenen akademischen Titel nennen Sie bitte nicht.

Sollten Sie eine Person aus einer Gruppe sprechen wollen, so halten Sie gebührenden Abstand und versuchen, mit ihr Augenkontakt aufzunehmen. Erst dann können Sie sich dezent bemerkbar machen und die Reaktion abwarten. Entsprechend der Rückmeldung oder des Handzeichens können Sie sich selbst vorstellen und Ihr Anliegen vorbringen.

Sprechen Sie deutlich Ihren Vor- und Nachnamen mit Betonung auf den jeweils letzten Buchstaben des Vor- und Zunamens aus und machen Sie zwischen dem Vor- und Zunamen eine kurze Pause: „Ich heiße Monika Sigel.“, „Ich bin Monika Sigel.“ oder „Mein Name ist Monika Sigel.“

NACHFRAGEN

Haben Sie einen Namen nicht verstanden, zögern Sie nicht und fragen Sie ruhig nach: „Wie ist Ihr Name?“ oder „Ich habe Ihren Namen leider nicht verstanden, können Sie diesen bitte nochmals wiederholen?“, aber nicht „Wie war Ihr Name?“

(Ehe-)Partner/in vorstellen

Kennen Sie diese Situation? Sie gehen mit Ihrer Ehepartnerin/Ihrem Ehepartner oder Ihrer Partnerin/Ihrem Partner auf eine Veranstaltung. Sie kennen sehr viele Menschen und plaudern angeregt, nur Ihre Begleitung kennt niemanden. Wie oft passiert es leider, dass Ihre Partnerin/Ihr Partner, die/der oft auch niemandem vorgestellt wurde, gelangweilt danebensteht, während Sie in ein Gespräch vertieft sind. Beim Nachhausegehen hören Sie die eigentlich berechtigten Vorwürfe: „Ich kenne niemanden.“, „Ich gehe nicht mehr mit.“ oder „Du hast dich nicht um mich gekümmert.“ Nicht jeder Mensch findet sofort Anschluss und beherrscht Small Talk. Manche Menschen trauen sich auch ganz einfach nicht, in ein Gespräch mit Unbekannten einzusteigen.

So punkten Sie

- Die Partnerin/Den Partner immer mit Namen vorstellen.
- Immer wieder Blickkontakt zu ihr/ihm halten.
- Sie/Ihn in das Gespräch mit einbeziehen.
- Ihre/Seine Meinung erfragen, wenn es das Thema erlaubt.

Vorstellungen ab fünf Personen

Sie kennen nur eine Person in einer Gruppe? Warten Sie ab, ob Sie vorgestellt werden. Wenn nicht, begrüßen Sie zuerst die Person, die Sie kennen, dann werden alle anderen mit Handschlag begrüßt – entweder Sie geben allen die Hand oder keinem. Das geht der Reihe nach, außer es ist nur eine Dame oder ein Ehrengast anwesend. Dann werden diese als Erste begrüßt.

Kommen Neue auf die Gruppe zu, so nehmen Sie diese sofort auf. Entweder die Neuen der Gruppe vorstellen oder die Gruppe den Neuen vorstellen. Den Vorrang haben immer: Ehrengast, sehr viel Ältere und Frauen; Kundinnen/Kunden sind immer die Ranghöchsten. Der Kundin/Dem Kunden wird die Geschäftsführung oder die Mitarbeiterin/der Mitarbeiter vorgestellt, nicht umgekehrt.

„Hallo", „Ciao", „Tschüss", „Servus", „Baba"

Diese saloppen Grußformeln werden immer üblicher, haben aber bei Höhergestellten sowie bei Kundinnen/Kunden nichts verloren, außer Sie werden von diesen so angesprochen. „Grüß Gott (Guten Tag), Herr Berger!" klingt doch viel wertschätzender. Im Unternehmen wird mit den in Ihrem Haus üblichen Grußworten gegrüßt.

„HALLO"

Für die jüngere Generation ist „Hallo" mittlerweile ganz normal. Sie sollten nur wissen: Kundinnen/Kunden werden nicht mit „Hallo" gegrüßt, ausgenommen Sie grüßen Gleichaltrige und noch Jüngere. „Hallo" wird als Mittelding zwischen „Guten Tag" oder „Grüß Gott" und dem sehr vertrauten „Grüß dich" oder „Grüße Sie" verwendet. Als Regel gilt, dass in Österreich „Hallo" im geschäftlichen Bereich nicht verwendet wird, in Deutschland hat es sich stärker durchgesetzt. Werden Sie mit „Hallo" angesprochen oder in der E-Mail angeschrieben, haben Sie das Recht, genauso zurückzusprechen oder zurückzuschreiben. Wenn Sie das nicht möchten, können Sie in der üblichen Art und Weise des Unternehmens antworten.

„CIAO“

In Deutschland ist statt des italienischen „Ciao“ auch die Schreibweise „Tschau“ üblich. Die Italiener sagen „Ciao“ zur Begrüßung und Verabschiedung – nur unter Jugendlichen oder guten Freunden üblich – aber sie mögen es nicht, wenn sie im Ausland von Nicht-Italienern damit begrüßt oder verabschiedet werden.

„TSCHÜSS“

„Tschüss“ versteht man in Deutschland als Abschiedsgruß, es wird auch zu Fremden gesagt. In Österreich ist diese Art der Verabschiedung nur unter Freundinnen/Freunden erwünscht. Wundern Sie sich nicht, wenn deutsche Kundinnen/Kunden Sie mit „Tschüss“ verabschieden, auch wenn der Kontakt nicht freundschaftlich war.

„SERVUS“

„Servus“ wird in manchen Regionen zur Begrüßung wie auch zur Verabschiedung verwendet. Laut Wikipedia gilt das vor allem für das Saarland, Rheinland-Pfalz, Baden-Württemberg, Bayern, Hessen, Franken, das Vogtland und Österreich. In Norddeutschland wird jeder „Servus“ verstehen, aber es ist nicht allgemein gebräuchlich.

„BABA“

„Baba“ ist in Österreich der Abschiedsgruß an Kleinkinder und befreundete oder verwandte Personen. Es ist ein verniedlichender Gruß aus der Kindersprache und daher im Geschäftsleben nicht passend.

Ist „Mahlzeit“ ein Mittagsgruß?

Früher wünschte man sich eine „Gesegnete Mahlzeit“, obwohl es nicht der Etikette entsprach. Es war die Schrumpfform des Tischgebets. „Mahlzeit“ hat sich als Mittagsgruß in Unternehmen eingebürgert. Damit zu grüßen, ist eine österreichische/bayerische Art und eigentlich keine offizielle Grußformel. Sie sagt nur aus, dass der Zeitpunkt für das Mittagessen gerade in diesem Moment erreicht ist.

Von 10 Uhr vormittags bis 3 Uhr nachmittags hören Sie dieses Wort durch die Gänge schallen, sogar auf der Toilette begegnet man sich mit „Mahlzeit“ und da sollte man es am wenigsten gebrauchen. Besser Sie begegnen einander mit „Grüß Gott“ oder „Guten Tag“ oder „Grüß dich“, wenn Sie per Du sind. Wenn „Mahlzeit“ die Grußformel in Ihrem Unternehmen ist, können Sie mitmachen oder stattdessen die üblichen Grußformeln verwenden. Es entspricht zwar nicht der Etikette, wird aber so gelebt: Bei Tisch wünschen Sie sich „Guten Appetit" oder „Gesegnete Mahlzeit", wenn das üblich ist, und vermeiden es, „Mahlzeit" zu sagen.

Wann passt „Guten Morgen" bzw. „Guten Abend"?

Jeder kennt das aus seiner Umgebung: Menschen haben ganz verschiedene Tagesrhythmen. Dementsprechend wünscht jemand, der eher spät aufsteht, vielleicht um 10 Uhr noch „Guten Morgen", während ein Frühaufsteher möglicherweise bereits um 9 Uhr mit „Guten Tag" grüßt. Der Abend beginnt ca. um 18 Uhr, in der dunklen Jahreszeit kann das schon früher sein. Obwohl es hier keine festen Richtlinien gibt, kann man sich an folgende Grundregel halten:

Benimm-Codes

- Von 6 bis 11 Uhr sagt man „Guten Morgen".
- Von 11 bis 18 Uhr sagt man „Guten Tag"/„Grüß Gott".
- Nach 18 Uhr sagt man „Guten Abend".

Begrüßung in anderen Ländern

Hier kann viel falsch gemacht werden. Soll man seinem Gegenüber zunicken, auf die Schulter klopfen oder es gar umarmen und vielleicht küssen? Der feste Händedruck ist nicht überall gefragt. Südeuropäer/innen aus Spanien, Italien oder Frankreich begrüßen einander überschwänglich mit meist angedeuteten Wangenküssen.

VORSICHT

Küssen Sie nicht einfach drauflos! In Italien und Spanien sind zwei Küsse – zuerst auf die rechte, dann auf die linke Wange – üblich. Beim „Faire la bise" der Franzosen können bis zu vier angedeutete Luftküsse, über die Schulter des Gegenübers, stattfinden.

Bei den Amerikanern und Briten ist ein „How do you do?“ Teil des Begrüßungsrituals. Eine wahrheitsgemäße Antwort wird nicht erwartet. Es ist auch nicht immer üblich, sich mit Händeschütteln zu begrüßen.

In Griechenland, Italien, Spanien, Frankreich, Portugal, der Türkei, Ungarn, Polen, Serbien, Kroatien, Slowenien, Österreich, der Schweiz sowie in Teilen Süddeutschlands ist es üblich, dass sich Familienmitglieder und Freunde mit Küsschen begrüßen oder verabschieden.

In Deutschland, Österreich und Italien reichen zwei Küsse. In der Schweiz wird ein dritter Kuss erwartet. In Frankreich ist die Zahl der üblichen Wangenküsse unterschiedlich, je nach Region sind zwei bis vier Wangenküsse üblich.

Bussi-Bussi-Gesellschaft

Mit „Bussi-Bussi“ grüßt man sich nur unter Verwandten, Freundinnen/Freunden und denen, die sich dafürhalten. Es hat nichts mit dem traditionellen Bruderkuss zu tun, sondern ist eine Vertraulichkeit, die in den letzten Jahren immer häufiger zu erleben ist. Es ist bei Nordländern eher verpönt, bei Südländern auch unter Männern sehr beliebt. Grundsätzlich wird Bussi-Bussi im beruflichen Kontext nicht gegeben.

So punkten Sie

- Küssen Sie bloß nicht die Frau des Chefs, außer Sie sind befreundet und treffen sich im privaten Rahmen.
- „Bussi-Bussi“ gehört nicht ins Geschäftsleben.
- Wenn schon „Bussi-Bussi“, dann eher angedeutete Küsschen und nicht laut schmatzende Küsse auf die Wangen der anderen Person.
- Bei „Bussi-Bussi“ ist es üblich, mit der rechten Wange zu beginnen.
- Achten Sie bitte auf körpersprachliche Signale, ob Ihr Gegenüber das „Bussi-Bussi“ überhaupt möchte.
- Zwingen Sie eine Partnerin/einen Partner nicht dazu, nur weil Sie mit der anderen Partnerin/dem anderen Partner das „Bussi-Bussi“ pflegen.
- Bleiben Sie aufrecht und körperlich auf Distanz, wenn Sie nicht mit „Bussi-Bussi“ begrüßt werden wollen.

Handkuss

Der Handkuss ist ein althergebrachtes Zeichen der besonderen Wertschätzung und in vielen Kulturen gegenüber älteren Männern (Süditalien) und Frauen üblich. Er wird nur in geschlossenen Räumen oder unter Dach angewendet.

STILVOLL

Junge Menschen lernen den stilvollen Handkuss in österreichischen Tanzschulen.

Benimm-Code

Beim Handkuss ergreift der Herr die Fingerspitzen der Dame mit einer leichten Verbeugung und führt sie bis auf Brusthöhe. Der Mund berührt die Hand nicht, es wird der Kuss nur angedeutet. Schmatzgeräusche sind ein Stilbruch.

Körpersprache und Distanzzonen

Kommunikation ist für uns als soziale Wesen von unendlicher Wichtigkeit. Da wir im Lauf der Zeit die Sprache entwickelt haben, glauben wir manchmal, dass wir nur über diesen Weg kommunizieren. Allerdings verrät unsere Körpersprache – Gestik, Mimik, Haltung – mehr, als uns lieb ist. Sie ist die älteste Form der Verständigung und wirkt unbewusst, denn sie spricht unsere Gefühle an und wir vertrauen ihr im Zweifelsfall mehr als dem gesprochenen Wort.

Distanz wahren in Pandemie- und Grippezeiten

In Pandemie- und Grippezeiten verschieben sich die Distanzzonen und die grundsätzlichen Regeln passen sich dem „Social Distancing“ an. Diese Ausnahmen werden aus gesundheitlichen Gründen zumeist streng eingefordert.

Die mit einer Pandemie oder Grippewelle einhergehenden Abstandsregeln haben einen angenehmen Effekt: Sie verbessern den Umgang miteinander. Menschen nehmen wieder mehr Rücksicht aufeinander, durch das „Social Distancing“ und das Voneinander-Abstand-Halten erweisen wir uns gegenseitig Respekt – das bringt uns einander näher. Das Tragen von Mund-Nasen-Schutzmasken unterstreicht unsere Umsicht und signalisiert: „Ich achte die Benimm-Codes und halte Abstand.“ Für die Eindämmung einer Pandemie oder Grippewelle kann es in jedem Land unterschiedliche Abstandsregeln geben sowie gesetzliche Vorgaben, wo und wie Masken zu tragen sind. Für viele Menschen ist dieser Selbstschutz wichtig und sie erwarten es auch von anderen. Leider kommt es immer wieder zu Auseinandersetzungen, Anpöbelungen und Streitgesprächen, wenn man Maskenverweigerern begegnet – die persönlichen Grenzen sind hier unterschiedlich. Grundgedanke sollte sein: Wir müssen andere nicht erziehen, sondern höflich auf unseren Wunsch aufmerksam machen.

In Geschäften, öffentlichen Verkehrsmitteln, Gastronomie und überall dort, wo Maskentragepflicht und Abstandsregeln herrschen, muss das Personal darauf hinweisen, um nicht Erkrankungen im Betrieb und hohe Strafen zu riskieren. Angestellte tun ihre Pflicht und deshalb sollte man deren Zurechtweisung höflich befolgen und nicht unfreundlich zurückreden. Das kommt leider immer wieder vor.

PRIVATLEBEN

In privaten Räumen gibt es keine gesetzliche Abstands- und Maskentragepflicht, daher bestimmen die Gastgeber/innen die Regeln.

Interpretation der Körpersprache

Körpersprachliche Signale helfen dabei, unser Gegenüber einzuschätzen, können aber auch falsch interpretiert werden. Selbst professionelle Trainer/innen, die sehr viel Übung im Lesen von nonverbalen Botschaften haben, kommen dabei mitunter zu unterschiedlichen Ergebnissen. Die Körpersprache wird nämlich auch von unserem Geschlecht, unserem Alter, unseren Erfahrungen oder einfach unserem Kulturkreis beeinflusst. Am besten können Sie sich bei der Einschätzung Ihres Gegenübers daran orientieren, ob das Bild, das sie/er vermittelt, stimmig ist.

Gestik

Die Bewegungen von Armen, Händen und Kopf sind nonverbale Signale und werden als Gestik bezeichnet. Hier ist es besonders wichtig, auf den Kulturkreis des Gegenübers zu achten, da manche Gesten, die bei uns ganz neutral oder gar positiv sind, in anderen Kulturen sogar beleidigend wirken können, zum Beispiel ein emporgestreckter Daumen. Grundsätzlich lässt sich aber sagen: Je nachdem, in welcher Höhe ober- oder unterhalb der Körpermitte sich die Hände dabei befinden, nehmen wir Gesten als negativ, positiv oder auch neutral wahr. Diese Tatsache können Sie dafür nützen, Ihre Aussagen durch die passende Handhaltung zu unterstützen.

So punkten Sie

Versteckte Hände – in den Hosentaschen oder hinter dem Rücken – werden oft als negativ empfunden. Sind die Hände zu sehen, sollte man immer wieder freundlich zeigende und öffnende Gesten benützen.

POSITIVE GESTEN

Wir leben in einer Gesellschaft, in der Bescheidenheit als Tugend noch immer sehr in den Menschen verankert ist. Daher verstärken wir unbewusst eher negative Aussagen durch körpersprachliche Unterstützung als positive. Versuchen Sie daher, Ihre Argumente und allgemein positive Ausdrücke, wie Erfolg, Glück etc., durch offene und harmonische Gesten zu verstärken.

NEGATIVE GESTEN

Als negativ werden vor allem Gesten empfunden, die unterhalb der Taille ausgeführt werden, ebenso das Überkreuzen der Arme vor der Brust oder das Zeigen der Handrücken statt der Handflächen. Schulterzucken oder die Hände unterhalb der Taille nach außen zu drehen wird als Geste der Unterwerfung interpretiert. All das sollten Sie vermeiden, wenn Sie überzeugen möchten.

Negative Aussagen in der Gestik sind nur schwer zu unterdrücken. Auch wenn es uns in puncto Körperhaltung gelingt, aufrecht und gerade zu stehen – oft verraten wir uns durch die Hände und vor allem durch die sogenannten „Hand-Hals-Gesten“.

Mimik

SYMPATHIE

„Der kürzeste Weg zwischen zwei Menschen ist ein Lächeln“, sagt ein Sprichwort.

Lachen wirkt positiv und anregend auf unsere Umgebung, die ebenso freundlich darauf reagiert. Dadurch entsteht eine Art Rückkopplung, die ein gutes Gefühl gibt.

Erstaunlich ist, dass unser Lachen auch dann auf uns zurückwirkt, wenn es künstlich erzeugt wird. Schon die Bewegung im Gesicht, also dass wir die Mundwinkel hinaufziehen, hebt unsere Stimmung, wie Wissenschaftler in Versuchen festgestellt haben. Umso besser wirkt Lachen, wenn es natürlich ist. Sogar Schmerzen lassen sich durch Lachen verringern. Versuchen Sie also, öfter zu lachen oder auch nur zu lächeln, das macht Sie sympathisch und erleichtert Ihnen den Alltag.

Lächeln mit Maske

In Pandemiezeiten gehört der Mund-Nasen-Schutz aus Respekt gegenüber anderen zum Alltag. Ohne Maske sind wir in unserer Wahrnehmung sehr auf den Mund fixiert, aber die obere Gesichtshälfte ist sehr ausdrucksstark und gibt uns viele Hinweise. Intensives Lächeln strahlt bis hinauf in die Augen-Schläfen-Region, ebenso lassen sich Trauer oder Ärger dort besser erkennen. Nur bei Überraschung oder Furcht kann es zu Verwechslungen kommen, weil in beiden Fällen Menschen ihre Augen sehr weit aufreißen, daher erkennt man diese nur in Zusammenhang mit der Mundstellung. Wenn Sie in Pandemiezeiten einen Mund-Nasen-Schutz tragen, achten Sie vermehrt auf Stimme und Körpersprache, denn diese zeigen die Emotionen des Gegenübers.

POSITIVE EINSTELLUNG

Lächeln Sie in Pandemiezeiten sehr oft – das tut Ihnen gut, macht Stimmung und zeigt Ihre positive Einstellung.

Ist ein Lächeln echt?

Ein echtes Lächeln wirkt anders als ein falsches, denn das unwillkürliche Lächeln umfasst mehr Gesichtsmuskeln als ein künstliches. Besonders gut erkennbar ist dies am Ausdruck der Augen. Beim echten Lächeln bilden sich Lachfalten, während beim unechten die Muskulatur rund um die Augen relativ starr bleibt. Diese nonverbalen Signale sind allerdings durch gesichtsstraffende Schönheitseingriffe oft verfälscht und können zum Teil nicht mehr richtig gelesen werden.

Achtung auf den Mund

Der Mund spielt bei der Körpersprache eine untergeordnete Rolle. Allerdings ist es wichtig, zu wissen, dass Sie im Gespräch keinen Schmollmund machen sollten, da er beim Gegenüber ein schlechtes Gewissen erzeugt. Das gilt auch für öffentliche Auftritte. Ebenso wie das schiefe Lächeln wirkt ein „schiefer Mund“ wenig glaubwürdig – wird nur ein Mundwinkel angehoben, so signalisiert diese Mimik Zynismus, Arroganz oder ein Überlegenheitsgefühl.

Spiegel der Seele – die Augen

Kaum ein Körpersignal verrät so viel über unser Gegenüber wie die Augen. Angeblickt zu werden, vermittelt uns Beachtung und Aufmerksamkeit und stimmt uns positiv. Wer den anderen keines Blickes „würdigt“, vermittelt Desinteresse, wird aber auch als arrogant empfunden. Wegsehen kann aber auch nur bedeuten, dass der andere unsicher ist oder sich schämt.

Wenn wir Menschen überzeugen wollen, müssen wir ihnen in die Augen sehen. Deshalb ist es besonders bei Vorträgen wichtig, zu möglichst vielen Zuhörerinnen/Zuhörern Blickkontakt aufzunehmen und kurz zu verweilen, um ihre Zustimmung einzuholen. Das vermittelt auch Souveränität der Redner/innen über ihr Thema.

VORSICHT

Wenn der Blick zu lange auf eine andere Person gerichtet ist, bewirkt dieses Starren womöglich Unbehagen und kann als aufdringlich und aggressiv empfunden werden.

Distanzzonen

Sicher kennen Sie die Situation, dass Ihnen jemand einen Arm um die Schulter legt oder Ihnen, ohne Sie zu berühren, im Gespräch nahekommt. Das genießen wir bei manchen Personen, bei anderen hingegen empfinden wir es als unangenehm und als Verletzung der persönlichen Distanzzone. Jeder Mensch hat sein eigenes Empfinden. Kommt Ihnen jemand allzu nahe, fühlen Sie sich bedrängt oder sogar bedroht. Die einzuhaltende Distanz richtet sich nach Ihrem Gegenüber. Je näher Sie eine Person kennen und je vertrauter Sie mit ihr sind, umso geringer ist auch der körperliche Abstand. Informieren Sie sich über die Distanzzonen in anderen Kulturen, das ist wichtig für Ihren persönlichen und geschäftlichen Erfolg.

DISTANZ-ZONEN

Im Gespräch mit guten Freunden kann der Abstand 60 cm, unter Kolleginnen/Kollegen eine Armlänge (also etwa 80 cm), mit Vorgesetzten sogar bis zu 120 cm betragen.

Distanzzonen im Berufsleben

Im Berufsleben stoßen wir auf verschiedene Distanzzonen und Reviere, die wie ungeschriebene Gesetze eingehalten werden müssen. Wenn wir uns an diese Codes nicht halten, sind wir anderen gegenüber unhöflich.

Das Büro oder der eigene Schreibtisch sind oft mit Blumenstöcken, Bilderrahmen, Kaffeetasse, Kinderzeichnungen, Postkarten und allerhand persönlichen Kleinigkeiten abgegrenzt. Im Kundenverkehr ist allerdings von dieser Wohnzimmeratmosphäre dringend abzuraten. Der Computer gehört, obwohl Firmeneigentum, in die persönliche Distanzzone. Diese Signale bedeuten: „Halt, bis hierher und nicht weiter!"

PERSÖNLICHE DISTANZZONE

Im Restaurant wird der Anspruch auf Platz am Tisch üblicherweise halbe-halbe geregelt. Es ist unangenehm, wenn jemand sein Glas oder seinen Teller auf die Seite des anderen schiebt.

Intime Distanz

Die intime Distanz kann sehr gering sein und bis zum körperlichen Kontakt gehen. In unserem westlichen Kulturkreis reicht sie bis auf 60 cm. Sehr enge Freundinnen/Freunde, Lebenspartner/innen und Kinder dürfen in diese Distanzzone vordringen. Wenn ein Mann und eine Frau, die einander nicht nahestehen, sich zur Missachtung dieser intimen Distanzzone gedrängt fühlen, kann es für beide sehr peinlich werden.

Wenn Sie sich beim Anstellen in der Kantine, im Lift oder auf engem Raum mit vielen anderen Menschen unwohl fühlen, wird Ihre intime Distanzzone überschritten. In Pandemiezeiten ist das noch viel schlimmer, da reicht oft schon der sonst normale Abstand, um sich bedrängt zu fühlen. Jedes Eindringen einer nicht vertrauten Person empfinden Sie daher als Grenzverletzung und Sie reagieren automatisch: Sie spannen alle Muskeln an und versuchen, die Nachbarn auf keinen Fall irgendwo zu berühren. Diese Reaktion bedeutet: „Ich bitte Sie um Entschuldigung, dass ich in Ihre Zone eindringe, aber die Situation zwingt mich dazu und ich werde Ihre Privatzone respektieren." Wenn Sie bemerken, dass Sie eine Grenze überschritten haben, entschuldigen Sie sich.

Persönliche Distanz

Rund einen Meter Abstand zur nächsten Person – das ist die durchschnittliche Entfernung, die Sie brauchen, um sich wohl zu fühlen. Für den Beginn eines Gesprächs ist dies die wichtigste Distanzzone, in Pandemiezeiten können es bis zu zwei Meter sein, daher ist es ganz entscheidend, diese auch zu beachten. Sonst können Sie einander die Hand reichen und der Kontakt ist für ein mehr oder weniger persönliches Gespräch nahe genug.

Natürlich vermitteln Sie mit der Distanz auch eine Botschaft. Als Vorgesetzte/r sollten Sie sich dessen bewusst sein, dass Sie, wenn Sie an Mitarbeiter/innen näher als an andere herantreten, damit eine gewisse Bevorzugung dieser Person signalisieren. Andererseits könnte dieses Nähertreten als aufdringlich empfunden werden, wenn Sie mit der Person auf weniger vertrautem Fuß stehen.

Manche Vorgesetzte oder Politiker/innen nehmen den Unterarm der begrüßten Person oder legen die Hand auf die Schulter und maßen sich dabei eine Vertrautheit an, die ihnen nicht zusteht. Anfassen dürfen Sie Ihr Gegenüber nur, wenn Sie tatsächlich sehr vertraut miteinander sind und Sie wissen, dass es für den anderen passt.

Gesellschaftliche Distanz

Bei der gesellschaftlichen oder sozialen Distanz ertragen Sie eine Entfernung von eineinhalb bis drei Metern. In diesem persönlichen Raum werden Geschäfte abgewickelt, wird mit Kundinnen/Kunden verhandelt und werden unpersönliche Angelegenheiten geregelt. Auch bei zwanglosen Treffen, bei Dienstleisterinnen/Dienstleistern und im Geschäft ist diese Distanzzone notwendig. In Pandemie- und Grippezeiten ist dies die wichtigste Distanzzone.

HIERARCHIE

Die Büros von hochgestellten Persönlichkeiten, Vorstandsvorsitzenden, Generaldirektoren und Mitgliedern des Vorstands sind deshalb so geräumig, weil diese ihre Position durch die Distanz ausdrücken.

In Unternehmen mit Kundenkontakt ist diese Distanzzone wichtig, denn Sie können weiterarbeiten, ohne unhöflich zu wirken. Sie können aber auch die Arbeit beiseitelegen und reden. Empfangspersonal braucht beispielsweise diesen Raum, um weiterarbeiten zu können und nicht gezwungen zu sein, eine Unterhaltung mit der wartenden Person zu führen. Es ist also auch eine schützende Distanz, die Sie keinesfalls ignorieren sollten.

Öffentliche Distanz

Beobachten Sie einmal Menschen an einer Haltestelle. Weit verstreut, selbst bei Regen, sammeln sie sich und versuchen, die öffentliche Distanz zu den Nächsten nicht zu unterschreiten. Sie beträgt vier bis sechs und mehr Meter, um als angenehm empfunden zu werden. Diesen Abstand halten Lehrer/innen zu ihren Schülerinnen/Schülern im Unterricht, Vortragende im Seminar, Vorgesetzte bei der Rede an die Mitarbeiter/innen, Schauspieler/innen und Politiker/innen ein.

So punkten Sie

- Halten Sie lieber mehr Distanz und achten Sie intensiv auf Signale Ihres Gegenübers, um nicht als unhöflich zu gelten.
- Eine Armlänge Distanz ist meist ein gutes Maß für einen Gesprächseinstieg in pandemielosen Zeiten.
- Berühren Sie keine Person, mit der Sie nicht vertraut sind.
- Halten Sie nach dem Händeschütteln nicht die Hand oder den Arm der begrüßten Person fest.
- In Pandemie- und Grippezeiten herrschen die von den Ländern vorgegebenen Distanzzonen.

Distanzzonenverletzung

Wenn Sie einer Gesprächspartnerin/einem Gesprächspartner zu nahegekommen sind, können Sie dies an folgenden Reaktionen wahrnehmen:

- Die/Der andere versucht unbewusst, eine Barriere aufzubauen, z. B. mit einer Aktenmappe.
- Die/Der andere geht einen Schritt zurück.
- Die/Der andere weicht Ihrem Blick aus.
- Der Oberkörper geht zurück.

Wenn Sie eine dieser Reaktionen wahrnehmen, vergrößern Sie sogleich den Abstand, so kann sich die/der andere entspannen und Sie können sich wieder auf das Gespräch konzentrieren. Es könnte aber auch sein, dass Ihr Körper- oder Mundgeruch „gekippt" ist.

Wenn Sie sich von Gesprächspartnerinnen/-partnern bedrängt fühlen, sorgen Sie taktvoll für mehr Distanz. Das ist natürlich leichter gesagt als getan... Denn ein Schritt nach hinten hilft meist nicht, oft rückt die/der andere dann wieder nach.

Aber Sie können in so einem Fall folgende Taktiken ausprobieren:

- Etwas in die Hand nehmen (z. B. eine Mappe),
- der/dem anderen einen Platz anbieten und den Tisch als Barriere nützen,
- einen Schritt zur Seite treten, ohne den Blickkontakt zu verlieren, statt ihr/ihm frontal gegenüberzustehen oder
- einen Fuß vor den anderen stellen (mindestens eine Fußlänge) – diese Grenze wird normalerweise nicht überschritten.

Externe Besucher/innen im Unternehmen

Kundinnen/Kunden oder Vertriebsmitarbeiter/innen anderer Unternehmen übertreten manchmal Distanzzonen, weil sie sich als gute Freunde des Unternehmens fühlen. Fremde Besucher zeigen mit diesem Verhalten, dass sie dazugehören möchten. Bisweilen steht ihnen das aber noch nicht zu. Geben Sie Acht, diese Verletzungen der Distanzzonen kommen nicht gut an und bewirken eher das Gegenteil. Dieses Bemühen um Vertraulichkeit wirkt aufgesetzt.

Kundinnen/Kunden aus anderen Kulturkreisen

Gerade dort, wo unterschiedliche Kulturen zusammenkommen, ist ein sensibles Miteinanderumgehen angebracht. Durch Erziehung, Religion und politische Ansichten gibt es verschiedene Ausprägungen – jede/r besitzt ihre/seine eigenen, individuellen Grenzen, die sie/er nicht überschritten sehen möchte.

In einigen lateinamerikanischen Ländern ist das Distanzbedürfnis viel geringer als in Europa. Wundern Sie sich nicht, wenn Ihnen Brasilianer/innen zu nahekommen, weil das für sie in Ordnung ist. In vielen asiatischen Ländern dagegen ist das Distanzbedürfnis sehr groß.

So punkten Sie

- Weniger Distanz halten die Menschen in Ländern wie Spanien, Frankreich, Italien, Türkei und in südamerikanischen Ländern.
- Ein bisschen mehr Distanz halten Osteuropäer/innen.
- Viel Bedürfnis nach Abstand haben Menschen in Deutschland, Skandinavien, Großbritannien und den Niederlanden.
- Noch größer ist das Distanzbedürfnis in vielen asiatischen Ländern.

Im Aufzug

Jede/r kennt die Situation: Man steht im Aufzug, umgeben von fremden Personen, weil die Distanzzonengrenzen, wie sie in freien Räumen gelten, nicht mehr eingehalten werden können. Für viele Menschen bedeutet die Enge Stress, für manche fast eine Bedrohung, wenn

der Lift zu klein ist. Damit die Fahrt möglichst entspannt verläuft, ist es hier besonders wichtig, sich an die Benimm-Codes zu halten.

Sie sollten sich auf keinen Fall zu nahe an eine andere Person heranstellen, oder ihr frontal gegenüber stehen und sie direkt ansehen. Ist der Aufzug schon ziemlich voll und Sie haben es nicht sehr eilig, warten Sie besser auf den nächsten.

Beim Ein- und Aussteigen sollte es nicht zu Drängelei oder Geschubse kommen. Generell gilt: Damen, Gäste, Vorgesetzte und ältere Personen haben beim Ein- und Aussteigen im Aufzug den Vortritt. Diese Regeln sind bei großem Gedränge nicht umsetzbar. Daher ist es am sinnvollsten, wenn diejenigen, die beim Aussteigen der Tür am nächsten stehen, als Erste den Lift verlassen.

Ebenso sollte die Person, die am nächsten bei der Schaltfläche mit den Druckknöpfen steht, zunächst die Eingestiegenen fragen, wohin sie fahren möchten, und dann den entsprechenden Knopf drücken. Wenn genug Platz dafür ist, kann natürlich jede/r Einzelne selbst drücken.

HILFE

Sollte eine Mitfahrerin/ein Mitfahrer die Hände nicht frei haben, weil sie/er zum Beispiel Unterlagen oder Einkaufstaschen trägt, ist es selbstverständlich, dass man für sie/ihn den Knopf drückt.

Anrede und Anschrift

Als Anrede bezeichnet man die Wendung, mit der man jemanden anspricht. Sie enthält neben dem Vor- und Nachnamen auch den Gruß und eventuell einen Titel und variiert je nach Alter, gesellschaftlicher Stellung und der Situation. Durch die Art der Anrede werden immer subtile Botschaften übermittelt. Ob Sie sich freundschaftlich oder im Business, mündlich oder schriftlich, förmlich oder vertraulich an andere wenden – dieses Kapitel zeigt, wie Sie dies stilvoll tun können.

Die Anrede lebt vom Namen

Machen Sie es sich zur Gewohnheit, andere Menschen sowohl im beruflichen als auch im privaten Leben per Namen anzusprechen, das macht sympathisch. Verschlossene Türen können sich öffnen, wenn Sie den Namen der angesprochenen Person kennen, korrekt aussprechen und immer wieder im Gespräch einbauen. Namensschilder bei Tagungen und Kongressen helfen dabei. Sich vorstellen zu lassen oder Visitenkarten zu tauschen sind gute Möglichkeiten, Namen zu erfahren.

Sollten diese Varianten aber ausfallen, so stellen Sie sich zuerst selber vor und fragen einfach danach: „Wie ist Ihr Name?“ Klingt der Name schwierig oder Sie haben ihn schlecht gehört, wiederholen Sie den Namen so, wie Sie ihn verstanden haben. Die angesprochene Person korrigiert Sie sicher auf angenehme Art – Sie brauchen keine Scheu davor zu haben.

Sollten Sie Schwierigkeiten haben, sich Namen zu merken, so schaffen Sie sich gleich zu Beginn des Gesprächs eine Eselsbrücke. Nur wenn Sie die Person wirklich intensiv wahrnehmen – das sind mindestens drei Minuten persönliches Gespräch – hat Ihr Gedächtnis den Namen tatsächlich gespeichert.

SICH NAMEN MERKEN

Ein bisschen Training hilft dabei – Sie können auch einen Kurs besuchen, denn man kann das Namen-Merken lernen!

So punkten Sie

- Wiederholen Sie den Namen gleich bei der Vorstellung bzw. Begrüßung.
- Verwenden Sie den Namen nicht inflationär oft, das wirkt übertrieben.
- Bei Telefonaten notieren Sie die Namen der Personen, mit denen Sie sprechen, so kennen Sie jederzeit die entsprechende Anrede.
- Fragen Sie nach, wenn Sie bei der Aussprache des Namens nicht sicher sind.
- Fragen Sie: „Wie ist Ihr Name?“ und nicht: „Wie war Ihr Name?“
- Fragen Sie die Assistenz, wie die/der Vorgesetzte angesprochen werden will: Wenn sie/er einen Doppelnamen oder mehrere Titel hat, zum Beispiel Funktionsbezeichnung oder akademischer Grad.

Direkte Anrede

Mit „Grüß Gott, Herr Bauer!“ oder „Guten Tag, Frau Müller!“ liegen Sie immer richtig. Aber wie steht es mit dem „Liebe/r“? Normalerweise ist diese Anrede nur auf den privaten Bereich beschränkt. Ist das Verhältnis herzlich und freundschaftlich, dann ist ein „Liebe/r“ auch korrekt. „Einen schönen Guten Morgen, Frau Maier“ ist eine höfliche Anrede, die Sie jederzeit verwenden können. „Servus aus Wien“ oder „Moi, Moi aus Hamburg“ setzen eine sehr vertraute Verbindung voraus.

Die direkte Anrede mit Titeln ist in den nächsten Abschnitten erklärt, da Anrede und Anschrift je nach Titelform unterschiedlich gehandhabt werden.

Was tun bei Doppelnamen?

Das Namensrecht in Österreich und Deutschland sieht vor, dass jede Person bei der Heirat ihren Namen selbst wählen kann. Zum Beispiel: Frau Maier heiratet Herrn Schuster, muss aber nicht seinen Namen annehmen und umgekehrt. Frau Maier könnte auch einen Doppelnamen wählen – Maier-Schuster. Ebenso könnte ihr Mann das tun. Sie sollten bei der Anrede also nicht einfach einen Teil des Namens weglassen.

Ist im Schriftverkehr mit nur einem Namen gezeichnet und in der E-Mail-Signatur trotzdem der Doppelname angeführt, können Sie die Person mit dem Unterschriftsnamen anschreiben und ansprechen. Wenn Sie trotzdem den Doppelnamen schreiben, zeigt das Ihren Respekt, dass Sie dieses Detail bemerkt haben. Wenn Sie unsicher sind, fragen Sie die Person selbst, wie sie gerne angesprochen werden möchte. Nur, wenn es Ihnen erlaubt wird, können Sie einen Namen weglassen, welcher Teil, das entscheidet die betreffende Person.

GANZER NAME | Bei offiziellen Anlässen oder bei der Vorstellung muss der gesamte Doppelname genannt werden.

Titel in der Anrede

Inhaber eines akademischen Grades sind berechtigt, diesen zu führen, jedoch besteht kein Recht darauf, damit angesprochen zu werden. Die Anrede mit einem akademischen Titel, wie Professor/in, Doktor/in oder Magistra/Magister, ist daher tatsächlich eine Frage von Höflichkeit und Respekt und keine rechtliche Pflicht. Dies gilt auch, wenn der entsprechende Titel im Pass eingetragen ist.

In Österreich und in manchen Berufssparten im deutschsprachigen Raum legt man sehr viel Wert auf Titel. Steht auf einer Visitenkarte oder in der E-Mail-Signatur ein Name mit Titel, so sprechen oder schreiben Sie diese Person mit Titel an, auch wenn Sie diese vorher ohne Titel angesprochen oder angeschrieben haben.

Sie sprechen jede Person, von der Sie den Titel wissen, damit an. Erst wenn Ihnen erlaubt wurde, den Titel wegzulassen, respektieren Sie den Wunsch Ihres Gegenübers und lassen ihn weg.

So punkten Sie

- Bei der Selbstvorstellung stellt sich Herr Dr. Müller schlicht als Herr Müller vor, der Titel wird weggelassen. Das gilt auch für das Melden am Telefon.
- Titel und akademische Grade werden nur in der Funktion der angesprochenen Person verwendet, ausgenommen Sie wollen Respekt zeigen, so erwähnen Sie den Titel auch im Privaten.
- Im internationalen Geschäftsleben und in vielen Unternehmen werden in der Regel auf Visitenkarten keine Titel mehr angeführt.
- Titel werden nur auf ausdrücklichen Wunsch der angesprochenen Person weggelassen.
- Jede Titelträgerin/Jeder Titelträger sollte sich bewusst sein, wo das Protokoll endet und das zwischenmenschliche Gespräch beginnt.
- Im Schriftverkehr werden in der Anschrift alle Titel angeführt und bei der Anrede wird der höchste genannt. Die Reihenfolge gilt: Professorin/Professor, dann Doktorin/Doktor, Magistra/Magister, Ingenieurin/Ingenieur oder Meisterin/Meister.
- Ein Arzt kann im persönlichen Gespräch ohne Nachnamen angesprochen werden: „Danke, Herr Doktor." Ein Dr. phil. jedoch wird eher mit „Danke, Herr Doktor Maier" angesprochen.

Schriftliche Anrede

Wenn Sie einen Brief oder eine E-Mail schreiben, ist die Wahl der korrekten Anrede äußerst wichtig. Vor allem, wenn Sie an Behörden, Doktorinnen/Doktoren oder Universitäts-Professorinnen/-Professoren schreiben. Unkorrekte Anreden lassen Sie und/oder Ihr Unternehmen schnell unprofessionell wirken.

Die korrekte Reihenfolge in der geschäftlichen Anrede hängt von der Reihenfolge der hierarchischen Stellung der Empfänger ab. Für eine Person, die mehr als einen Titel hat, wird in der schriftlichen Anrede nur der höchste verwendet.

So punkten Sie

- Sie schreiben in der korrekten Anrede zuerst die ranghöheren und dann die rangniederen Personen an: „Sehr geehrter Herr Dr. Maier, sehr geehrte Frau Mag.ª Müller." (Zuerst Führungskraft Dr. Maier und anschließend die Mitarbeiterin Mag.ª Müller)
- Sind beide gleichgestellt, wird zuerst die Frau erwähnt: „Sehr geehrte Frau Mag.ª Müller, sehr geehrter Herr Dr. Maier."

Dem Titel „Professor" wird, wie in der Anrede, nicht zwingend der Familienname nachgestellt: „Sehr geehrte Frau Professorin", „Sehr geehrter Herr Professor" reicht. Ein Professor kann in der schriftlichen Anrede mit „Sehr geehrter Herr Professor Maier" angeschrieben werden, nur der Doktortitel wird abgekürzt: „Sehr geehrte Frau Dr.^{in} Berger." Für die private Korrespondenz gilt, dass sich die Reihenfolge nach dem Geschlecht und dem Alter richtet, d. h., dass ältere Personen und Frauen zuerst angeführt werden: „Sehr geehrte Frau Maier, sehr geehrter Herr Maier."

„FRAU DOKTOR"

Ärztinnen und Ärzte können in der direkten Anrede ohne Nachnamen angesprochen werden, jedoch in der schriftlichen Anrede mit Nachnamen.

„Hallo“ in Briefen und E-Mails

Nicht jeder möchte gleich mit „Hallo“ gegrüßt werden. Im geschäftlichen Leben kann diese wenig formelle Anrede als respektlos aufgefasst werden. Besonders dann, wenn die Empfängerin/der Empfänger deutlich älter ist oder es sich um eine hierarchisch höherrangige Person handelt. Sollten Sie Ihr Gegenüber nicht kennen, vermeiden Sie „Hallo“ – diese Anrede ohne Namen ist unhöflich und respektlos.

Fremde Personen schreibt man immer mit „Sehr geehrte/r Frau/Herr …“ und nie mit „Hallo“ an. Vermeiden Sie „Liebe …“, wenn Sie die Person nicht oder kaum kennen und keine persönliche Ebene besteht. Erhalten Sie hingegen einen Brief mit „Hallo, Frau Maier“, dann können Sie selbstverständlich genauso zurückschreiben, ausgenommen Sie möchten das nicht oder es entspricht nicht dem Stil Ihres Unternehmens.

So punkten Sie

- Machen Sie den Vornamen Ihres Adressaten ausfindig, wenn Sie nur den Nachnamen kennen, um zu erfahren, ob es sich um eine Dame oder einen Herrn handelt.
- Bei Ihnen nicht vertrauten Namen versuchen Sie herauszufinden, ob es sich um einen weiblichen oder männlichen Vornamen handelt. Haben Sie keinerlei Informationen, so können Sie „Sehr geehrte Damen und Herren“ schreiben.
- Haben Sie selber einen ungewöhnlichen oder für Ihre Kundinnen/Kunden nicht identifizierbaren Vornamen, so schreiben Sie in Ihrer Signatur beispielsweise „Diplomkauffrau“, dann ist klar, dass Sie eine Frau sind.
- Werden mehrere Leute angesprochen, so erwähnen Sie unbedingt alle Namen, einschließlich der Titel.
- Bewahren Sie Stil auch in Schreiben an Arbeitskolleginnen/-kollegen.
- Bei offiziellen Schreiben, wenn Sie mit jemandem per Du sind, schreiben Sie folgendermaßen: „Sehr geehrte Frau Müller, liebe Susanne.“ Sie schreiben aber per Sie weiter, wenn dies der Stil des Unternehmens erfordert.
- Beenden Sie Ihr Schreiben mit einem Abschiedsgruß und setzen Sie Ihren Vor- und Zunamen darunter.

Gängige Grußformeln

ANLASS	KLASSISCHE VARIANTE	MODERNE VARIANTE
Förmliche Anrede	„Sehr geehrter Herr Maier"	„Guten Tag, Frau Müller" oder „Guten Tag, sehr geehrte Frau Müller"
Förmlicher Schluss	„Mit freundlichen Grüßen"	„Mit freundlichen Grüßen nach Hamburg"
Lockere Anrede	„Liebe Frau Berger" oder „Liebe Lisa"	„Liebe Frau Berger" oder „Liebe Lisa"
Lockerer Schluss	„Es grüßt Sie herzlich"	„Liebe/Sonnige Grüße" oder „Mit herzlichen Grüßen"
Anrede bei namentlich nicht bekannten Empfängern	„Sehr geehrte Damen und Herren"	„Guten Tag" oder „Sehr geehrtes Team"

Korrekte Anschrift mit Titeln

In der Anschrift werden alle Titel, akademischen Grade und nachgestellten Grade wie „Bakk.", „MBA", „PhD" oder auch „MAS" angeführt. Hat eine Person mehrere akademische Grade erworben, dürfen sie grundsätzlich kumulativ geführt werden – eine Reihenfolge ist gesetzlich nicht festgelegt, allerdings ist es üblich, die höherrangigen Grade dem Namen am nächsten zu führen. Die weibliche Anschrift der Titel ist üblich. Sie erkennen dies am hochgestellten „a" oder „in".

BEISPIELE

Mag. Dr. Max Maier – Mag.^{a}/Mag. steht für Magistra/Magister und ist ein österreichischer akademischer Titel

Professor Dr. Herbert Maier MBA

Mag.^{a} – Frau Magistra, oder Dr.^{in} – Frau Doktorin, DI^{in} – Frau Diplomingenieurin.

Sind mehrere gleiche Titel vorhanden, wird aus „Mag. Mag." ein „MMag." bzw. aus „Dr. Dr." wird „DDr.".

Im internationalen Umfeld ist es üblich, jemanden mit PhD-Titel mit „Doktor“ anzureden, in der Anschrift wird der offizielle Titel, also „Vorname Name, PhD“, sehr wohl verwendet. Legen Sie in der Anrede die Titulierung großzügig aus oder fragen vorher nach und passen Sie sich internationalen Gepflogenheiten an.

Verliehene Titel

Es gibt einige Titel, die aufgrund erworbener Leistungen verliehen werden und nichts mit der Ausbildung der Person zu tun haben. So wurde die Ex-Bischöfin Margot Käßmann zur Honorar-Professorin ernannt; in Österreich entspricht das dem Professor h. c. – honoris causae. Diese Ehrentitel, wie auch Kammersänger/in oder Regierungsrätin/-rat oder Hofrätin/-rat (Hofrätin/-rat gibt es nur in Österreich), sind Auszeichnungen. In Deutschland wurde Anfang des 17. Jahrhunderts der Hofrat durch den Geheimen Rat ersetzt. Da für diese Titel bei öffentlichen Stellen extra angesucht werden muss, hat der verliehene Titel eine entsprechende Bedeutung für die Person.

Im offiziellen Sprachgebrauch wird ein Professor mündlich und schriftlich als Herr Professor angesprochen. Eine Frau wird als Frau Professorin angesprochen; der Familienname kann zusätzlich genannt werden.

Akademische Grade

Der akademische Titel darf nur von Berechtigten korrekt geführt werden. Das bedeutet auch, dass der Titel nicht auf die Lebenspartnerin/den Lebenspartner übertragbar ist. Frau Doktorin Maier hat selbstverständlich selbst promoviert. Wenn Sie also Herrn Doktor und Frau Doktorin Maier vorstellen, haben beide eine akademische Ausbildung absolviert.

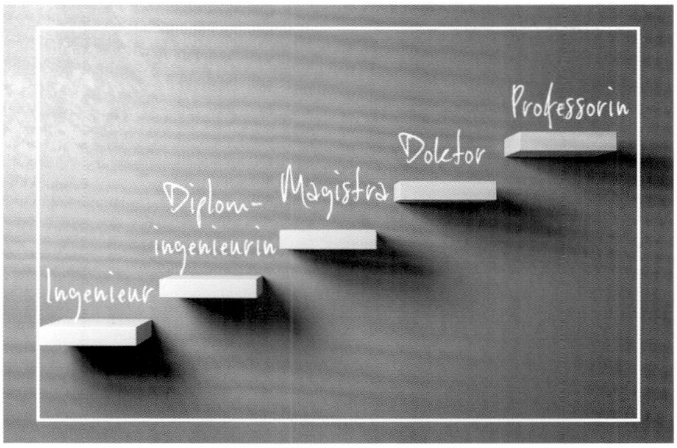

Titel

MÄNNLICH	WEIBLICH
Ingenieur - Ing.	Ingenieurin - Ing.^{in}
Meister - Mst.	Meisterin - Mst.^{in}
Diplomingenieur - DI oder Dipl.-Ing.	Diplomingenieurin - DI^{in} oder Dipl.-Ing.^{in}
Magister - Mag.	Magistra - Mag.^{a}
Doktor - Dr.	Doktorin - Dr.^{in}
Professor - Prof.	Professorin - Prof.^{in}

Amtsbezeichnungen

Amtsbezeichnungen gelten für Personen, die in ein bestimmtes Amt gewählt sind, z. B. Bundeskanzler/in, Ministerpräsident/in (Deutschland), Landeshauptfrau/-mann (Österreich), Minister/in, Staatssekretär/in, Kardinal, Bischöfin/Bischof, Botschafter/in etc. Sie werden nur so lange mit diesem Titel angesprochen, als sie diese Funktion bekleiden. Bei nicht offiziellen Anlässen können Sie beispielsweise einen Bundeskanzler, der einen akademischen Titel hat, mit dem Titel und Namen ansprechen ohne die Bezeichnung Bundeskanzler.

Üben politische Funktionsträger/innen ihr Amt nicht mehr aus, stehen aber noch in der Öffentlichkeit, so werden sie in ihrer derzeitigen Funktion angeschrieben. Ist zum Beispiel eine ehemalige Bundeskanzlerin/ein ehemaliger Bundeskanzler weiterhin als Mitglied des Bundestages tätig, so lautet die Briefanschrift: „Mitglied des deutschen Bundestages, Frau Dr.^{in} Eva Mustermann/Herrn Dr. Heinrich Mustermann“. In der Briefanrede schreibt man in diesem Fall: „Sehr geehrte Frau Abgeordnete/Sehr geehrter Herr Abgeordneter“, in der mündlichen Anrede: „Frau Abgeordnete/Herr Abgeordneter“.

Hat sich diese/r aus allen Ämtern zurückgezogen, so verwendet man in der Briefanschrift die ehemalige höchste Amtsbezeichnung mit dem Zusatz „a. D.“ (außer Dienst): „Frau Bundeskanzlerin a. D. Dr.^{in} Eva Mustermann/Herrn Bundeskanzler a. D. Dr. Heinrich Mustermann“, in der schriftlichen Anrede: „Sehr geehrte Frau Dr.^{in} Mustermann/Sehr geehrter Herr Dr. Mustermann“ und in der mündlichen Anrede: „Frau/Herr Dr. Mustermann“. In Österreich ist es üblich, in der Anrede weiterhin „(Sehr geehrte) Frau Bundeskanzlerin/(Sehr geehrter) Herr Bundeskanzler“ zu verwenden. Das gilt insbesondere für hohe politische oder geistliche Ämter, wie Bundespräsident/in, Bundeskanzler/in, Landeshauptfrau/-mann oder Bischöfin/Bischof.

Berufs- und Funktionsbezeichnungen

Eine Berufsbezeichnung konkretisiert das Tätigkeitsfeld einer Person, ob sie nun Rechtsanwältin/-anwalt, Landwirt/in, Schriftsteller/in, Notar/in oder dergleichen ist. Die Anrede ist einfach mit Titel und Name zu wählen. Etwas anders verhält es sich bei Funktionsbezeichnungen, wie Vorstandsvorsitzende/r, Generaldirektor/in, Vorständin/Vorstand, Direktor/in, Vorsitzende/r etc. Diese werden mit dem Funktionstitel angesprochen.

Bezüglich Adressierung wird die Bezeichnung Ingenieur oft aus Platzgründen abgekürzt, daher wird ein Schreiben beispielsweise an Frau Ing.^{in} Müller gerichtet. Schöner allerdings ist es, das Wort Ingenieur auszuschreiben. Bei der schriftlichen Anrede genügt die Abkürzung Ing./Ing.^{in}.

Adelstitel in Österreich und Deutschland

In Österreich wurden die Adelstitel 1919 abgeschafft, sie sind nicht mehr Teil des Namens. In Deutschland sind Adelstitel Teil des Namens, werden aber seit 1919 nicht mehr verliehen. Der komplette Adelstitel einer Person kommt in die Briefanschrift. Das betrifft auch die Teile, die in der schriftlichen Anrede weggelassen werden. Einen Johannes Graf von Mustermann schreiben Sie in der Briefanschrift so an: „Herrn Johannes Graf von Mustermann“.

In der Briefanrede wird das „Frau/Herr“ und das „von“ weggelassen: „Sehr geehrte Gräfin Mustermann“/„Sehr geehrter Graf Mustermann“. Sollte der Graf über einen Doktortitel verfügen, dann wird dieser auch mit seinem Titel angeschrieben: „Herrn Dr. Johannes Graf von Mustermann“.

Es gibt viele verschiedene Adelstitel. Sind Adelige immer wieder Gast in Ihrem Haus, so empfiehlt es sich, das „Kleine Lexikon des Adels“ von Eckart Conze im Hause aufliegen zu haben. Rufen Sie in heiklen Situationen im Büro der adeligen Gäste an und erkundigen Sie sich, wie diese gerne angesprochen oder angeschrieben werden.

Vom Sie zum Du

Sich zu duzen empfinden viele Menschen als eine Form der Vertraulichkeit, doch es ist nicht immer passend. Ein „Sie“ schafft Distanz und gewährt Diskretion. Ein „Du“ leichtfertig, unüberlegt angeboten oder akzeptiert, schafft nicht immer die Basis für eine tatsächliche Freundschaft und sollte daher nicht überbewertet werden. Im Geschäftsleben ist es mit gleichaltrigen Kollegen oft üblich, weil der Umgang ungezwungener und einfacher ist. Aber Vorsicht ist geboten, denn nicht immer ist klar, wer wem das Du-Wort anbietet.

▸ FILM AB

Duzen und siezen – nicht immer so einfach!

www.trauner.at/DuzenundSiezen.aspx

Wer bietet wem das Du-Wort an?

Das Du-Wort-Angebot als Führungskraft an einen wesentlich älteren Mitarbeiter

FILM AB!

www.trauner.at/FuehrungskraftDuzen.aspx

Es gibt klare Vorgaben, wer wem das Du-Wort anbietet:

- Ältere bieten es den Jüngeren an.
- Die Frau bietet es dem Mann an.
- Ranghöhere bieten es den Rangniederen an.
- Kundinnen/Kunden bieten es den Mitabeiterinnen/Mitarbeitern an.

Natürlich ist es nicht immer leicht, herauszufinden, wer älter ist. Man spricht hier von mindestens einer Generation Altersunterschied. Sie können nicht fragen: „Sind Sie 35 oder 37 Jahre alt?“, wenn Sie selber 36 sind, um zu klären, wer älter ist.

VORSICHT

Manche Menschen sehen jünger und manche älter aus, als sie tatsächlich sind!

Es gibt immer mehr Menschen, die alle anderen duzen, frei nach dem Motto: „Wer das nicht akzeptiert, ist nicht mein Partner.“ Diese Einstellung muss man sich geschäftlich leisten können, denn es gibt genug Menschen, auch Jüngere, die diese einseitig entschiedene Vertraulichkeit als respektlos und grenzüberschreitend empfinden. Folgende Aussage hört man immer wieder: „Ich bin zum kooperativen Du übergegangen.“ Aber ist diese Aussage kooperativ? Es handelt sich hier vielmehr um eine einseitige Bevormundung des anderen ohne gemeinsame Entscheidung! Damit das Du-Wort dem anderen nicht aufgezwungen wird, fragt man sie/ihn höflich, ob sie/er damit einverstanden ist.

Neu im Unternehmen

Wer neu im Unternehmen ist, wartet immer ab, dass ihr/ihm das Du angeboten wird. Werden Sie mit dem Satz „Bei uns duzen sich alle“ eingestellt, seien Sie ganz besonders vorsichtig. Gerade ältere oder langjährige Mitarbeiter/innen fühlen sich schnell überrumpelt und finden es sehr unangenehm, wenn Sie sich nicht an die allgemein gültigen Benimm-Codes halten. Warten Sie also ab, bis Ihnen die Person das Du-Wort anbietet, auch wenn es offiziell eine andere Regel gibt.

Du-Wort bei offiziellen Terminen

Sind Sie im Beruf per Du und haben eine Besprechung mit Kundinnen/Kunden, können Sie ruhig per Du bleiben, wenn das so üblich ist, aber vermeiden Sie es, die Person mit Vornamen anzusprechen. Nicht: „Peter, kannst du mir bitte die Liste reichen?“, sondern: „Kannst du mir bitte die Liste reichen?“

Es muss nicht sein, dass Sie sich bei Besprechungen oder Veranstaltungen unter Kollegen siezen, wenn Sie sonst per Du sind. Sollte es aber dem Stil Ihres Unternehmens entsprechen, sich mit Kundinnen/Kunden zu siezen, so halten Sie dies auch ein.

Wenn z. B. eine Kundin/ein Kunde kommt und nach Ihrem Kollegen, Herrn Klammer, verlangt, so antworten Sie „Ich werde Herrn Klammer informieren“ und nicht „Ich werde Peter informieren“, ausgenommen, in Ihrem Haus werden alle nur per Vornamen angesprochen, was in manchen Branchen üblich ist.

Wie bietet man das Du-Wort an?

Wenn Sie sich ganz sicher sind, dass es der richtige Moment ist, dann sagen Sie: „Darf ich Ihnen das Du anbieten?“ Sind Sie hingegen nicht sicher, so fragen Sie folgendermaßen: „Jetzt kennen wir uns schon so lange und es wäre mir eine große Freude, wenn wir zum Du übergehen würden. Wenn Sie aber gerne beim Sie bleiben möchten, ist das auch kein Problem für mich. Das entscheiden Sie.“ Die/Der andere fühlt sich so nicht in die Ecke gedrängt und darf selbst entscheiden.

Das Du-Wort wird grundsätzlich im Berufsleben vom Ranghöheren dem Rangniederen angeboten. Das heißt auch immer von der Dame dem Herrn, wenn beide dieselbe Hierarchieebene haben, da sie gesellschaftlich gesehen die Ranghöhere ist.

Du-Wort im Privatleben

Im Privatleben gibt es keine Hierarchie, sondern das Alter und das Geschlecht sind entscheidend: Das Du-Wort bietet der wesentlich Ältere dem wesentlich Jüngeren an und die Frau dem Mann. Einzige Ausnahme: Eine sehr junge Frau bietet einem wesentlich älteren Mann nicht das Du-Wort an – hier ist das Alter und nicht das Geschlecht ausschlaggebend. Eine Person mit einem akademischen Titel ist im Privatleben nicht automatisch ranghöher, nur weil die eine Person einen Titel hat und die andere Person nicht. Hier zählt der Altersunterschied oder das Geschlecht.

Sind Sie zu einer privaten Grillfeier eingeladen, können Sie in der Regel davon ausgehen, dass sich alle duzen. Außer die Grillfeier hat einen beruflichen Hintergrund mit privatem Charakter. Es kann durchaus sein, dass sich manche im sehr privaten Rahmen duzen und manche siezen. Am besten, Sie beobachten und warten ab, wie Sie angesprochen werden, oder gehen in Ihrer gewünschten Ansprache aktiv auf andere zu.

Im Privatleben sind berufliche Hierarchien nicht tragend. Treffen Sie jedoch Ihre Führungskraft auf der Straße, werden Sie sie/ihn als Mitarbeiter/in und nicht als Privatperson wahrnehmen und vermutlich auch so agieren. Das entscheiden Sie.

Treffen Sie im Privaten Kolleginnen/Kollegen, mit denen Sie per Du sind, sollten Sie sehr sensibel damit umgehen, wie Sie dieser/diesem Ihre Partnerin/Ihren Partner vorstellen. „Darf ich vorstellen, das ist Sandra“ bedeutet, dass die Kolleginnen/die Kollegen Sandra mit Du oder dem „Hamburger Sie“ ansprechen können. Nicht jeder Partnerin/jedem Partner ist es recht, mit dem Vornamen vorgestellt zu werden. Das sollten Sie vorab abklären. Je freundschaftlicher das Verhältnis zur Kollegin/zum Kollegen ist, umso eher ist das möglich. Im Zweifel immer mit dem Vor- und Zunamen oder meine Frau/mein Mann vorstellen, wenn Sie beide den gleichen Namen haben.

DU-WORT IM PRIVATEN

Wenn Sie mit jemandem beruflich per Du sind und Ihre Begleitung nicht, überlegen Sie genau, ob Sie diese Frage stellen sollten: „Warum duzt Ihr euch eigentlich nicht.“ Drängen Sie niemanden zum Du, denn beide sollen zum richtigen Zeitpunkt selbst entscheiden können.

Du-Wort in traditionellen Unternehmen

Die im Betrieb herrschende Kultur hat Einfluss darauf, wie das Du-Wort im Unternehmen gehandhabt wird. In Handwerksbetrieben ist man sicherlich schneller untereinander per Du als in Großunternehmen.

Dass Führungskräfte ihre Mitarbeiter/innen oder Auszubildenden einseitig ohne vorherige Absprache duzen, ist ein Tabu, die Betroffenen fühlen sich von oben herab behandelt. Wenn Ihnen das als Mitarbeiter/in passiert, bleiben Sie in der Sie-Form, ausgenommen das Du-Wort wird Ihnen offiziell angeboten.

Ausnahme ist ein mütterliches oder väterliches Du gegenüber deutlich Jüngeren, wenn es als Anerkennung gedacht ist. Das sollten Sie aber auf jeden Fall ansprechen, um Unsicherheiten beim anderen zu vermeiden. Das einseitige Duzen ist dann angebracht, wenn die Chefs offiziell fragen, ob sie die Auszubildenden per Du ansprechen dürfen, ohne selbst das Du-Wort anzubieten.

Wenn die neue Chefin/der neue Chef sehr jung und die langjährige Mitarbeiterin/der langjährige Mitarbeiter um vieles älter ist, gilt auch hier: Die Chefs bieten das Du an. Eine Mitarbeiterin/Ein Mitarbeiter wird den Chefs das Du nicht antragen und junge Chefs trauen sich oft nicht, weil sie Respekt vor der Frau/vor dem Mann und dem Alter haben. Dennoch bietet der Chef das Du an und nur bei gleicher Hierarchie ergreifen die Mitarbeiter/innen die Initiative.

„GRUPPEN-DU“

Ein „Gruppen-Du“ gilt nur dann, wenn alle, die es betrifft, bei der Abmachung anwesend sind. Alle Nicht-Anwesenden werden weiterhin gesiezt.

Du-Wort bei Start-ups, Coworking-Spaces und New Work

Im New Work sind die geltenden Business-Regeln, wie Hierarchien, Alter und Dienstjahre, außer Kraft gesetzt. Das kann bei unterschiedlichen Generationen im Unternehmen auf Unverständnis stoßen und zu Konflikten führen.

MASS DER FREIHEIT

Ein Zitat von Immanuel Kant bringt die scheinbare Freiheit auf den Punkt: „Die Freiheit des Einzelnen endet dort, wo die Freiheit des anderen beginnt." Kant erklärt das Maß der Freiheit also mit „so viel, dass die des anderen nicht tangiert wird".

Jedes New-Work-Unternehmen sollte seine eigenen Spielregeln definieren, denn überall dort, wo scheinbar keine Regeln herrschen, gibt es viele Unsicherheiten. Persönliche und unternehmerische Werte werden unterschiedlich interpretiert und es geht hierbei nicht ausschließlich um das Duzen, sondern ganz wesentlich um den Respekt den anderen gegenüber. Und … oft geben sich Unternehmen betont locker nach außen, sind es aber in Wahrheit im Inneren nicht wirklich.

Unterscheiden Sie die interne und externe Ansprache, denn es geht immer um Höflichkeit und Respekt den Werten und Befindlichkeiten der/des anderen gegenüber. Auch hier gelten die Grundregeln der Business-Etikette. Wenn im Unternehmen oder Co-Working-Space normalerweise untereinander geduzt wird, gilt das für neue Mitarbeiter/innen, Fremde oder Neukundinnen/Neukunden keinesfalls. Man vereinbart gemeinsam, wie man sich im Geschäftlichen anspricht. Auch wenn Sie eine andere Erfahrung gemacht haben, gebietet dies die Höflichkeit!

Haben Sie als Start-up einen Termin mit einem Business Angel oder mit potenziellen Geldgebern, kann ein flapsiges Du bei einem konservativen und hierarchisch denkenden Menschen die Bereitschaft zu investieren gar nicht erst entstehen lassen. Es gibt viele Beispiele, wo fehlende Umgangsformen eine Zusammenarbeit nicht möglich gemacht haben. Diese Unbedachtheit und Respektlosigkeit werden den Betreffenden selten kommuniziert, jedoch in Business-Gesprächen immer wieder erzählt, warum eine Investition nicht zustande gekommen ist. „Wir sind ein Start-up und dürfen alle duzen" ist leider ein Irrtum!

Du-Wort bei Kundinnen/Kunden

Die Kundin/Der Kunde bietet normalerweise das Du-Wort an. Manchmal passiert es bei Veranstaltungen, dass Geschäftsführer/innen oder Inhaber/innen von sich aus der Kundin/dem Kunden das Du-Wort anbieten. Es könnte die Kundenbeziehung empfindlich stören, wenn Sie allzu formell agieren, entscheiden Sie daher situationsbedingt. Gerade bei sportlichen Tätigkeiten sollten Sie keinesfalls automatisch zum Du übergehen, sondern Sie fragen ganz offiziell, ob es für alle passt, wenn Sie zum Du übergehen, weil es so üblich oder einfacher ist. Vermeiden Sie: „Wir sind bis 17 Uhr per Du und dann wieder per Sie!“, das kommt nicht gut an. Entweder per Du oder per Sie. Manche vergessen nach diesen Veranstaltungen die Duz-Vereinbarung oder finden sie im beruflichen Kontext unangebracht und gehen wieder zum gewohnten Sie über. Sie können den anderen freundlich darauf hinweisen oder es dabei belassen.

Dass manche Kundinnen/Kunden Sie mit Du ansprechen, ohne dass Sie es offiziell angeboten haben, kommt oft vor, denn manche Menschen fühlen sich dem Unternehmen so verbunden oder sie haben einfach keine Manieren. Wägen Sie ab, ob es besser wäre, beim Sie zu bleiben oder zum Du überzugehen. Wenn Sie zurücksiezen, beziehen Sie Stellung, dass Sie das nicht möchten. Eine Möglichkeit ist auch, dem anderen zu erklären, warum man ein vertrauliches Du nicht möchte. Wenn eine junge Mitarbeiterin von älteren Kunden geduzt wird, dann empfiehlt es sich, zurückzusiezen, obwohl sie das gleiche Recht wie der Ältere hat.

Sind Sie in kreativen Berufen oder internationalen Unternehmen tätig, wo die Anrede per Du Firmensprache ist, so kann dies in Ordnung sein, wenn es so eingeführt ist und Kundinnen/Kunden es akzeptieren.

VORSICHT

Manchen Menschen ist es unangenehm, wenn sie von fremden Personen mit Du angesprochen werden, weil es ihnen zu vertraut ist.

Du-Wort im internationalen Kontext

In englischsprachigen Meetings und Konferenzen duzt man sich und spricht sich mit dem Vornamen an. Wer sich dann wieder in der deutschen Sprache unterhält, kommt selbstverständlich wieder auf die Sie-Form und die Anrede mit Nachnamen zurück.

"YOU – DU ODER SIE?"

Das englische „You“ verleitet so manche Deutschsprachige, es automatisch in ein „Du“ zu übersetzen. Trotz der Du-Form im Englischen gibt es hier aber sehr wohl formelle Unterschiede: "Madam" oder "Sir" in der Ansprache signalisieren höfliche Distanz. Die Ansprache mit dem Vornamen, wie sie auch beruflich oft üblich ist, ist nicht automatisch als Vertraulichkeit oder freundschaftliche Annäherung zu verstehen.

Du-Wort bei Seminaren und Workshops

Sehr oft kommt es vor, dass Workshopleiter/innen der Gruppe das Arbeits-Du anbieten. Davon ist abzuraten, wenn Chef/in und Mitarbeiter/innen gemeinsam in der Gruppe teilnehmen, weil man diese im Firmenalltag in unangenehme Situationen bringt. Bei mehrtägigen Seminaren kann das Du-Wort der Teamentwicklung förderlich sein, dennoch gilt es abzuwägen, ob es bei jeder Gruppe angebracht ist. Ein Du während der Seminarzeit, z. B. bis 17 Uhr, wird von manchen angeboten, ist aber für die Teilnehmer/innen meist unangenehm.

SEMINAR

Viele tun sich bei einer Begegnung mit einer Trainerin/einem Trainer im Alltag schwer, diese/n per Du anzusprechen, weil man sich nicht wirklich vertraut ist. Also warum dann nicht gleich beim Sie bleiben?

Du-Wort in Pflegeberufen

Pflegebedürftigen Menschen steht dasselbe Maß an Höflichkeit und Rücksichtnahme zu wie allen anderen Menschen auch. Man duzt diese Menschen nicht einfach oder lässt sie in irgendeiner Weise ihre Hilfsbedürftigkeit und Abhängigkeit spüren. Sie können sich nicht wehren und das Du-Wort wird oft als sehr demütigend empfunden.

Du-Wort auf Baustellen und im Handwerk

Wer auf Baustellen oder in Handwerksbetrieben zu tun hat, weiß, dass das Du übliche Anrede ist. Trotzdem sollte man nicht einfach duzen, nur weil es so gebräuchlich ist. Warten Sie ab, wie Sie angesprochen werden, weil Sie nie wissen, wer Ihr Gegenüber ist und wie

Ihr Gegenüber zum Du steht. Stellen Sie sich vor: Ein junger Ingenieur duzt einfach seinen 50-jährigen Bauherrn, der sehr hierarchisch eingestellt ist. Ein Fauxpas sondergleichen. Deshalb bleiben Sie professionell beim Sie und warten ab. Wenn Sie geduzt werden, können Sie immer zurückduzen, wenn Sie das möchten.

Du-Wort in Vereinen

In Parteien, Interessenvertretungen, Sportclubs, Studentenverbindungen oder Vereinen ist es üblich, sich mit Du anzureden. Es ist ein Zeichen der Zugehörigkeit zur Gruppe, der man sich nicht entziehen sollte, außer Sie möchten das bewusst nicht haben. Alle reden sich automatisch per Du an, unabhängig von Rang und Hierarchie. Jede/r neu Hinzukommende soll kurz darüber informiert werden, welche Regeln herrschen und gefragt werden, ob diese für sie/ihn in Ordnung sind.

Du-Wort in den sozialen Medien

In den Social-Media-Kanälen besteht ein wesentlicher Unterschied, ob es sich um ein privates oder berufliches Netzwerk handelt.

Auf privaten Plattformen (wie zum Beispiel Facebook, Instagram, Snapchat oder anderen Foren) duzen sich User aufgrund des ungezwungenen privaten Charakters innerhalb von Social Media. Wer allerdings auf Facebook beruflich unterwegs ist, bleibt beim Sie, außer die Unternehmenskommunikation ist per Du und kann nach Absprache mit dem Gegenüber unter dem Hashtag #gerneperdu zum Du übergehen.

Im geschäftlichen Kontext von LinkedIn oder Xing (beides sind ausschließlich berufliche Netzwerke) wird nicht geduzt, außer man ist schon privat per Du. So wie Sie Ihre Kundinnen/Kunden oder Fremde nicht einfach duzen, so verhält man sich auch auf beruflichen

Plattformen. Auch wenn viele diese Grenzen übertreten, ist und bleibt es unhöflich, andere einfach zu duzen. Es gibt Branchen und Unternehmen (wie z. B. Ikea oder junge Start-up-Unternehmen), wo das Du-Wort zur Kultur des Unternehmens gehört. Hier werden User/innen auf den Plattformen und in Kommentaren mit Du angesprochen. Es kann aber durchaus sein, dass im direkten Kontakt trotzdem gesiezt wird, obwohl in den sozialen Medien oder auf der Webseite Kundinnen/Kunden per Du angesprochen werden.

PER DU IM WEB

Wenn Sie in den sozialen Medien geduzt werden, können Sie selbstverständlich zurückduzen. Sollten Sie das nicht wollen, dann schreiben Sie in der Sie-Form zurück, das ist ein Statement. Sie können auch fragen, ob man sich persönlich kennt, weil Sie geduzt werden.

#gerneperdu

#gerneperdu steht für einen Kulturwandel und für ein lockeres Miteinander, wurde im August 2018 von Angestellten der BMW-Group in München ins Leben gerufen und hat große Kreise gezogen. Laut den Initiatoren hat sich durch konstruktive Rückmeldungen dann das englische Äquivalent #CallMeByMyFirstName ergeben. Es bedeutet, dass man die anderen Gruppenmitglieder grundsätzlich duzen darf. Es ist ein Signal, dass man die Hürde der „Sie-Form“ schnell überwinden und auf Augenhöhe ohne Hierarchie kommunizieren möchte. Man kann, muss jedoch nicht duzen, das entscheidet jede/r selbst. Überlegen Sie genau, wo das angebracht ist und wo nicht. In hierarchisch geführten Unternehmen ist davon abzuraten, besonders wenn man sich in den sozialen Medien begegnet. Stellen Sie sich vor, Sie sind mit Ihrem CEO oder einer Kundin/einem Kunden, mit dem Sie per Sie sind, auf LinkedIn verbunden und schreiben diesem #gerneperdu, das passt nicht und wirkt unprofessionell.

#GERNE-PERDU

Sie finden #gerneperdu in E-Mail-Signaturen, auf Lanyards (Schlüsselbändern) und in den sozialen Medien.

Du-Wort am Land

In vielen kleinen Landgemeinden richten sich die Bewohner, die sich untereinander sonst duzen, bei Fremden oder Zugezogenen nach der Ansprache ihres Gegenübers. Werden sie geduzt, duzen sie zurück – werden sie gesiezt, siezen auch sie. Es gibt auch Menschen am Land, die jede/n, die/den sie nicht kennen, siezen, egal ob sie geduzt oder gesiezt werden.

Du-Wort zu später Stunde

▶ FILM AB

Das Du-Wort bei Firmen- oder Weihnachtsfeiern

www.trauner.at/DuzenFeier.aspx

Sollte Ihnen Ihr Chef oder eine Kundin/ein Kunde zu später Stunde, vielleicht nicht mehr ganz nüchtern, beispielsweise bei einer Firmenfeier das Du-Wort anbieten, warten Sie beim nächsten Treffen einfach ab, wie Sie angesprochen werden und duzen nicht als Erste/r.

Es gibt drei Möglichkeiten nach dem spätabendlichen Wechsel zum Du:

- Ihr Gegenüber weiß es sehr wohl und wäre sehr irritiert, wenn Sie sie/ihn siezen.
- Ihr Gegenüber will es nicht mehr wissen.
- Ihr Gegenüber weiß es wirklich nicht mehr.

Kann oder möchte sie/er sich nicht mehr erinnern, behalten Sie das für sich und kommunizieren es nicht im Unternehmen. Sie übergehen das einfach und siezen wieder zurück.

Sie-Anrede mit Vornamen

Die Sie-Anrede mit Vornamen wird als „Hamburger Sie“ bezeichnet und vereinfacht die Kommunikation im Dienstleistungsbereich, wie bei Friseurinnen/Friseuren, in der Fußpflege etc., sehr. Passend wäre: „Sie können gerne Lena zu mir sagen“, wundern Sie sich aber nicht, wenn es Kundinnen/Kunden gibt, die dann darauf antworten: „Und ich bin die Lisa.“ Sie antworten so, weil sie nicht wissen, dass das nicht als Du-Angebot gilt. Es ist keine

Du-Form, sondern ein „Sie“ mit Vornamen. Die Selbstvorstellung und Namensschilder mit dem Vornamen zeigen der Kundin/dem Kunden die richtige Anrede. Diese Form der Anrede wurde und wird in herrschaftlichen Häusern bei der Ansprache des Personals verwendet.

„SIE KÖNNEN DIE SUPPE SERVIEREN, JAMES.“

Besonders berühmt ist z. B. Butler James in der legendären Fernsehproduktion „Dinner for One“.

Du-Wort ablehnen oder zurücknehmen

Jeder Mensch hat das Recht, das Du abzulehnen. Wichtig ist, dass dies höflich und respektvoll erfolgt. Eine Erklärung, warum Sie das Du ablehnen, lässt den anderen nicht hilflos im Regen stehen. „Ich brauche immer etwas Zeit, bis ich mit jemandem per Du bin. Ich möchte Sie erst kennenlernen. Ich komme gerne auf Sie zu, wenn das für Sie passt“, klingt doch gut. Wenn Sie antworten: „Ich duze mich generell nicht geschäftlich, bitte um Ihr Verständnis“, dann muss das auch stimmen. Nicht, dass Sie irgendwann als Lügner/in dastehen.

Jemandem das Du-Wort zu entziehen ist ein schwerwiegender Schritt und zeigt, dass man von der Person sehr enttäuscht wurde. Es gibt Beispiele in der österreichischen Politik, wo das Du-Wort im Fernsehen entzogen wurde. Das wurde von vielen als Racheakt und kindisches Verhalten eingestuft. Schleudern Sie dem andern mit einem Sie nicht den Fehdehandschuh entgegen. Warten Sie ab, bis Ihr Zorn verraucht ist und klären Sie das von Mensch zu Mensch in souveräner Art. Wenn es sich für Sie ehrlicher anfühlt, sich wieder zu siezen, weil zu viel Negatives vorgefallen ist, dann machen Sie es und erklären der/dem anderen ruhig und freundlich, warum Ihnen das wichtig ist. Alles andere vergiftet das Verhältnis noch mehr.

DU-WORT ABWARTEN

Erkundigen Sie sich in der Personalabteilung, wie das Du-Wort generell gehandhabt wird und warten Sie als neue Mitarbeiterin/als neuer Mitarbeiter immer ab, ob Ihnen das Du-Wort persönlich angeboten wird.

So punkten Sie

Checkliste für Mitarbeiter/innen:

- Handelt es sich um ein traditionelles Unternehmen, ein New-Work-Unternehmen oder weder noch?
- Um welche Abteilung handelt es sich: Verkauf oder IT-Abteilung?
- Wo ist das Unternehmen angesiedelt: Stadt oder Land? Hamburg oder Berlin?
- Arbeiten dort generell nur junge Mitarbeiter/innen oder gibt es alle Altersgruppen?
- Sind die Hierarchien wirklich so flach oder wird das nur nach außen so vermittelt?

Visitenkarte

Im Geschäftsleben sind Visitenkarten noch immer ein absolutes Muss und werden zu Beginn eines Gesprächs ausgetauscht. Die Visitenkarte sagt etwas über den persönlichen Stil und den Geschmack der Person aus, die sie überreicht. Bedenken Sie, dass sie ebenso Ausdruck der Marketingstrategie eines Unternehmens und Teil der Corporate Identity ist. Es verlangt viel Fingerspitzengefühl, wenn Sie Ihre Visitenkarte überreichen.

Visitenkarte übergeben

▶ FILM AB

Wie übergibt man die Visitenkarte?

www.trauner.at/Visitenkarteuebergeben.aspx

Die Karte wird üblicherweise bei der Begrüßung übergeben. Sollte man jedoch bei einer Veranstaltung zu einer Gesprächsrunde stoßen, ist eine Übergabe unpassend, ausgenommen, es gibt einen Anlass dazu und jemand bittet Sie um Ihre Karte. In asiatischen Ländern erfolgt die Übergabe der Visitenkarten erst dann, wenn die/der Ranghöchste oder die/der Älteste die Karte überreicht, alle anderen haben abzuwarten.

Beim Austausch der Visitenkarte im geschäftlichen Kontext spielt die Hierarche eine wichtige Rolle: Man übergibt seine Karte zunächst der/dem Ranghöchsten und dann in der Reihenfolge weiter bis zur/zum Rangniedrigsten. Sollten Sie die Rangfolge nicht kennen, ist es am besten, Sie verteilen die Karten der Reihe nach von einer Seite zur anderen und achten darauf, dass jede/r eine Karte erhält und sich niemand übergangen fühlt.

So punkten Sie

- Visitenkarten sollten professionell (und nicht „homemade" am Computer) wirken.
- Haben Sie immer genug Visitenkarten dabei und vergessen Sie nie nachzufüllen, bevor Sie außer Haus gehen.
- Drängen Sie niemandem Ihre Karte auf.
- Handschriftlich korrigierte Visitenkarten sind nur möglich, wenn sich Ihre Daten kurzfristig geändert haben. Sonst wirken Sie, als wären Sie nicht mehr am Puls der Zeit.
- Bei Meetings klappern Sie nicht die Plätze ab und legen Ihre Karte auf den Tisch, sondern übergeben Sie diese persönlich.
- Höherrangige Personen im Geschäftsleben ersucht man nicht um ihre Visitenkarte.
- Bei Veranstaltungen überreichen Sie Ihre Karte nur, wenn es einen besonderen Grund, z. B. ein späteres Treffen, gibt.
- Der Assistenz übergeben Sie Ihre Karte nur, wenn sie/er Ihre Daten für notwendige Informationen braucht oder Ihre Karte weitergereicht wird.

Beim Überreichen halten Sie die Karte so, dass Ihr Gegenüber diese gleich lesen kann, ohne sie vorher umdrehen zu müssen. Schauen Sie ihr/ihm dabei in die Augen. Anders in asiatischen Ländern: Hier übergibt man die Karte mit zwei Händen, verbeugt sich kurz und vermeidet es, dem anderen in die Augen zu schauen.

Im Ausland ist das Überreichen der Visitenkarte oft Teil der persönlichen Vorstellung. Erkundigen Sie sich daher genau über die Rituale des Austauschs und nehmen Sie sich bei der Begrüßung Zeit für die Überreichung und Entgegennahme der Karten.

Visitenkarte annehmen

Die Visitenkarte wird genauso respektvoll behandelt wie Ihr Gegenüber. Nehmen Sie sich Zeit, diese genau zu betrachten, denn es ist unhöflich, die Karte sofort wegzustecken. Das zeugt von mangelndem Interesse. Haben Sie ein Problem, sich Namen zu merken, legen Sie die Karten in einem Meeting vor sich auf den Tisch.

VORSICHT

Die Visitenkarte liegen zu lassen oder zu vergessen gilt als sehr unaufmerksam.

Eine angemessene Verwahrung der Karte ist Pflicht, sie wird nicht in die Hosentasche, Geldbörse oder in die Business-Tasche, sondern in Ihr stilvolles Visitenkartenetui gesteckt.

Schreiben Sie auf die erhaltene Visitenkarte keinerlei Notizen, ohne die Überreicherin/den Überreicher zu fragen, ob Sie das auf der Karte notieren dürfen. Ihr Gegenüber hat sonst das Gefühl, dass ihre/seine Karte als Schmierzettel verwendet wird.

So punkten Sie

- Überreichen Sie nie eine unordentlich wirkende Visitenkarte, das könnte einen falschen Eindruck von Ihnen hinterlassen.
- Heute scannen viele die Visitenkarten ein und legen sie als Kontakt im Computer ab.
- Wer gerne Visitenkarten aufbewahrt, kann sie in Hüllen oder speziellen Karteikästen ablegen.
- Ein stilvolles Etui schützt und hebt den Wert Ihrer Visitenkarten beim Überreichen.

Small Talk

Stellen Sie sich vor, Sie kommen zu einer Veranstaltung und kennen niemanden, um Sie herum tummeln sich Fremde, die angeregt miteinander plaudern, lachen, Anekdoten erzählen und ihre Visitenkarten tauschen. Sie stehen verlegen herum und hoffen, dass endlich jemand Bekannter zu Ihnen kommt und mit Ihnen zu reden beginnt. Aus dieser Misere gibt es einen Ausweg, der in diesem Kapitel erklärt wird: Small Talk in den richtigen Situationen gekonnt anzuwenden.

Wann funktioniert Small Talk?

Small Talk erfordert Geschick, zum richtigen Zeitpunkt das passende Thema ins Gespräch zu bringen, die Unterhaltung zu beleben und mit bleibendem Eindruck abzuschließen. Dabei ist es hilfreich, sich in die Persönlichkeit des Gegenübers zu versetzen und zu überlegen, welche Interessen die Gesprächspartner/innen haben könnten.

Beim Small Talk geht es darum, Themen und Gemeinsamkeiten zu finden, über die Sie nett plaudern können und die Sie interessant machen. Im Small Talk Geübte schaffen es in kürzester Zeit, bei einer Konferenz, einer Veranstaltung, einer Besprechung, einer Messe, im Flugzeug oder im Aufzug ihr Gegenüber für sich einzunehmen.

Menschen, die gut miteinander im Gespräch sind, weisen viele Gemeinsamkeiten auf. Sie sprechen gleich laut, ähnlich schnell und sie benützen die gleiche Sprachebene – förmlich oder umgangssprachlich. Sie verwenden ähnliche Worte, bewegen sich aufeinander zu, spiegeln die Gesten der Gesprächspartnerin/des Gesprächspartners und legen mit minimaler Zeitverschiebung die gleiche Mimik an den Tag.

Schwierig wird es, wenn Sie sich nicht trauen, die falschen Themen haben oder keine gemeinsame Basis mit der Gesprächspartnerin/dem Geschäftspartner finden. Oder wenn Sie glänzen möchten, sich aber im Gespräch das Heft aus der Hand nehmen lassen. Sollten Sie und Ihr Gegenüber sich missverstehen, wird das Gespräch kontrovers und die Pausen werden immer länger.

So punkten Sie

- Beginnen Sie Ihre Small-Talk-Karriere mit Menschen, die Ihnen sympathisch sind. Sie können Freunde ersuchen, ganz bewusst mit Ihnen zu üben.
- Wenn Sie sich in der Situation nicht wohlfühlen, hören Sie mehr zu und stellen gezielte Fragen zum Small-Talk-Thema.

Was macht im Small Talk sympathisch?

Sie sollten bereit sein, sich auf ein Gespräch einzulassen. Je natürlicher Sie wirken, desto sympathischer sind Sie und es entwickelt sich eine angenehme Atmosphäre.

So schaffen Sie eine gute Voraussetzung dafür:

- Suchen und halten Sie Blickkontakt.
- Stellen Sie W-Fragen, um Ihr Interesse zu zeigen, z. B.: „Wie lange wird die Veranstaltung dauern?“, „Wann gibt es Kaffee?“ oder „Welchen Punkt fanden Sie am interessantesten?“
- Meiden Sie Klatsch und Tratsch und schimpfen Sie keinesfalls über andere.
- Hören Sie aktiv zu und fallen Sie anderen nicht ins Wort.
- Lassen Sie Raum für kurze Pausen.
- Resümieren Sie die Aussagen Ihres Gegenübers mit eigenen Worten.
- Vermeiden Sie die Floskel „Wie geht es Ihnen?“ beim Gesprächseinstieg, wenn Sie die Person nicht kennen.
- Zeigen Sie Interesse, aber fragen Sie nicht neugierig nach.
- Lenken Sie das Gesprächsthema durch Fragen auf erfreuliche Themen, die Ihnen liegen.
- Dosieren Sie Komplimente richtig.

Tabu-Themen im Small Talk

Beim Small Talk soll eine angenehme Gesprächsatmosphäre geschaffen werden, wählen Sie deshalb erfreuliche Themen und meiden Sie schlechte Nachrichten oder konfliktträchtige Bereiche.

Diese Themen sind tabu:

- Politik (wenn Sie die Gesinnung der/des anderen nicht kennen)
- Krankheiten, psychische, partnerschaftliche oder familiäre Probleme
- Religion (wenn Sie die Konfession der/des anderen nicht kennen)
- Katastrophen, Sex/Intimes oder Vermögensverhältnisse
- Schimpfen Sie nicht über andere und vermeiden Sie Bekehrungsversuche!
- Brechen Sie keinen Streit über Sinn oder Unsinn eines Hobbys etc. vom Zaun.
- Schwelgen Sie nicht in Selbstdarstellung und Prahlerei – das macht unbeliebt.
- Gespräche über Dinge, die ekelig und anstößig sind, Kraftausdrücke, derbe Witze und sexistische Bemerkungen sind Zeichen schlechter Manieren.

Wollen Sie negative oder unpassende Gesprächsthemen beenden, können Ihnen folgende Formulierungen hilfreich sein:

- „Tut mir leid, das ist nicht mein Thema, da kann ich nichts dazu sagen."
- „Es ist heute so eine schöne Veranstaltung, es liegt mir fern, über negative Themen zu reden."
- „Ich kenne die Person/Situation nicht, daher möchte ich nichts dazu sagen."
- Sie können auch einfach das Thema wechseln: „Weil Sie gerade davon sprechen, da fällt mir ein … ".

Als Tabus im „Berufstalk" gelten das Verbreiten von Unternehmensinterna und Berufsgeheimnissen, Klagen über schlechte Arbeitsbedingungen, die Auftragslage oder die Gewinne von Selbstständigen.

NO-GO

Das Schlechtmachen eines Berufsstandes sowie fachliche Streitgespräche oder Fragen nach dem Gehalt sind grundsätzlich verpönt.

Gute Small-Talk-Themen

Damit Sie schnell ins Gespräch kommen, wählen Sie Themen mit Breitenwirkung, die viele interessant finden, wie Sport, Reisen, Kultur oder einen aktuellen Anlass. Geben Sie kleine Anekdoten zum Besten oder machen Sie Komplimente. Damit wirken Sie offen und interessiert und Sie haben vor allem den Anfang gesetzt. Wichtig ist es nun, die „Gesprächsbälle" einander zuzuwerfen beziehungsweise in der Gruppe kreisen zu lassen.

- Essen, Trinken (z. B. „Können Sie etwas empfehlen?")
- Komplimente (z. B. „Schöne Jacke!")
- Wetter (z. B. "Wann wird es endlich Frühling?")
- Beruf (z. B. „Was machen Sie beruflich?")
- Anreise, Verkehr (z. B. „Schrecklicher Stau, nicht?")
- Umgebung, Situation, Veranstaltung (z. B. „Wie finden Sie dieses Seminar …?")
- Hobbys, Sport, Urlaub, Bücher, Kunst, Theater, Filme oder Serien etc.

OFFENE RUNDE

Wenden Sie sich Ihrer Gesprächspartnerin/Ihrem Gesprächspartner so zu, dass jederzeit eine weitere Person an Ihrem Gespräch teilnehmen kann.

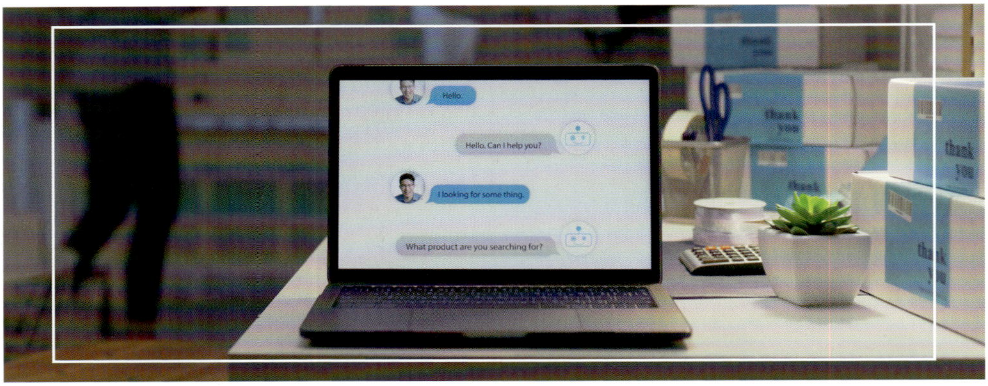

Small Talk online

Bei Online-Meetings, Videokonferenzen und Social Media ist Small Talk ein wichtiger Einstieg, denn auch im virtuellen Raum benötigen wir achtsamen und höflichen Umgang – so bleiben wir Menschen mit Bedürfnissen, Werten und Erfahrungen des Zusammenlebens. Grundsätzlich sollten Sie bedenken, dass Sie nicht mit ihrem elektronischen Gerät (wie Computer oder Handy) kommunizieren, sondern mit zumeist unbekannten Menschen. Im Netz gibt es klare Benimm-Codes, daraus hat sich eine „Netiquette" entwickelt. Netiquette ist ein Kunstwort – zusammengesetzt aus Net (wie Internet) und Etikette.

Bei virtuellen Treffen im Geschäftsleben gelten dieselben Small-Talk-Benimm-Codes wie bei persönlichen Begegnungen, außer es wird direkt im Meeting eine andere Form vereinbart. Bei privaten Online-Gesprächen sollte die Netiquette eingehalten werden, aber dabei wird meist automatisch geduzt. Sie bestimmen, ob Sie das wollen oder nicht.

Bei schriftlichem Austausch, je nachdem welches Kommunikationssystem Sie verwenden, sind die Benimm-Codes für das Internet unterschiedlich ausgeprägt. In Chats können Sie Abkürzungen oder Emojis verwenden und sich je nach Plattform duzen, was allerdings im Businesskontext ein Fauxpas ist.

SPUREN IM WEB

Was immer Sie tun – das Internet vergisst nichts! Headhunter, Personalchefinnen/-chefs und Kundinnen/Kunden durchsuchen das Internet nach Informationen über Personen, mit denen Sie in engeren Kontakt treten möchten. Überlegen Sie sich jeden kontroversen, verletzenden, respektlosen und entwürdigenden Kommentar in den sozialen Medien gut!

So punkten Sie

- Suchen Sie sich Ihre Zielgruppe/n, wo Sie mitdiskutieren möchten.
- Suchen Sie nach Personen, deren Inhalte für Sie interessant sind, und stellen Sie sanften Kontakt her, z. B. durch Likes, Kommentare. Sie sollten aber keinesfalls kontrovers mit der Türe ins Haus fallen.
- Sie können gerne anderer Meinung sein, jedoch sollten Sie in Ihren Reaktionen respektvoll bleiben.
- Wenn Sie Texte schreiben, achten Sie darauf, dass Sprache und Bilder nicht falsch interpretiert werden können. Die passenden Emojis und GIFS unterstützen Sie dabei.
- Zu kurze Antworten können die falschen Emotionen auslösen, z. B. „Jetzt nicht".
- Auf beruflichen Plattformen vermeiden Sie Pseudonyme, denn hier erwartet man den richtigen Namen oder den Firmennamen.
- Seien Sie vorsichtig bei Pseudonymen, weil andere oft nicht wissen, wie sie Sie ansprechen sollen. Auf privat ausgerichteten Plattformen wird normalerweise geduzt, zumeist wird auf die Anrede verzichtet und nur Antwort gegeben.
- Versuchen Sie bei der Anrede Ihres Gegenübers zu bleiben, damit das Gespräch eine persönliche Note erhält.
- Starten Sie einen geschäftlichen Kontakt niemals mit einem Du-Wort, weil Sie nicht wissen, ob Ihr Ansprechpartner geduzt werden möchte – #gerneperdu ist eine Möglichkeit, herauszufinden, ob man per Du sein kann.
- Direktnachrichten (PN-Nachricht oder „Personal News") bedeuten, dass Sie persönliche Antworten an die Person direkt schicken und nicht auf der Plattform das Thema weiter behandeln werden.

Direktnachrichten sind sehr beliebt und sollen sich genauso an die Benimm-Codes halten. Ob Sie privat oder beruflich Ihre Nachrichten senden – es geht immer um den höflichen Austausch. Die Anrede ist besonders beim Erstkontakt ein Muss, außer Sie sind im reinen Informations- und Datenaustausch, dann können Sie im zweiten Schritt darauf verzichten. Eine Direktnachricht folgt den Brief- und E-Mail-Regeln, ganz besonders im geschäftlichen Kontext.

Die Kunst, sich zurückzunehmen

Der Einstieg im Small Talk ist gelungen, Sie führen ein sympathisches Gespräch und freuen sich über das Interesse, das Ihre Gesprächspartnerin/Ihr Gesprächspartner zeigt. Achten Sie nun darauf, nicht nur von sich zu sprechen. Wer möchte schon ständig zu hören bekommen, dass das Gegenüber alles kann, alles weiß, schon die ganze Welt gesehen hat, nur exklusiv und teuer einkauft und ohnehin nur in den höchsten Kreisen verkehrt. Sich im Gespräch zurückzunehmen bedeutet, Interesse am Gegenüber zu zeigen und zu fragen.

SICH ZURÜCK-NEHMEN

„Ich, ich, ich …" – so macht man sich unbeliebt und erstickt jedes Gespräch bereits im Keim.

Stellen Sie zu Beginn taktvolle Fragen über Herkunft, Anreise oder ob die Person aus der Gegend stammt. Das Wetter ist zwar ein guter Einstieg, sollte aber so kurz wie möglich gehalten werden. Anschließend bietet es sich an, über den Bezug des Gegenübers zum Anlass oder zur Gastgeberin/zum Gastgeber zu fragen.

So punkten Sie

Sollten Sie in der Hitze des Gefechtes in ein Fettnäpfchen treten und bereits die herannahende Peinlichkeit ahnen, so unterbrechen Sich sich gleich und sprechen Sie Ihren Satz gar nicht fertig. Entschuldigen Sie sich kurz, ohne viel Aufhebens darüber zu machen.

Ermutigen Sie Ihr Gegenüber

Damit Sie im Gespräch bleiben, ermutigen Sie Ihr Gegenüber mit Formulierungen wie „Das ist ja interessant" oder „Darüber würde ich gerne mehr erfahren". Merken Sie sich die Antworten, sonst stehen Sie als schlechte Zuhörerin/schlechter Zuhörer da. Small Talk ist vor allem eine wichtige Karrierestrategie, um Ihre Netzwerke auszubauen. Im beruflichen Kontext haben schon so manche Chefs beobachtet, wie sich die Mitarbeiter/innen am gesellschaftlichen Parkett bewegen, ob sie auf andere zugehen und gut ankommen. Es genügt, dass Sie sich im Raum umsehen und kurz beobachten, was hier passiert. Das liefert zumeist genügend Gesprächsstoff.

So punkten Sie

- Gehen Sie vorsichtig mit Ihren Worten um!
- Seien Sie tolerant.
- Wenn Sie einen Raum betreten, grüßen Sie immer als Erste/r.

Nähere Details dazu im Abschnitt „Grüßen ist nicht gleich Begrüßen“, Seite 23

- Begrüßen Sie die Gastgeber/innen der Veranstaltung und bedanken Sie sich gleich für die Einladung.
- Bei einer kleinen Runde begrüßen Sie alle mit Handschlag. In Zeiten von Pandemie und Grippe können Sie durchaus eine Hand ausschlagen und/oder nicht reichen, wenn Sie darauf hinweisen, dass Sie diesen Kontakt im Moment vermeiden.
- Haben Sie einen festen Händedruck und blicken Sie in die Augen des Gegenübers.
- Wenn Sie sitzen und jemand kommt auf Sie zu, um Sie zu begrüßen, so stehen Sie bitte auf und reichen die Hand. Das gilt auch für Frauen im Geschäftsleben – das Aufstehen nicht nur andeuten, sondern sich ganz erheben.
- Bedenken Sie die Rangfolgen: Ältere vor Jüngeren, Dame vor Herr, Ranghöhere vor Rangniederen.

Vorstellen

Beim Small Talk ist es nicht immer üblich, dass man sich zu Beginn vorstellt oder eine Visitenkarte überreicht. Erst wenn die/der andere Interesse bekundet, kann man mit dem sogenannten „Elevator Pitch“ überzeugen. Ein persönliches Vorstellen ist möglich, wenn eine neue Person dazustößt und dann empfiehlt es sich, zu fragen: „Kennen Sie sich schon?“ Wenn es die Situation erfordert, so beachten Sie die Rangfolge, das Alter und das Geschlecht.

Nähere Details dazu im Kapitel „Begrüßung“, Seite 20.

ELEVATOR PITCH

„Elevator Pitch“ ist die Kurzvorstellung einer Person (oder Tätigkeit, Firma, Dienstleistung oder eines Produktes) in ca. 30 Sekunden.

Ein gutes Gesprächsklima schaffen

Mit einer positiven Einstellung und Interesse an der anderen Person haben Sie schon einen guten Start.

So punkten Sie

- Lächeln Sie charmant, das macht Sie sympathisch.
- Halten Sie unbedingt Blickkontakt und schielen Sie nicht nach anderen Gästen.
- Wenden Sie sich Ihrem Gegenüber auch mit dem Körper zu.
- Wenn Sie ein Thema anschneiden, prüfen Sie, ob Ihr Gegenüber auf das Thema reagiert.
- Sie tasten sich mit Fragen vor, bis Sie ein gemeinsames Thema gefunden haben.
- Lassen Sie lieber den anderen den Vortritt, wenn Sie noch nicht „warmgelaufen" sind.
- Halten Sie verschiedene aktuelle Themen parat.

Interesse am Gespräch zeigen

Wenn Sie echtes Interesse an der Person und ihren Themen haben, entwickelt sich der Small Talk aufs Angenehmste – die/der andere fühlt sich ernst genommen. Jedes Heucheln wird auf unbewusster Ebene wahrgenommen und endet mit einem unangenehmen Gefühl.

So punkten Sie

- Stellen Sie offene Fragen, statt permanent zu reden.
- Understatement ermutigt mehr zum Gespräch als Prahlerei.
- Erläutern Sie persönliche Gründe, warum Sie diese Frage stellen.
- Die zweite Frage wird erst gestellt, wenn die erste beantwortet ist.
- Gewähren Sie der/dem anderen genug Redezeit, auf jeden Fall mindestens 60 Prozent des Gesprächs.
- Kommentieren Sie die Antworten neutral und nicht wertend.
- Ungebetener Rat kommt nie gut an.
- Lächeln Sie und nicken Sie ab und zu.
- Unterstreichen Sie die Worte des Gegenübers mit sozialen Geräuschen wie „Hm“ und „Ach so“, das hält die Kommunikation in Fluss.

„Gesprächs-Bälle zuwerfen“

Gerade in der Anbahnungsphase des Small Talks ist es schwierig, ein gemeinsames Thema zu finden. Werfen Sie den anderen „Gesprächs-Bälle“ zu, wie in diesem Beispiel:

Sie sind auf einer Veranstaltung in Wien, möchten mit jemandem ins Gespräch kommen. Sie beginnen mit den Worten: „So eine schöne Veranstaltung, ich bin schon das zweite Mal hier. Ich kenne die Veranstalterin aus München.“ Diese Information ist ein Ball und dieser wird aufgenommen. Dann kann die/der andere sagen: „Ah, aus München kennen Sie die Veranstalterin, kommen Sie aus München?“ Und schon können Sie anknüpfen mit den Worten: „Ja, ich komme aus München, habe hier private Wurzeln und wollte mir das auch mal ansehen.“ „Sind Ihre Eltern aus Wien?“ Und schon geht es weiter!

Jemand anderen während eines Gesprächs suchen

Diese Situation kennen Sie sicher: Sie sind auf einer Veranstaltung und möchten sich noch mit Frau Müller treffen. Damit sie Ihnen nicht entwischt, blicken Sie sich ständig um, ob Sie sie sehen. Das merkt Ihr Gegenüber – nicht wissend, dass Sie jemanden suchen – und bekommt das Gefühl, dass Sie sich nicht für sie/ihn interessieren, und sie/er zieht sich zurück. Sie merken das auch, aber führen das vielleicht auf mangelndes Interesse von der anderen Seite zurück. Wenn Sie jemanden suchen und mit Blicken immer wieder vom Gespräch abschweifen, erklären Sie Ihrem Gegenüber, dass Sie jemanden suchen, damit die/der andere nicht irritiert ist.

Allein unter vielen

Menschen, die alleine zu einer Veranstaltung kommen, sind oft dankbar, wenn sie in ein Gespräch verwickelt werden und es ihnen so leichter fällt, Kontakte zu knüpfen. Gehen Sie daher auf andere zu!

- Schauen Sie in die Runde, wer auch alleine steht, und stellen Sie sich in einer gesellschaftlichen Distanz dazu, um einen Kontakt zu ermöglichen.
- Warten Sie, bis Sie Blickkontakt haben und lächeln Sie freundlich.
- Machen Sie einen Schritt auf die Person zu.
- Sie grüßen höflich – sich die Hände zu geben, ist aber nicht notwendig.
- Wenn Sie sich vorstellen, dann ausschließlich mit Vor- und Zunamen, ohne Titel.

Bei Buffets ergibt sich immer eine gute Gelegenheit, mit jemandem in Kontakt zu treten, und wenn es nur ein beginnendes Gespräch über die Veranstaltung, das tolle Essen, den tollen Abend etc. ist.

Im Kundengespräch

Als Mitarbeiter/in ist ein rascher Kontakt zur Kundin/zum Kunden möglich. Das ergibt einen einfachen Start in den Small Talk, und sei es auch nur kurz. Sie vermitteln das Gefühl, Sie interessieren sich für Ihr Gegenüber.

Treffen Sie bei einer hausinternen Veranstaltung auf Kundinnen/Kunden, bleiben Sie anfangs nicht zu lange, sonst fühlen sich andere Gäste benachteiligt. Am Beginn ist ein kurzer Small Talk für die Dauer eines Händedrucks ausreichend, dann kann man sich in der Runde weiterbewegen.

Zu späterer Stunde, wenn Sie mit allen gesprochen haben, können Sie etwas länger bei Gästen stehen bleiben, diese haben oft viel zu erzählen, besonders Stammgäste.

Außenstehende ins Gespräch ziehen

Fast in jeder größeren Gesprächsrunde gibt es eine Person, die am Rande steht – aus Schüchternheit, weil sie/er neu in der Runde ist oder weil sie/er nichts mit dem Thema anzufangen weiß. Gute Small Talker zeichnen sich dadurch aus, dass sie auch Neulinge, Schüchterne und Außenseiter ins Gespräch ziehen. Erfolgreich ist es, sie in ein Zwiegespräch zu verwickeln.

Nähere Details dazu im Kapitel „Begrüßung“, Seite 20.

MIT NAMEN ANSPRECHEN

Wenn Sie Ihre Gesprächspartner/innen mit Namen ansprechen, haben Sie bereits viele Pluspunkte gesammelt. Jeder hört seinen Namen gerne. Üben Sie sich darin!

Name entfallen

Das ist Ihnen sicher schon passiert und allen ist es peinlich. Geben Sie offen und ehrlich zu, dass Ihnen der Name auf der Zunge liegt, Sie aber auf der Leitung stehen. Sie können sagen: „Helfen Sie mir bitte mit Ihrem Namen.“ Machen Sie glaubhaft, dass Ihnen zwar der Name entfallen ist, nicht aber die Person. Sie können dann Folgendes sagen: „Ich erinnere mich noch sehr genau an unsere Diskussion bei unserem letzten Treffen.“ Das darf Ihnen bei Kundinnen/Kunden jedoch nicht regelmäßig passieren, denn sonst werden Sie unglaubwürdig.

Small Talk bei Geschäftsessen

Wenn Sie zu einem Geschäftsessen eingeladen sind oder selbst einladen, sollten Sie vermeiden, direkt beim Essen über Geschäftliches zu reden, außer es wurde so vereinbart. Das anschließende Dessert oder der Kaffee lassen Ihnen mehr Ruhe und Zeit für diese Themen, achten Sie aber auf das vorgegebene Zeitlimit. Viel wichtiger ist es, dass Sie Ihr Gegenüber von sich erzählen lassen und Sie sich in einer guten Stimmung befinden. Geschäftsessen dienen sehr oft ausschließlich dem Zweck, die persönliche Beziehung aufzubauen.

So punkten Sie

- Stellen Sie nicht zu private Fragen.
- Vermeiden Sie Unterbrechungen.
- Coole Sprüche und Kraftausdrücke haben hier nichts zu suchen.
- Machen Sie aus dem Gespräch kein Verhör.
- Formulieren Sie positiv.

Small Talk beenden

Stellen Sie sich Folgendes vor: Sie haben einen Termin oder sind in Eile und Kundinnen/Kunden möchten mit Ihnen plaudern – für viele eine der schwierigsten Situationen. Genervt auf die Uhr zu blicken ist keine gute Lösung. Wenn Sie gleich zu Beginn mitteilen, dass Sie zu einem bestimmten Zeitpunkt wegmüssen, fällt es leichter, das Gespräch zu beenden. Sagen Sie vielmehr Ihren Kundinnen/Kunden sehr freundlich, dass Sie gleich einen Termin haben, ersuchen Sie dafür um Verständnis und erörtern die Möglichkeit, das Gespräch zu einem späteren Zeitpunkt fortzuführen. Sie können sagen: „Ich hätte mir gerne für Sie Zeit genommen; darf ich unser Gespräch zu einem anderen Zeitpunkt weiterführen, weil ich in wenigen Minuten ...?" Das Gleiche können Sie auch im Privatleben sagen. Verabschieden Sie sich mit einem Lächeln und – je nach Situation – mit Handschlag.

TERMIN

Einen Termin vorzuschieben, den Sie gar nicht haben, um aus dem Small Talk auszusteigen, ist nicht zu empfehlen – Lügen haben bekanntlich kurze Beine...

So punkten Sie

- Warten Sie, bis Ihre Gesprächspartnerin/Ihr Gesprächspartner zu Ende gesprochen hat.
- Lächeln Sie.
- „Ich habe das Gespräch mit Ihnen sehr genossen, muss aber noch mit einer Kundin/einem Kunden etwas klären."
- „Es war schön, Sie kennenzulernen."
- „Gerne hätte ich mich noch länger mit Ihnen unterhalten, leider muss ich mich noch um die anderen Gäste kümmern. Vielleicht haben wir später nochmals Gelegenheit zu einem Gespräch, das wäre schön." Diesen Satz können Sie auch am Telefon oder online verwenden.

Sitzungen und Besprechungen

Zusammenkünfte für den gegenseitigen Austausch von beruflichen Informationen dauern oft zu lange und es wird zu viel geplaudert statt konstruktiv gearbeitet. Unpünktlichkeit und Unaufmerksamkeiten gehören zu den Sitzungskillern Nummer eins. Das wirkt sich auf das Sitzungsklima aus, ist unwirtschaftlich und demotiviert die Teilnehmenden. Eine effiziente Sitzungs- und Besprechungskultur ist daher sehr wichtig. In diesem Kapitel erfahren Sie, wie man wie ein „Motivationsbrunnen“ alle begeistert und zur effizienten Arbeit bringt.

Vor der Besprechung

Pünktlichkeit ist eine wichtige Voraussetzung für eine gelungene Besprechung, denn wer zu spät kommt, lässt nicht nur eine Gesprächspartnerin/einen Gesprächspartner, sondern gleich mehrere warten. Wer den Beginn einer Besprechung oder Präsentation verpasst, kann inhaltlich kaum oder nur zu spät einsteigen und hat ein informatives Defizit. Im allerschlimmsten Fall muss die/der Präsentierende noch einmal von vorne beginnen – das ist respektlos allen Sitzungsteilnehmenden gegenüber. Kommen Sie rechtzeitig, dann sind Sie von Beginn an dabei und können etwaige Stimmungen vor der Sitzung bereits aufnehmen.

Sollten Sie sich doch verspäten, rufen Sie vorher an oder senden Sie eine Nachricht. Darin geben Sie den echten Grund ihres Zuspätkommens an und entschuldigen sich. Sobald Sie den Sitzungsraum möglichst geräuscharm betreten haben, suchen Sie den nächsten freien Stuhl, belassen es bei einem kurzen „Entschuldigung“ – wenn überhaupt – und verzichten auf wortgewaltige Erklärungen. Versuchen Sie, so wenig wie möglich zu stören. Handelt es sich um ein lockeres Online-Meeting ohne fixe Zusage müssen Sie niemanden von Ihrem Zuspätkommen informieren – Sie schalten sich einfach dazu.

Wer pünktlich kommt, kann die Raumsituation begutachten, den Sitzplatz selber wählen, feststellen, wie es mit Getränken und kleinen Imbissen während der Sitzung aussieht, und die mitgebrachten Unterlagen auf dem gewählten Platz vorbereiten.

So punkten Sie

- Der Platz am obersten Tischende ist immer dem Vorsitz vorbehalten.
- Suchen Sie einen Sitzplatz, wo Sie das Fenster im Rücken haben, weil Sie Ihr Gegenüber besser sehen können und nicht geblendet werden.
- Checken Sie die Lautloseinstellung Ihres Handys und verstauen Sie es in der Tasche.
- Legen Sie sich je nach Bedarf Tagesordnung, Schreibutensilien und Papier zurecht.
- Grenzen Sie mit Ihren Unterlagen Ihr „Revier“ am Verhandlungstisch ein, bauen Sie aber keine Ordnerburgen.
- Sollten Getränke und Imbiss bereitstehen, können Sie sich gleich davon bedienen und eine kleine Portion mit Serviette, sowohl für Gläser als auch Essen, auf Ihren Platz mitnehmen.

Wer ist anwesend?

Es obliegt der Sitzungsleitung, die teilnehmenden Personen einander vorzustellen, wobei die üblichen Benimm-Codes gelten.

Nähere Details dazu im Kapitel „Begrüßung", Seite 20.

ANREDE UND VORSTELLUNG

Bei Titel- oder Funktionsbezeichnungen achten Sie auf die korrekte Wiedergabe, denn das sind wichtige Informationen für die Sitzung und dies klärt die Rangpositionen innerhalb der Gruppe.

Beim Begrüßen lächeln Sie höflich, im europäischen Kulturkreis gehört ein fester Händedruck und Blick in die Augen zu einem souveränen Auftreten. Bei ranghohen internationalen Gästen aus anderen Ländern klären Sie vorab mit Dolmetsch oder Delegationsleiter/in, wie Begrüßung und Vorstellung am höflichsten wirken. Grundsätzlich können Sie bei internationalen Gästen in Europa von europäischen Gepflogenheiten ausgehen.

Betritt jemand nach Ihnen den Raum, ist es höflich, wenn Sie zur Begrüßung kurz aufstehen. In größeren Gruppen spart es Zeit, wenn sich jeder kurz mit vollem Namen und Position (aber ohne Titel) vorstellt und noch ein paar sitzungsbezogene Informationen gibt, damit es später keine Nachfragen geben muss.

In der Besprechung

Vor Sitzungsbeginn schalten Sie Ihr Mobiltelefon aus oder zumindest auf stumm, sollten Sie eine wichtige Nachricht erwarten.

WEG-GERÄUMT

Das Telefon gehört nicht auf den Verhandlungstisch, sondern in Ihre Tasche.

Zum richtigen Verhalten zählt auch Ihre Sitzhaltung, die Interesse und aktive Teilnahme signalisiert. Bleiben Sie aufrecht in Ihrem Stuhl sitzen, legen Sie die Hände auf den Verhandlungstisch und zeigen Sie sich als aktive Zuhörerin/aktiver Zuhörer. Sollte Sie ein Thema nicht ständig betreffen oder ein privater Disput zwischen zwei Teilnehmerinnen/Teilnehmern entstehen, können Sie sich ein wenig zurücklehnen, aber nicht lümmeln. Sie nehmen sich damit aus der „Schusslinie“ und setzen ein körpersprachlich eindeutiges Zeichen. Setzen Sie sich aufrecht hin, das zeigt, dass Sie am Thema interessiert sind und sorgt für einen guten Eindruck.

KÖRPER-HALTUNG

Mit einer aufrechten Körperhaltung haben Sie außerdem eine kräftigere Stimme und können sich besser konzentrieren.

Wenn Sie vorbereitet in die Besprechung gehen, können Sie zielgerichtet verhandeln und mit Wissen punkten. Beschäftigen Sie sich schon vorher mit der Thematik und halten Sie Ihre notierten Argumente bereit, so können Sie Ihre Interessen besser vertreten. Notieren Sie sich Anliegen, über die Sie selber sprechen möchten, so bleiben keine Fragen offen. Sollten diese Punkte eine Erweiterung der vorgelegten Tagesordnung sein, so kündigen Sie dies zeitgerecht, d. h. zu Beginn der offiziellen Sitzung, an.

Ihre Redebeiträge melden Sie immer per Handzeichen bei der/dem Vorsitzenden an. Sollte diese/r im Moment mit anderen Teilnehmerbeiträgen beschäftigt sein, warten Sie, bis Sie Augenkontakt aufnehmen können und geben dann ein dezentes Zeichen.

Dauerredner/innen sind unbeliebt

Richtiges Sitzungsverhalten bedingt, dass Sie ein Gefühl für das Sitzungsklima haben. Wird nur in kurzen Sequenzen und sehr zielorientiert gesprochen, ist es üblich, Höflichkeiten auszutauschen und dann erst auf den Punkt zu kommen, wie viel Zeit für einen Tagesordnungspunkt überhaupt vorgesehen ist. Es ist unhöflich, andere zu unterbrechen, man tut sich aber keinen Gefallen, wenn Dauerredner/innen nicht zum Ende kommen. Höflich ist es, die Kollegin/den Kollegen ausreden zu lassen oder mit kurzen, konkreten Zwischenfragen den Monolog zu unterbrechen. Hier ist es wichtig, Bezug auf das bisher Gesagte zu nehmen, z. B. „Sie sagten gerade …“ und sich für das Unterbrechen zu entschuldigen. Es ist Aufgabe der Sitzungsleitung, solche Dauerredner/innen zu kürzeren Beiträgen zu ermahnen bzw. ihnen das Wort höflich, aber bestimmt mit dem Hinweis auf die Sitzungsdisziplin abzuschneiden.

Sitzungsleitung

Vorbereitung

Wenn Sie die Sitzungsleitung übernommen haben, sind Sie üblicherweise auch für deren Vorbereitung zuständig. Sie bestimmen damit, wo und wie eine Besprechung abgehalten wird. Viele Punkte, die Sie entscheiden, werden Sie für die organisatorische Ausführung an das Sekretariat oder die Assistenz delegieren. Überlegen Sie vor der Sitzung, ob die anstehenden Punkte eine Besprechung rechtfertigen oder zeitsparendere Alternativen, wie z. B. E-Mails, Videokonferenzen oder Vier-Augen-Gespräche, besser geeignet sind.

Laden Sie nur Beteiligte ein, die tatsächlich in die Sache involviert sind, denn vor allem hier werden aus Höflichkeitsgründen oft Zugeständnisse gemacht, weil Herr X oder Frau Y eben immer dabei sind und sich sonst übergangen fühlen.

SITZUNGS-PLANUNG

Entlassen Sie Teilnehmer/innen, deren Part erledigt ist, auf höfliche Art und bedanken Sie sich für ihr Mitwirken.

Verlangen Sie gute Vorbereitung für den Termin und verschicken Sie Einladung, Informationsmaterial und die Tagesordnung rechtzeitig, damit sich die Teilnehmenden und Sie selbst gut vorbereiten können.

Fordern Sie ein, dass die technische Ausrüstung (z. B. PC, Beamer oder Präsentationssoftware) funktioniert oder Unterlagen vorbereitet sind und ebenso Kugelschreiber im Sitzungsraum in ausreichender Zahl aufliegen. Sie selbst werden als eine/r der Letzten den Sitzungsraum in aller Ruhe betreten und die Teilnehmenden persönlich begrüßen.

Tagesordnung

Ein straffer Sitzungsablauf ist dann möglich, wenn Zeitangaben zu jedem Tagesordnungspunkt enthalten sind, dadurch können sich alle Teilnehmenden zeitlich orientieren. Die Tagesordnung sollte überschaubar und zu erledigen sein, denn oft werden zu viele Punkte in die zur Verfügung stehende Zeit hineingepackt und können nur oberflächlich bearbeitet werden.

KURZ UND KNAPP	Verzichten Sie, wenn es die Geschäftsordnung erlaubt, auf den Tagesordnungspunkt „Sonstiges" oder „Allfälliges", denn hier ticken oft Zeitbomben!

Sitzungsbeginn

Eröffnen Sie unbedingt pünktlich! In der Anfangsphase einer Sitzung lernen die Teilnehmenden besonders viel über das Verhalten in dieser Gruppe. Nur ein pünktlicher Start sichert von Anfang an ein zielstrebiges, motiviertes Sitzungsklima. Sitzungen brauchen eine starke Führung, die konsequent für die Einhaltung des Zeitplans und der Regeln sorgt. Besser ist es, gleich von Anfang an einzugreifen, wenn sich Teilnehmende nicht zielorientiert verhalten.

Machen Sie ausreichend Pausen, denn die Konzentrationsfähigkeit in Sitzungen lässt schon nach 45 bis 60 Minuten spürbar nach.

PAUSEN	Kleine Pausen ermöglichen das Durchlüften der Räumlichkeiten, einen kurzen Weg in die Waschräume, Zwischenverhandlungen oder einfach nur ein Durchatmen.

Konflikte in der Sitzung

In vielen Sitzungen werden Konflikte entweder hochgespielt oder so lange ignoriert, bis das Fass überläuft, manche Leitende verbieten sogar Widerstand. Alle diese Verhaltensweisen sind sehr konfliktträchtig. Achten Sie unbedingt auf Sachlichkeit, und wenn es gar nicht anders geht, machen Sie eine Sitzungsunterbrechung mit Zeitangabe, wann es weitergeht.

Es gibt immer wieder Teilnehmer/innen, die zu Selbstdarstellung und Profilierung neigen – manchmal werden sogar scheinbar sachliche Darstellungen dazu genutzt. Kanalisieren Sie Selbstdarstellungs- und Mitteilungsbedürfnisse vor der Besprechung, indem Sie eine kurze Gelegenheit zum Small Talk geben.

DISZIPLIN	Fordern Sie auf jeden Fall Sitzungsdisziplin ein.

Ende der Sitzung

Verfassen Sie ein Ergebnisprotokoll oder fordern Sie es von der dafür zuständigen Person ein und geben Sie bekannt, bis wann das Protokoll allen Teilnehmenden zur Verfügung steht. Dieses beinhaltet kurz zusammengefasste Ergebnisse, Entscheidungen und To-do-Listen. Enden Sie pünktlich, denn ein fix vorgegebener Zeitrahmen sollte eingehalten werden, damit Anschlusstermine aufrecht bleiben können. Sie als Sitzungsleitung sind diesbezüglich Vorbild für alle Teilnehmenden. Die Erfahrung, dass Tagesordnungspunkte unbehandelt bleiben, motiviert die Teilnehmer/innen bei der nächsten Sitzung, sich an den vorgegebenen Zeitplan zu halten.

WERT-SCHÄTZUNG

Belohnen Sie gute Leistungen, indem Sie die Teilnehmenden wertschätzen.

Bedanken Sie sich höflich für die gute Zusammenarbeit und beenden Sie offiziell die Sitzung.

So punkten Sie

Versuchen Sie, aus Fehlern zu lernen und nehmen Sie sich immer wieder kurz Zeit für eine Stärken-Schwächen-Analyse. Verbessern Sie die Sitzung durch Verhaltensänderungen, das gilt für Sie in der Rolle als Teilnehmende/r wie auch in der Rolle als Leiter/in.

Erfolg auf Messen und Ausstellungen

Verkaufsmessen und Ausstellungen haben in einer Zeit des Internethandels und globalisierter Konzernverkäufe an Bedeutung gewonnen, denn Menschen wollen mit allen Sinnen erleben und einkaufen: Angreifen, hören, riechen, schmecken, fühlen und das alles von einem persönlichen Gespräch begleitet. Der Trend geht eindeutig zu Fachmessen, wo zeitgleich Ausstellungen, Workshops, Expertengruppen und Vorträge geboten werden. Damit können Besucher/innen, die sich vorab im Internet informiert haben, sehr gezielt an ihre Informationen und Produkte kommen. Bedenken Sie daher, dass der Standbesuch nur ein Termin in einem umfangreichen Messeprogramm ist.

Professionelles Auftreten ist ein Garant für den Verkaufserfolg, denn Ihr Unternehmen investiert viel in diese Firmen- und Produktpräsentation. Als aktives Messeteam beweisen Sie zur Hälfte verkäuferische und zur Hälfte fachliche Kompetenz. Sie sind die Visitenkarte in einem umworbenen Markt. Laden Sie im Vorfeld Ihre Kunden persönlich und mit kostenlosen Eintrittskarten oder Gutscheinen zum Messebesuch ein, denn ein gut besuchter Messestand ist Zeichen für ein interessantes Produkt und stärkt den Unternehmensauftritt.

UMGANGS-FORMEN

Für einen reibungslosen und imagebildenden Messeauftritt sollten alle Mitarbeiter/innen in die wichtigsten Benimm-Codes eingeschult sein.

Messen in Pandemie- und Grippezeiten

In Pandemie- und Grippezeiten ist selbstverständlich auf Distanzzonen zu achten. Auf das Händeschütteln wird verzichtet und am Messestand besonders auf Hygiene und Desinfektion geachtet. Nach jedem Besucher wird der Gesprächstisch gereinigt und desinfiziert. Die Begrüßung erfolgt je nach Kundenverhältnis. Selbstverständlich achten Sie auf die geltenden Sicherheits- und Hygieneregeln. Wer eine Online-Messe besucht, sollte sich an die bei Präsenzmessen üblichen Regeln halten.

Nähere Details dazu im Abschnitt „Grüßen ist nicht gleich Begrüßen“, Seite 23.

Der erste Eindruck zählt

Es versteht sich von selbst, dass man pünktlich am Messestand erscheint – also etwa eine Viertelstunde vor Öffnen der Messetore. Zu Ihrem gepflegten Äußeren gehören frischer Atem und Kleidung im Unternehmensstil (ein „Out Of The Bed-Look“ ist nicht angebracht!), damit Sie als Mitarbeiter/in sofort erkannt werden. Die Visitenkarten sind griffbereit und das Namensschild mit einer gut lesbaren Schriftgröße (damit die Distanzzone beim Lesen nicht verletzt werden muss) wird auf der linken Seite an Sakko/Blazer/Hemd/Bluse getragen. In den letzten Jahren haben sich Lanyards mit laminiertem Etikett – werden um den Hals getragen – etabliert. Das sieht nicht stilvoll aus, besonders nicht zum Anzug oder Kostüm und der Name kann nicht gut gelesen werden. Ein Namensschild ist sicherlich die elegantere und besser lesbare Lösung.

Damit sich Ihre Besucher/innen willkommen fühlen, sollten Sie sich nicht hinter Standaufbauten verstecken oder mit den Kolleginnen/Kollegen in der Sitzecke scherzen. Wenn es am Stand nicht fix geplant ist, sind Handys und PC tabu, ebenso Essen und Trinken vor Publikum oder dass die Messetheke als Bar missbraucht wird; das sind Eindrücke, die abschreckend und unprofessionell wirken.

Ein fester Händedruck zeigt Selbstvertrauen, Herzlichkeit und Offenheit – ein nonverbales Zeichen, das positiv in Erinnerung bleibt. Bei Kundenempfängen am Stand oder am Abend achten Sie darauf, dass sich Ihr Alkoholkonsum in Grenzen hält, auch wenn Sie schon anstrengende Messetage hinter sich haben. Sie sollten jeden Tag am Morgen fit sein und sich nicht durch den Tag schleppen.

GUTER EINDRUCK

Bei Ihren Kundinnen/Kunden sollen Sie den besten Eindruck hinterlassen.

Benimm-Codes

- Präsentieren Sie sich aufmerksam und freundlich am Stand.
- Die Tische am Messestand sollen einladend sein, sauber gewischt und ohne Krümel.
- Der Messestand muss immer einladend wirken, sorgen Sie also dafür, dass leere Gläser und Teller abgeräumt sind.
- Alle Mitarbeiter/innen sind für den Stand und ordentlich platziertes Infomaterial verantwortlich – denn es ist die Aufgabe von allen, für Ordnung zu sorgen.
- Wenn Sie mit Kolleginnen/Kollegen im Gespräch sind, ist dieses Gespräch sofort abzubrechen, wenn sich Kundinnen/Kunden nähern. Kundinnen/Kunden und Interessierte sollten nicht ignoriert werden oder warten müssen.
- Achten Sie auf Zeitdiebe – jedes Gespräch, das länger als eine halbe Stunde dauert, sollte in einem eigenen Termin fortgesetzt werden.
- Für Pausen gehen Sie woanders hin oder benützen die Aufenthaltsräume. Essen, Trinken und Zeitunglesen sind ausschließlich dort angebracht.

- Kaugummi zu kauen und am Handy zu spielen sind ein No-Go.
- Führen Sie generell keine lauten Gespräche, wenn Kundinnen/Kunden am Stand sind.
- Sitzen Sie nicht teilnahmslos auf einem Stuhl, sondern stehen Sie frei und lehnen nicht an Regalen oder Aufstellern.
- Führen Sie keine längeren Gespräche mit Kolleginnen/Kollegen, Cliquenbildung schreckt ab und wirkt nicht einladend, sonst glauben Besucher/innen, dass sie stören.
- Gelangweiltes Herumstehen mit herabhängenden Mundwinkeln, vielleicht noch mit verschränkten Armen oder mit den Händen in den Hosentaschen zeigt körpersprachlich, dass Sie ohne großes Engagement die Messe aussitzen, das ist imageschädigend.
- Nebeneinanderstehend mit einem offenen Blick in Richtung der Messebesucher/innen kann ruhig geplaudert werden.
- Melden Sie sich bei der Messeleitung Ihres Firmenstands an und ab, wenn Sie eine Auszeit brauchen oder mit Kundinnen/Kunden ein Restaurant besuchen.
- Am Ende der Messe oder des Messetages stehen Sie selbstverständlich nicht mit einer Flasche Bier am Stand, außer es ist der offizielle Abschluss des Tages für alle.

Dresscode am Messestand

Jedes Unternehmen sollte genau definieren, welcher Dresscode zur Marke passt. Ein schwarzer Anzug mit weißem Hemd, kombiniert mit Firmenkrawatte in Unternehmensfarbe, ist keine „Geht doch immer"-Lösung.

VORGABEN

Die Marketingabteilung muss dazu klare Vorgaben erstellen, die zum Unternehmen und zu den Produkten passen.

Heute muss viel mehr differenziert und die Marke authentisch nach außen repräsentiert werden. Jeder Messeauftritt ist zielgruppenspezifisch zu gestalten, weil man sich auf einer Fachmesse anders präsentiert als auf einer Karrieremesse. Für Inhaber/in und Geschäftsführer/in gilt zwar der Dresscode samt Namensschild, jedoch raten wir von aufgestickten oder gedruckten Firmenlogos ab, damit sie in ihrer Rolle erkannt werden.

Unbedingt vermeiden sollte man am Messestand:

- Fehlenden einheitlichen Look
- Heraushängende zerknitterte Hemden/Blusen und Turnschuhe (außer es passt zur Marke)
- Beim Hemd mehr als einen Knopf offen, wenn ohne Krawatte
- Sichtbare Unterhemden oder Unterwäsche
- Schlampigen Look
- Ungekämmte Frisur oder ungepflegten Bart
- Strumpfhosen mit Laufmaschen
- Abgetragene und/oder schmutzige Schuhe und solche, die nicht zum Outfit passen
- Zu tiefen Ausschnitt und zu viel gezeigte Haut
- Viel zu kurze Röcke, Overknee-Stiefel
- Zu viel Schmuck und auffällige Kleidung

Besucher/innen willkommen heißen

Empfangen Sie Ihre Besucher/innen mit offenen Händen, d. h. Sie bewegen diese oberhalb der Gürtellinie und verstecken sie nicht in Hosen- oder Jackentaschen. Dabei sollten Sie die Menschen nicht überrumpeln, denn viele wollen sich erst orientieren und dann Ihre Aufmerksamkeit erlangen.

Lächeln Sie freundlich, bevor Sie Kundinnen/Kunden ansprechen. Zum Gesprächseinstieg eignen sich „W-Fragen", z. B.: „Wie gefällt Ihnen unser Messestand?", „Welche Neuheiten darf ich Ihnen anbieten?" oder „Was sagen Sie zu unserem Messeangebot?"

Mit dem Elevator Pitch stellen Sie in etwa dreißig Sekunden Ihr Angebot dar, halten eventuell kurzen Small Talk und überreichen eine kurze Produktbeschreibung, um erste Fragen zu beantworten. Sollten Sie Interessen erkennen bzw. mit langjährigen Kundinnen/Kunden ins Gespräch kommen, so laden Sie auf den Stand zu einer Erfrischung oder Kostprobe ein, die von Ihnen beim Standpersonal geordert und von diesen unaufdringlich gebracht wird. Geben Sie sich als freundliche Gastgeberin/freundlicher Gastgeber. Wichtig ist, dass Sie Ihre Messebotschaften vermitteln, mitgegebene Prospekte personalisieren, Give-aways überreichen und für sich anschließend ein Messeprotokoll erstellen, wenn Ihre Kundinnen/Kunden den Stand verlassen haben.

ELEVATOR PITCH

Ist die Kurzvorstellung einer Dienstleistung (oder Tätigkeit, Firma, Person oder eines Produktes) in ca. 30 Sekunden.

Wenn Sie mit Besucherinnen/Besuchern am Messestand sprechen, gelten die klassischen Spielregeln für den Small Talk. Seien Sie dabei weder persönlich noch politisch, weder negativ noch besserwisserisch, weder unfreundlich noch devot. So bleiben Sie in guter Erinnerung. Das Verteilen von Visitenkarten hilft dabei ungemein!

Nähere Details dazu im Kapitel „Small Talk", Seite 76.

Handy am Messestand

Das Handy ist zum Alltags-Accessoires geworden und wird fast nicht mehr aus der Hand gegeben. Auf der Messe ist das Mobiltelefon in Reichweite, wird aber nicht in der Hand gehalten oder umgehängt. Wenn möglich, schalten Sie es aus und konzentrieren sich nur auf Ihre Besucher/innen. Auch wenn das Telefon in der Hosentasche auf lautlos, aber vibrieren gestellt ist, sind Sie abgelenkt. Fixieren Sie stattdessen Handyzeiten, wo Sie ungestört telefonieren können.

Messebesucher/innen erkennen

Messebesucher/innen verbringen etwa fünfzehn Minuten an einem Stand, bis sie sich die wichtigsten Informationen geholt haben. Daher sollten Ihre Gespräche kurz und informativ sein, Vorführungen maximal zehn Minuten dauern und Sie die Visitenkarten der Besucher/innen erfragen. Es gibt drei Kategorien von Messegästen:

- Sie/Er will sich informieren und steht daher bei Präsentationen in der ersten Reihe.
- Sie/Er sucht das Gespräch zum Erfahrungsaustausch und kommt offensiv auf das Standpersonal zu.
- Sie/Er hat eine Kaufentscheidung bereits getroffen und steht abseits der Präsentationen – auf diese Menschen sollten Sie besonders achten und ihnen Aufmerksamkeit schenken.

So punkten Sie

Fragen Sie Ihre Kundinnen/Kunden, ob Sie nach der Messe einen Termin vereinbaren können und rufen Sie bald an, damit der Messebesuch noch frisch in Erinnerung ist. Warten Sie nicht, bis der Mitbewerber sich gemeldet hat, sondern greifen Sie zum Hörer – anrufen ist übrigens erfolgreicher als anschreiben.

KUNDEN-BINDUNG

Bei Messen und Ausstellungen sollten Sie langfristig denken. Der Umsatz, den Sie auf der Messe machen, ist zwar wichtig, sollte aber nicht das Maß der Dinge sein. Wichtiger ist, dass der dadurch gewonnene Kontakt langfristige Umsätze bringt und Kundinnen/Kunden besonders an Ihr Unternehmen bindet.

Telefon, Online-Meetings und soziale Netzwerke

Die modernen Kommunikations-Werkzeuge haben unser privates und berufliches Leben nachhaltig verändert. Wer nicht mit der digitalen Welt und deren Technik aufgewachsen ist, also kein „Digital Native" ist, muss lernen, sich hier zurechtzufinden. Denn eines ist wichtig: Auch wenn die Neuen Medien schnell, flott und rund um die Uhr eingesetzt werden, dienen sie doch immer der Kommunikation zwischen Menschen. Wie die Benimm-Codes am Telefon, bei Online-Meetings und in sozialen Netzwerken modern und stilvoll wirken, lesen Sie in diesem Kapitel.

Telefon

E-Mail und Direktnachrichten haben dem Telefon den Rang abgelaufen. Was früher die schnellste und häufigste Form der Kommunikation war, ist mittlerweile überholt. Heute ist es üblich, um einen Telefontermin zu ersuchen, weil die Menschen in ihrer Arbeit nicht durch überraschende Anrufe gestört werden möchten. Selbst im Privatleben wird mittels Kurznachricht angefragt, ob man Zeit für ein Telefonat hat. Selbstverständlich können Sie nach wie vor zum Hörer greifen, jedoch überlegen Sie genau, bei wem es tatsächlich passt. Speziell bei Handys wissen die Anrufenden nicht, ob der Zeitpunkt des Anrufs gerade günstig ist. Nimmt die angerufene Person das Gespräch an, kann man davon ausgehen, dass die Zeit günstig ist. Trotzdem fragen Sie nach, ob ausreichend Zeit ist oder ob Sie später anrufen sollen.

„Hallo" ist zu wenig

Melden Sie sich am Telefon freundlich, grüßen Sie je nach Tageszeit und nennen Vor- und Zunamen. Im Beruflichen nennen Sie nach der Grußformel den Firmennamen und dann erst ihren vollen Namen:

BEISPIEL | „Guten Morgen, *(Firmenname, Vor- und Zuname)*."

Sprechen Sie Ihren Vor- und Nachnamen langsam und deutlich, damit dieser gut verstanden wird. „Hallo" oder die zu rasche Aussprache des Namens ist unpassend, immerhin möchte die Anruferin/der Anrufer ihren Namen verstehen und Sie damit ansprechen. Im geschäftlichen Kontext sollte der Vorname nicht zum Schluss genannt werden, sondern immer der Nachname.

Telefonzeiten einhalten

Berufliche und private Anrufe sollten nur in der Zeit zwischen 9 und 13 Uhr sowie zwischen 15 und 19 Uhr gemacht werden, außer es wurde ein anderer Zeitpunkt vereinbart. Samstags und – wenn es tatsächlich sein muss – am Sonntag ist der frühestmögliche Zeitpunkt ab

10 Uhr. Gibt es einen triftigen Grund, außerhalb dieser Zeiten anzurufen, so geben Sie per Kurznachricht bekannt, aus welchem Grund das Gespräch dringend ist und fragen Sie, zu welchem Zeitpunkt ein Telefonat passen würde.

Benimm-Codes

- Halten Sie sich an die offiziellen Telefonzeiten.
- Notieren Sie den Namen der Person, mit der Sie sprechen, um sie später persönlich anzureden.
- Lassen Sie sich nicht überrumpeln, auch Telefongespräche kann man vertagen.
- Legen Sie niemals grußlos auf, auch wenn Sie noch so wütend sind.
- Privatgespräche in der Dienstzeit sind Diebstahl am Arbeitgeber!

Handys stilvoll nützen

Wer sein mobiles Telefon in der Öffentlichkeit nützt, sollte sich immer bewusst sein: Das unfreiwillige Mithören von beruflichen oder privaten Gesprächen kann anderen zur Last fallen. Besprechen Sie Ihren Anrufbeantworter am Mobiltelefon, so wird Ihnen niemand böse sein, wenn Sie für ein paar Augenblicke nicht sofort erreichbar sind.

So punkten Sie

- Verwenden Sie „lustige" Klingeltöne nur privat. Im Beruflichen passen diese nur, wenn der Ton oder die Melodie zum Firmenimage passen.
- Lassen Sie Ihr Handy in der Tasche verschwinden, wenn Sie jemandem begegnen oder sie/ihn begrüßen.
- Wenn Ihr Telefon in Gesellschaft klingelt, fragen Sie, ob Sie das Gespräch kurz annehmen dürfen oder Sie schicken eine kurze Rückmeldung an die Anruferin/den Anrufer, z. B.: „Bin in einer Besprechung, rufe zurück."
- Sollten Sie eine Kurznachricht während eines Gesprächs erhalten, checken Sie Ihre Nachricht erst danach.
- Bedenken Sie bei Freisprechanlagen, dass unwillkürlich mehrere Personen zuhören könnten.

Benimm-Codes

- Seien Sie freundlich am Telefon, Sie wissen nie, wo und in welcher Situation Sie Ihre Gesprächspartnerin/Ihren Gesprächspartner erreichen.
- Akzeptieren Sie sofort, wenn Ihnen ein Rückruf angeboten wird.
- Je leiser und dezenter Sie Ihr Handy verwenden, umso stilvoller.
- Schalten Sie Ihr Handy aus, wenn es so gewünscht oder verordnet ist. Sollte es trotzdem klingeln, so entschuldigen Sie sich und schalten sofort ab.

Wenn Sie in der Öffentlichkeit, im Bus, in der Bahn oder im Restaurant mit dem Mobilgerät telefonieren, versuchen Sie, dies möglichst leise zu tun und die Hand vorzuhalten, um andere nicht mit Ihrem Gespräch zu stören. Stellen Sie den Klingelton leise oder noch besser auf Vibrationsalarm, so schrecken nicht alle auf, wenn Sie einen Anruf erhalten. Spüren Sie, dass dieses Gespräch andere Menschen stört, dann führen Sie das Telefonat später weiter. Halten Sie sich möglichst kurz oder suchen Sie einen Ort auf, an dem Sie alleine sind und ungestört telefonieren können.

Handys in Sitzungen oder Seminaren

▶ FILM AB

Das Handy im Meeting

www.trauner.at/HandyimMeeting.aspx

Sind Sie in einem Mitarbeitergespräch oder einer Sitzung, sollten Sie Ihre Aufmerksamkeit den anwesenden Personen widmen. Telefonate, Direktnachrichten oder Blicke auf das Display unterbrechen die Konzentration und signalisieren Ihrem Gegenüber Desinteresse. Viele empfinden dies auch als mangelnden Respekt.

Handys haben auf dem Besprechungstisch nichts verloren. Ausnahme: Warten Sie auf dringende Informationen, die Sie noch in der Sitzung benötigen, so weisen Sie darauf hin, dass Sie auf dringende Informationen per Telefon warten. Dann legen Sie den Apparat vor sich mit Lautloseinstellung auf den Tisch. Wenn es soweit ist, führen Sie das Gespräch abseits der Sitzung, um nicht noch mehr zu stören. Das Gleiche gilt bei Geschäftsessen und Einladungen im Restaurant.

Wenn Sie eine Sitzung oder ein Seminar leiten, ist es Ihre Pflicht, darauf hinzuweisen, dass Handys ausgeschaltet werden. Wer sein Telefon trotz allem nicht stilllegt, darf durchaus gerügt werden.

KONZENTRATION

Mancherorts werden Pönalzahlungen oder „Extragebühren" für ein klingelndes Handy verrechnet, sollte jemand das Telefon in einer Sitzung benützen oder E-Mails beantworten.

So punkten Sie

- Wenn Sie das Mobiltelefon von Kolleginnen/Kollegen abheben, sollten Sie sich entsprechend zu erkennen geben. Sagen Sie beispielsweise: „Guten Tag/Grüß Gott, das ist das Mobiltelefon meiner Kollegin Doris Meister. Mein Name ist Sabine Müller und ich soll diesen Anruf in Empfang nehmen. Kann ich etwas übermitteln?" oder Sie sagen: „Handy von Doris Meister, Sie sprechen mit Sabine Müller" – auch das ist passend.
- Dasselbe gilt für das Festnetz: Sich nur mit dem eigenen Namen zu melden, verwirrt die Anruferin/den Anrufer sehr. Notieren Sie anschließend die Nachricht und legen Sie den Zettel auf den Platz der Kollegin/des Kollegen.

Ansage auf der Mobilbox

Eine persönliche Ansage auf Ihrer Mobilbox wirkt vertrauensvoller als eine Computerstimme, die kalt und unpersönlich klingt. Verzichten Sie auf unnötige Floskeln, der Text sollte kurz und klar sein. Wenn Sie einen Rückruf versprechen, halten Sie das auch ein. Bei der Aufnahme sollte absolute Ruhe herrschen. Wählen Sie allerdings Hintergrundmusik und das Telefon ist geschäftlich genützt, muss diese zum Stil des Hauses passen.

Handy während der Arbeitszeit

Ihr privates Handy hat im Betrieb nichts verloren, es sollte auf lautlos gestellt sein und Ihren Arbeitsablauf nicht stören. Sie laufen auch weder telefonierend über den Parkplatz des Hauses, noch stehen Sie telefonierend vor der Eingangstür, wo Gäste vorbeikommen, auch wenn Sie schon außer Dienst sind.

Tabuzonen für Handys

Bei kulturellen und religiösen Veranstaltungen, wie in Kirchen, auf Friedhöfen, in Kinos, Theater, Museen, Bibliotheken, Krankenhäusern, Hotellobbys und normalerweise auch in Bussen sowie in gekennzeichneten öffentlichen Ruhebereichen, ist Handyklingeln tabu. In manchen neu geplanten Gebäuden erhalten die Architekten bereits den Auftrag, Handystörzonen fix einzuplanen, in denen kein Empfang möglich ist.

Das stilvolle Telefongespräch

Das Telefongespräch ist Ihre Visitenkarte und die Ihres Unternehmens. Eine unfreundliche Stimme kann schnell die anrufende Person vergraulen.

KÖRPERHALTUNG

Achten Sie auf eine aufrechte Körperhaltung. Die Haltung beeinflusst Klang und Ausdruck Ihrer Stimme und damit auch den Eindruck, den Sie während des Gesprächs vermitteln.

Holen Sie tief Luft und entspannen Sie sich kurz. Erst dann bedienen Sie das Telefon. Eine angespannte und genervte Stimmung wird über die Stimme übertragen. Wenn Sie sich sammeln und entspannen, klingt Ihre Stimme angenehmer. Das hat eine positive Auswirkung auf Ihr Gespräch und schafft eine gute Beziehungsebene.

Notieren Sie gleich am Beginn des Gesprächs den Namen der Anruferin/des Anrufers. Das hilft Ihnen, dass Sie diese/n im Lauf des Gesprächs mit Namen ansprechen können. Wenn Sie ihn nicht verstanden haben, bitte sofort nachfragen: „Wie ist Ihr Name?" oder „Entschuldigung, ich habe Ihren Namen akustisch nicht verstanden." Vermeiden Sie bitte: „Wie war Ihr Name?" Da haben schon einige geantwortet: „Ich lebe noch." Peinlich wird es, wenn Sie erst nach längerem Gespräch nach dem Namen fragen, weil Sie ihn vergessen haben.

ANREDE

Wenn Sie die Anruferin/den Anrufer direkt mit Namen ansprechen, schafft das zusätzliche Nähe.

Ist die Anruferin/der Anrufer im Haus bekannt, können Sie an vorangegangene Telefonate oder auch an den letzten Aufenthalt anknüpfen. „Wir haben ja gestern besprochen …", „Sind Sie wieder gut nach Hause gekommen?" Halten Sie sich aber nicht zu lange damit auf.

Führen Sie ein Telefongespräch so, dass die Anruferin/der Anrufer merkt, Sie haben Zeit dafür. Nebenbeschäftigungen, wie essen, trinken, am Computer tippen etc., lenken ab und sind störend und unhöflich.

So punkten Sie

Verwenden Sie positive Formulierungen wie:

- „Ja, bitte" oder „Ja, gerne".
- „Das machen wir gerne für Sie."
- „Ich erledige das umgehend für Sie."
- „Selbstverständlich sende ich Ihnen den Prospekt gleich zu." Legen Sie Ihre Visitenkarte mit ein paar persönlichen Worten zum Gespräch bei.
- „Ich werde das sofort für Sie erledigen." – Das müssen Sie dann auch tun.
- „Gerne bereite ich Ihnen dieses Angebot vor."
- „Danke für Ihren Anruf."

Bieten Sie der Kundin/dem Kunden aktiv Informationen an, damit sie/er ihren/seinen Wünschen entsprechend informiert wird. Wenn das Besprochene nochmals wiederholt wird, kann die Anruferin/der Anrufer für sich abklären, ob alles passt.

Zieht sich das Gespräch unnötig in die Länge und keiner findet den Absprung, so können Sie mit folgenden Worten das Ende einleiten: „Gut, dann haben wir soweit alles geklärt, vielen Dank dafür“, und schließen das Gespräch positiv ab: „Ich freue mich, wieder von Ihnen zu hören.“, „…, Sie persönlich kennenzulernen.“ oder „…, Sie im schönen Chiemgau begrüßen zu dürfen.“

Weiterverbinden

Achten Sie darauf, dass Anrufer/innen nicht endlos in der Warteschleife Ihres Telefonnetzes hängen, weil sich niemand zuständig fühlt; auch die netteste Telefonansage hilft hier gar nichts. Anrufer/innen werden dadurch verärgert und es kann sein, dass sich das auf den weiteren Gesprächsverlauf und das Ansehen Ihres Unternehmens auswirkt.

Um Anrufer/innen nicht an falsche Ansprechpartner/innen zu vermitteln, informieren Sie sie darüber, dass Sie kurz mit der Person sprechen, zu der Sie verbinden wollen, um sicherzugehen, dass es die richtige Gesprächspartnerin/der richtige Gesprächspartner ist. Sollte diese/r nicht erreichbar sein, bieten Sie Ihre Hilfe oder einen Rückruf an.

Keine Zeit zum Telefonieren

Geben Sie frühzeitig zu verstehen, wenn Sie unter Zeitdruck stehen. Sie können dies mit folgenden Worten tun: „Leider habe ich gleich einen Termin, kann ich Sie zurückrufen, denn ich hätte mir gerne Zeit für unser Gespräch genommen.“ oder „Schaffen wir es in ein paar Minuten, weil ich dann wegmuss.“ Das setzt aber auch voraus, dass Sie wirklich wie versprochen zurückrufen. Lassen Sie sich nicht zurückrufen, sondern rufen Sie immer selbst zurück.

Notieren Sie sich gleich nach dem Gespräch alle anfallenden Aufgaben zu diesem Gespräch, besonders wenn es andere Kolleginnen/Kollegen betrifft. Vergessen Sie nicht, die Adressdaten in Ihre Datenbank einzugeben und eventuell den nächsten Termin schon zu vermerken.

Wenn Sie eine Nachricht auf einem Anrufbeantworter hinterlassen, achten Sie darauf, dass Sie langsam und deutlich sprechen. Nennen Sie unbedingt Ihren Namen und wiederholen Sie die Telefonnummer nochmals klar und deutlich. Wenn Sie nicht oder kaum persönlich bekannt sind, nennen Sie den Anknüpfungspunkt.

Wenn Sie Mitarbeiter/in im Kundenbereich eines Unternehmens sind und gerade telefonieren, wenn eine Kundin/ein Kunde kommt und Ihre Aufmerksamkeit erwartet, dann halten Sie sich kurz und signalisieren Sie der Kundin/dem Kunden mit den Augen, dass Sie gleich Zeit für sie/ihn haben. Das erhöht ihre/seine Bereitschaft, zu warten, weil sie/er gesehen wurde. Ersuchen Sie die Anruferin/den Anrufer darum, dass Sie zurückrufen dürfen, weil gerade eine Kundin/ein Kunde Ihre Aufmerksamkeit benötigt.

KUNDEN-DATENBANK

Nützen Sie die Vorteile einer CRM-Datenbank (Customer-Relationship-Management) für die Kundenbeziehung. Schreiben Sie sich wichtige Infos zum Gespräch ein, beispielsweise „Kunde fragt nach einem Sonderwunsch“. So haben auch andere Mitarbeiter/innen diese Informationen, falls Sie nicht da sein sollten.

Reklamation am Telefon

Wenn Sie von einer Kundin/einem Kunden angerufen werden, repräsentieren Sie in diesem Moment das eigene Unternehmen, und zwar nur über die Stimme. Für diese verantwortungsvolle Aufgabe braucht es vor allem Motivation, eine positive Einstellung und den Glauben an sich selbst. Je mehr Freundlichkeit und Persönlichkeit Sie in Ihre Stimme legen, desto besser gelingt das Gespräch.

BEISPIEL

Eine Kundin/ein Kunde beschwert sich und soll erst einmal beruhigt werden – eine schwierige Aufgabe. Das Schlimmste, was Sie machen können, ist herumzustottern und dem Gegenüber zu zeigen: „Ich habe keine Ahnung.“ Stattdessen lieber zur eigenen Unwissenheit stehen und sagen: „Frau/Herr …, da muss ich nachfragen. Ich kümmere mich um Ihr Anliegen und rufe Sie zurück.“ Damit bieten Sie gleich Ihre Unterstützung an und bemühen sich um die Lösung.

Bereits die Aussage „Ich kümmere mich“ gibt der Kundin/dem Kunden ein gutes Gefühl. Hinzu kommt ein bisschen Psychologie. Findet das Gespräch beispielsweise um zehn Uhr statt, fragen Sie einfach die Kundin/den Kunden: „Wann kann ich Sie vor zwölf Uhr erreichen?“ Jede Minute, die Sie vor dieser Zeit zurückrufen, wird das Gegenüber überraschen und positiv für Sie einnehmen.

Sagen Sie nie: „Ich rufe gleich zurück.“ Für den einen ist „gleich“ in fünf Minuten, für den anderen in einer Stunde oder später – da sind Missverständnisse vorprogrammiert. Sätze wie „Ich habe keine Ahnung, da muss ich die Chefin/den Chef fragen“ oder „Da sind wir voll, da geht gar nichts mehr“ sind tabu, weil sie negativ formuliert sind. Stattdessen gehen Sie lieber auf das Gegenüber ein und sagen: „Lassen Sie uns doch gemeinsam einen Termin finden.“ Damit signalisieren Sie der Anruferin/dem Anrufer: „Ich kümmere mich darum!“, und diese Form der Geborgenheit hinterlässt den stärksten Eindruck beim Gegenüber.

GUT PRÄSENTIEREN

Richtiges Telefonieren ist nicht nur wichtig für Mitarbeiter/innen in Callcentern oder für Chefsekretärinnen/-sekretäre. Auf allen Ebenen sind Mitarbeiter/innen gefragt, die sich und das Unternehmen am Telefon gut präsentieren können.

Online-Meetings

Die Digitalisierung hat gezeigt, wie einfach es ist, sich virtuell in Online-Meetings auszutauschen. Egal, ob Online oder in Präsenz – es gibt Codes, die für eine erfolgreiche Zusammenarbeit notwendig sind. Achtsamkeit und Respekt machen vor Online nicht Halt!

ONLINE-KONTAKTE

Bei Online-Meetings, Online-Konferenzen, Webinaren oder Hybrid-Veranstaltungen – es gelten immer dieselben Umgangsformen wie bei reinen Präsenzveranstaltungen.

Wenn Sie zu Hause im Home-Office einem Online-Meeting beitreten, sind Sie öffentlich und die Professionalität sollte nicht darunter leiden. Achten Sie also darauf, die Privatsphäre nicht zu sehr öffentlich zu machen (z. B. Wäscheständer, Kinderzimmer, unaufgeräumte Zimmerecken, Betten etc.). Je weniger Ablenkung im Hintergrund geboten wird, umso mehr können sich die anderen auf das Gespräch einlassen und interpretieren nicht ihr privates Umfeld. Auch wenn Sie in Ihrem Büro am Online-Meeting teilnehmen, gilt es, einen ordentlichen Eindruck zu hinterlassen.

Die technische Möglichkeit eines virtuellen Hintergrunds sollte sehr genau überlegt sein, denn ein Palmenstrand im Kundengespräch ist genauso unpassend wie ein „löchrig" erscheinendes Bild ihres Kopfes aufgrund eines schlechten „Green Screens". Trotz allem ist abzuwägen, ob ein schlechter „Green-Screen" besser ist als ein unordentliches Chaos im Hintergrund.

VORHER ALLES CHECKEN

Kommen Sie bereits vor dem offiziellen Konferenzbeginn des Online-Meetings in den virtuellen Raum und checken die technischen Details, dass Mikrofon und Kamera gut eingerichtet sind. Bis zum offiziellen Sitzungsbeginn können Sie dann, wenn möglich, die Zeit für netten Small Talk nützen.

Es folgt die Einstiegsrunde, in der die Konferenzleiter/innen die Teilnehmer/innen mit Namen und Funktion vorstellen, anschließend werden die Themen und die vorgegebene Zeit abgesteckt. Ab diesem Zeitpunkt treten Sie in die Konferenz ein, wobei die Konferenzleiter/innen jeweils aufgrund von Handzeichen die Wortmeldungen zuteilen.

So punkten Sie

- **Probe:** Testlauf vor der Videokonferenz, ob alles reibungslos funktioniert.
- **Ungestört sein:** Schließen Sie alle Fenster und Programme, die Sie im Meeting nicht benötigen.
- **Ablauf:** Alles muss für die Besprechung gut geplant und strukturiert sein. Die Moderatorin/Der Moderator (oder die Sitzungsleitung) sollte, wie bei jedem anderen Meeting, eine Agenda zur Verfügung stellen, aus der Zweck und Ziel hervorgehen. Das hilft, das Gespräch zielgerichtet zu führen.
- **Grundregeln vereinbaren:** Die Moderatorin/Der Moderator legt fest, wie die Kommunikation während der Konferenz aussehen soll. Alle Teilnehmer/innen sollten die Regeln kennen und es sollte abgeklärt werden, ob Wortmeldungen gleich gewünscht sind oder erst im Anschluss.
- **Richtige Beleuchtung:** Man soll den Gesprächspartner gut sehen, d. h. die Lichtquelle kommt von oberhalb des Kopfes aus der Richtung der Kamera, die aufzeichnet. Bei Brillenträgern keine Ringlampe verwenden und zwei Lichtquellen rechts und links vom Gesicht positionieren, damit sich das Licht nicht in den Brillengläsern spiegelt.
- **Keine Geräusche und Gespräche nebenbei:** Klingelnde Telefone, das Bearbeiten von E-Mails und vibrierende Handys sind ein No-Go. Sollte doch ein Anruf entgegengenommen werden müssen, das Mikro auf „stumm“ und die Kamera ausschalten, damit die anderen Konferenzteilnehmer/innen nicht gestört werden.
- **Stummschaltung:** Hat die Videokonferenz mehr als zwei Teilnehmer/innen, sollte das Mikrofon derer, die sich nicht zu Wort melden, auf stumm geschaltet bleiben, um Echos und Pfeiftöne zu vermeiden.
- **Sprache:** Sprechen Sie langsam und deutlich immer in Richtung des Mikrofons. Warten Sie vor einer Antwort, bis die Gesprächspartner/innen ihre Beiträge abgeschlossen haben und fallen Sie niemandem ins Wort.
- **Ordentliche Umgebung:** Dort, wo Sie sich präsentieren, soll Ordnung herrschen.
- **Dresscode:** Dezente Kleidung wählen, um nicht von den Inhalten abzulenken. Schrille Farben, karierte oder große Muster und auffällige Kleidung sowie tiefe Ausschnitte lenken vom Gesicht ab, auch die Frisur muss sitzen.
- **Sitzungsende:** Sollten Sie sich als Meetingleiter/in noch mit einer oder mehreren Person/en im Videoraum besprechen, vergewissern Sie sich, dass alle anderen den virtuellen Raum verlassen haben.

Soziale Medien

Surfen im Internet und Nützen der sozialen Netzwerke sind beliebter denn je. Das birgt Gefahren, aber auch viele Möglichkeiten für Unternehmen. Mitarbeiter/innen dürfen sich in den meisten Unternehmen nur für berufliche Zwecke einloggen, eine beschränkte private Nutzung muss mit der Führungskraft abgesprochen sein.

SURFEN IM WEB

Achten Sie auf die Betriebsvereinbarungen, die hier genaue Regeln für das Unternehmen festsetzen, und fragen Sie nach, wenn Sie unsicher sind.

Gefahren der sozialen Netzwerke

Die Gefahr, in den Sozialen Medien (also auf Twitter, Facebook, Instagram etc.) gegen die Sicherheitsregeln eines Unternehmens zu verstoßen, ist sehr groß. Viele Mitarbeiter/innen chatten, twittern und plaudern im Rahmen ihrer Arbeit in Foren und sollten dabei bedenken, dass sie nicht als Privatperson im Netz sind. Achten Sie darauf, dass während des ungezwungenen Vernetzens nicht über Kundinnen/Kunden gelästert wird oder Produkte von Mitbewerberinnen/Mitbewerbern abgewertet oder kommentiert werden, das kann ein schlechtes Bild auf das Unternehmen werfen. Über die IP-Adressen der Computer legen die Schreibenden virtuelle Spuren, die zu den Arbeitgebern führen, und das Internet vergisst nichts!

KONTAKT

Die Motive von beruflich genutzten Netzwerken sind unter vielen anderen, dass Mitarbeiter/innen mit Kundinnen/Kunden in Kontakt treten oder sich mit Kolleginnen/Kollegen auf rasche und einfache Art und Weise austauschen können.

Stellen Sie keine privaten Kontaktanfragen an Führungskräfte und Kundinnen/Kunden. Wenn Sie aber eine Kontaktanfrage aus dem direkten beruflichen Umfeld erhalten, die Sie nicht annehmen möchten, dann schreiben Sie eine nette Nachricht mit dem Grund der Ablehnung zurück und ersuchen um Verständnis.

Kommunikation in den Sozialen Medien

Überlegen Sie kritisch, welche Netzwerke für Sie geeignet sind und entscheiden Sie, ob Sie die Plattform beruflich oder privat nützen möchten.

NETZWERKE | Vermeiden Sie eine Mischung aus beruflichen und privaten Postings sowie die Freigabe allzu vertraulicher Informationen.

Bleiben Sie authentisch und bauen Sie keine fiktive Identität auf. Nicht nur Freunde, auch potenzielle Geschäftspartner/innen und Arbeitgeber/innen recherchieren im Internet. Ihre Glaubwürdigkeit und Reputation leiden, wenn das Gesamtbild nicht stimmig ist. Verwenden Sie in allen beruflichen Netzwerken das gleiche Foto und vermeiden Sie es, innerhalb eines Netzwerkes mit zwei Profilen zu agieren, denn das stiftet Verwirrung.

Meiden Sie plumpe Vertraulichkeiten und überlegen Sie, welche Kontakte Sie über welches Netzwerk pflegen möchten. Ihre Kundinnen/Kunden sind nicht unbedingt Ihre „Freunde“ und empfinden diese Bezeichnung vielleicht als unpassend oder zu intim. Verwenden Sie individuelle Sicherheitseinstellungen sorgfältig, damit nicht ein allzu privates Bild vom letzten Urlaub ungeschützt und für jeden zugänglich ist.

Haben Sie keine Scheu davor, unerwünschte Kontaktanfragen abzulehnen. Eine taktvolle Rückmeldung, dass Sie nur persönlich bekannte Personen als Freunde bestätigen, vermeidet Missverständnisse und gehört zum guten Ton. Vorsicht ist insbesondere vor jenen geboten, die virtuelle Kontakte wie Trophäen sammeln, denn das ist Zeichen von Oberflächlichkeit und Geltungssucht.

Belästigen Sie Ihre „Freundinnen und Freunde“ nicht mit nervenden Spielen, Kettenbriefen oder Anwendungen und halten Sie sich an die Benimm-Codes. Korrekte Anrede und höflicher Abschiedsgruß gehören bei Kontaktanfragen dazu – dies steigert Ihre Chancen, akzeptiert zu werden. Reagieren Sie humorvoll und löschen Sie keine unbequemen Einträge von Ihrer Pinnwand, denn Zensuren sind den meisten Menschen suspekt – reagieren Sie humorvoll statt verbissen.

HUMOR | Entscheidend ist nicht der Eintrag, sondern Ihre Reaktion.

Um den Dialog lebendig zu halten überprüfen Sie regelmäßig Ihre Nachrichten und kommunizieren Sie mindestens einmal pro Woche mit Ihren Netzwerk-Kontakten. Überlegen Sie vor jedem Eintrag, ob er auch später noch gut für Ihre Reputation ist. Das Internet vergisst nichts!

DAUERHAFT

Stellen Sie sich die Frage: Möchte ich, dass meine Meldung auch in zwei Jahren noch gefunden und gelesen werden kann?

Achten Sie auf Ihre „innere Stimme" und löschen Sie lieber direkt impulsive Einträge, die Ihnen selbst oder anderen schaden könnten.

Lassen Sie sich keinesfalls von unangenehmen Zeitgenossen zu unüberlegten Reaktionen verleiten. Die sogenannten „Trolle" sind nicht am eigentlichen Thema interessiert, sondern wollen nur Menschen in Misskredit bringen oder Diskussionen sabotieren. Blockieren Sie diese Personen in ihrer Kontaktliste.

Aufdringliche Werbung

Aufdringliche Werbung ist tabu. Bei den sozialen Medien geht es in erster Linie um Vertrauensaufbau. Wer sofort bei einer Direktnachricht oder Kontaktanfrage mit der Tür ins Haus fällt und ein Angebot platziert, riskiert damit, bei der Plattform gemeldet oder blockiert zu werden. Erst wenn Vertrauen aufgebaut wurde, können Sie vorsichtig im sozialen Small Talk Fragen stellen, Lösungen anbieten und eventuell fragen, ob Sie Ihr Angebot übermitteln dürfen. Es ist selbstverständlich, dass Sie im geschäftlichen Kontext erst dann duzen, wenn es gemeinsam vereinbart wurde.

Nähere Details dazu im Abschnitt „Du-Wort in den sozialen Medien", Seite 68.

E-Mail-Knigge

E-Mails sind elektronische Briefe, also geschriebene und damit verbindliche Texte, die mitunter in gesprochener Sprache formuliert werden. Sie sind wichtig, weil sie einen ersten Eindruck vermitteln und vorhergehende Begegnungen aufwerten oder abwerten können. Außerdem dienen sie der geschäftlichen Informationsweitergabe. Lesen Sie in diesem Kapitel, wie man stilvoll mit ihnen umgeht.

▶ FILM AB

E-Mailknigge

www.trauner.at/E-Mailknigge.aspx

Signatur

Eine Signatur liefert dem Empfänger all Ihre wichtigen Kontaktdaten, verwenden Sie diese vor allem, wenn Sie das erste Mal auf eine E-Mail antworten. Verzögert sich Ihre Antwort – sei es durch Abwesenheit oder vorrangige dringende Aufgaben – ist es höflich, in einer kurzen E-Mail den Erhalt zu bestätigen.

Betreff

Formulieren Sie den Betreff aussagekräftig, so können die Empfänger/innen gleich entscheiden, welche Dringlichkeit die E-Mail hat. Konkretisieren Sie den Betreff, wenn Sie in mehrmaligem Austausch sind und unterschiedliche Themen vorkommen.

Persönliche Anrede

Verwenden Sie immer die gleiche persönliche Anrede wie in einem Brief und vergessen Sie auf keinen Fall akademische Titel und Funktionsbezeichnungen. Wenn Sie eine E-Mail beantworten, können Sie die Person so ansprechen, wie Sie angesprochen wurden. Auf eine Anrede kann verzichtet werden, wenn Sie der gleichen Person am selben Tag schon zum dritten oder vierten Mal schreiben.

Duzen oder siezen?

Duzen Sie in einer E-Mail nur, wenn Sie das in Schrift und Sprache auch so pflegen.

Nähere Details dazu im Abschnitt „‚Hallo‘ in Briefen und E-Mails“, Seite 55.

Sprachstil in E-Mails

Ton und Sprachstil variieren je nach Branche, in der Sie tätig sind.

SPRACHSTIL	Webdesigner/innen oder Grafiker/innen können mit ihren Geschäftspartnerinnen/-partnern meist lockerer kommunizieren als etwa Rechtsanwältinnen/-anwälte oder Unternehmensberater/innen.

Ihr Schreibstil sollte zu Ihrer Unternehmenskommunikation, Ihrer Corporate Identity und Ihren Kundinnen/Kunden passen. Bleiben Sie auf jeden Fall immer höflich.

Sollen die E-Mails lang oder kurz gehalten sein? Schreiben Sie keine Aufsätze, die schwer zu erfassen sind, sondern gut strukturierte Sätze. Absätze und Überschriften geben Ihrer E-Mail eine übersichtliche Struktur, das macht sie leichter erfassbar. Je schneller Sie auf den Punkt kommen, desto besser! Orientieren Sie sich am Schreibstil der/des Anderen: Schreiben Sie kurz und knackig, wenn Ihr Gegenüber auch so schreibt.

Rechtschreibung

Wir sind es nicht gewohnt, Texte ausschließlich in Klein- oder Großbuchstaben zu lesen, weil dies leseunfreundlich ist. Verfassen Sie Ihre E-Mails daher in normaler Rechtschreibung und überprüfen Sie den Text noch einmal vor dem Versenden.

Abkürzungen

Nehmen Sie sich Zeit, Wörter auszuschreiben, weil Sie sonst den Eindruck erwecken, die Nachricht ist nicht wichtig genug. Die Abkürzungen: „SgDuH" („Sehr geehrte Damen und Herren"), „Mfg" („Mit freundlichen Grüßen") und „lg" („Liebe Grüße") streichen Sie bitte aus Ihrem E-Mail-Verkehr. Schreiben Sie immer Ihren Vornamen aus, damit die Empfänger/innen wissen, ob Sie eine Frau oder ein Mann sind.

Abschließender Gruß

Wie die Anrede, so gehört auch ein Gruß als Abschluss zu einer höflichen E-Mail dazu. Nehmen Sie sich Zeit für etwas Persönliches und vermeiden Sie allgemeine Formulierungen wie „Hochachtungsvoll" – das wird heute nicht mehr verwendet. Halten Sie sich an die Vorgaben Ihres Unternehmens und der Branche.

Smileys

In privaten E-Mails können diese sehr witzig sein, im beruflichen Bereich ist davon abzuraten, außer die Geschäftsbeziehung /Kollegenbeziehung ist sehr vertraut.

E-Mail an mehrere Empfänger/innen

Wählen Sie Ihre Verteiler sehr genau aus. Nicht jede/r möchte mit E-Mail-Informationen „zugemüllt" werden, nur weil es so herrlich bequem ist, Mails gleich weiterzuleiten oder möglichst viele Personen zu informieren, die es vielleicht gar nicht betrifft. Zudem fühlen sich die eigentlichen Empfänger/innen möglicherweise dadurch unter Druck gesetzt.

E-Mail weiterleiten

Wenn Sie E-Mails weiterleiten, entfernen Sie unnötigen vorherigen E-Mailverkehr, wenn er nicht zum Thema passt. Fassen Sie eventuell den vorhergehenden Text kurz zusammen und ändern den Betreff entsprechend.

Dringende Antwort und Verzögerung

Nur wenn Sie dringend eine Antwort brauchen, dann können Sie im Betreff „dringend" dazuschreiben. Erwarten Sie aber nicht, dass Ihre E-Mail sofort beantwortet wird. Die Antwort richtet sich immer nach der Wichtigkeit der E-Mails.

HÖFLICHKEIT	Unnötigen Druck zu machen ist nicht empfehlenswert. Dies kann Ihr Gegenüber verärgern.

Verzögert sich Ihre Antwort, aus welchem Grund auch immer, dann ist es höflich, eine kurze E-Mail zu schreiben und dies mitzuteilen.

Anhang

Versenden Sie einen großen Anhang nur dann, wenn die Empfänger/innen diesen auch brauchen und wenn Sie dies ausgemacht haben. Immer wieder verstopfen große Dateien die E-Mail-Accounts. Sehr große Dateien können auch bei diversen Anbietern ganz einfach hochgeladen und versendet werden. Die Empfänger erhalten dann einen Downloadlink zugeschickt.

Tabu im E-Mail-Verkehr

Verfassen Sie kein Kondolenzschreiben per E-Mail, das ist ein absolutes Tabu. Hier ist nach wie vor ein handgeschriebener Brief oder eine Kondolenzkarte angebracht.

„Bitte", „Danke" und „Verzeihung"

Höflichkeit ist das neue Gold der Beziehungen, Menschen sehnen sich nach einem respektvollen Umgang. Eine korrekte Höflichkeit mit Herz, begleitet von einem Lächeln, hinterlässt immer einen angenehmen Eindruck, damit sind keineswegs hohle Freundlichkeit, Heuchelei oder verlogenes Getue gemeint. Die Worte „Bitte", „Danke" und „Verzeihung" sollten Ihnen daher immer in Verbindung mit einem Lächeln über die Lippen kommen.

„Bitte" und „Danke"

„Bitte" oder „Bitte sehr" sagt man, wenn man jemandem etwas überreicht, die Tür aufhält oder etwas erbittet oder erfragt: „Kann ich zahlen, bitte?"

„BITTE" | Es sollte keine Unterwerfungsgeste sein, sondern wie selbstverständlich wirken.

Wenn man jemandem einen Gefallen getan hat und sie/er bedankt sich dafür, dann sagt man darauf: „Bitte, gern geschehen." Wenn man generell etwas angeboten bekommt, antwortet man mit „Ja, bitte".

„Danke" oder „Vielen Dank" antwortet man, wenn einem etwas überreicht wird, man eine Auskunft erhält oder die Tür aufgehalten bekommt. Wird ein Angebot abgelehnt, antwortet man mit „Nein, danke".

Es ist erwiesen, dass unhöflicher Umgang unter den Mitarbeiterinnen/Mitarbeitern und Kundinnen/Kunden ein schlechtes Bild auf das Unternehmen wirft. Daher sollten Sie als Führungskraft besonders darauf achten, dass die einfachsten Benimm-Codes in Ihrem Haus gelebt werden.

„Verzeihung" und „Entschuldigung"

Wenn Ihnen etwas passiert ist oder Sie etwas falsch gemacht haben, können Sie um „Verzeihung" bitten, um es wieder zurechtzurücken. Dabei wird das Bedauern kaum zurückgewiesen, das wäre eine grobe Kränkung. Gibt es keine Möglichkeit, sich sofort zu entschuldigen oder ist es im Moment unpassend, so rufen Sie an oder schicken eine kurz gefasste schriftliche Entschuldigung, eventuell mit einer kleinen Aufmerksamkeit.

SOFORT | Je rascher und persönlicher eine Entschuldigung passiert, desto wirkungsvoller ist sie.

Beim nächsten Treffen ist das Problem dann aus dem Weg geräumt und Sie sind entlastet.

Treten Sie jemandem auf den Fuß oder rempeln Sie jemanden an, sagen Sie „Verzeihung“ oder „Entschuldigung“.

Wenn Sie Ihren Weg in einer nicht vertrauten Umgebung suchen, leiten Sie Ihre Frage wie folgt ein: „Verzeihung/Entschuldigung, können Sie mir …“

Um sich Gehör zu verschaffen, beginnt man mit: „Entschuldigen Sie, bitte …“ Unterbrechen Sie jemanden, sagen Sie auch: „Verzeihen/Entschuldigen Sie!“ bzw. „Verzeihung!“, „Entschuldigung!“ oder „Verzeihung/Entschuldigung, darf ich Sie kurz unterbrechen?“

Niesen

Früher hat man die linke Hand vorgehalten, heute wird in die Armbeuge geniest – beides ist möglich. In Pandemie- und Grippe-Zeiten wird aus Hygienegründen zweiteres empfohlen. Es sollte auf jeden Fall so dezent wie möglich sein und gleich ein Taschentuch bei der Hand sein. Die/Der Niesende dreht sich zur Seite, sagt kurz „Entschuldigung“ und niest – niemand entgegnet etwas. Dies würde nur die Kommunikation unterbrechen und den Fokus auf das Niesen legen.

Eine alte Benimmregel fordert, dass man daraufhin immer und überall „Gesundheit“ wünscht. Dem ist nicht ganz so. Geschäftlich gilt dies als zu familiär, es ist offiziell nicht angebracht. Unter Umständen wäre es eine Möglichkeit, zu sagen: „Wie ich höre, sind Sie erkältet, ich wünsche Ihnen gute Besserung!“ Es gibt noch viele, die es als unhöflich empfinden, wenn man nicht „Gesundheit“ sagt, halten Sie es daher so, wie es bei Ihnen üblich ist.

PRIVAT | Im Privaten ist „Gesundheit!“ immer erlaubt.

Wenn Sie stark erkältet sind und Ihnen eine Begrüßung mit Handschlag nicht hygienisch erscheint, können Sie sagen: „Entschuldigung, ich bin erkältet, darf ich heute auf den Händedruck verzichten? Bitte um Ihr Verständnis.“ Mit einem erklärenden Satz gibt es keine Missverständnisse.

So punkten Sie

- Mit der linken Hand wird vorgehalten – die rechte reicht man ja zum Begrüßen.
- Zu lautes Niesen wirkt unhöflich.
- Halten Sie sich keinesfalls die Nase zu.
- Haben Sie immer ein Taschentuch bereit und drehen Sie sich beim Naseputzen zu der Seite, wo niemand sitzt. Sind beide Seiten besetzt, drehen Sie sich ganz nach außen.

Glückwünsche

FREUDE MACHEN

Ziel ist es, den Jubilarinnen/Jubilaren, den Geburtstagskindern, den Ausgezeichneten oder den Geehrten eine Freude zu machen und die Beziehung zu pflegen.

So punkten Sie

Überbringen Sie Glückwünsche lieber persönlich als schriftlich, lieber per Hand geschrieben als per E-Mail. Handschriftliche Glückwünsche mit einer besonderen Karte kommen immer gut an.

Der Glückwunschtext sollte nicht zu lange sein, zu kurz und knapp wirkt aber wie Pflichterfüllung. Ein paar persönliche Worte zum Anlass genügen und freuen die adressierte Person bestimmt.

Betonen Sie Gemeinsamkeiten oder bisherige Erfolge Ihrer Zusammenarbeit und vermeiden Sie, über Negatives oder vorhergegangene Probleme zu schreiben. Auch Mitarbeiter/innen freuen sich über Ihre Gratulation zum Geburtstag, zur bestandenen Prüfung etc. Ihre Glückwunschkarte enthält Anrede, Hauptteil, Schluss.

Digitale Glückwünsche

Was früher als unhöflich galt, ist heute gang und gäbe: digitale Glückwünsche als Direktnachricht zu übermitteln oder in den sozialen Medien zu posten. Der Kreativität sind keine Grenzen gesetzt und oftmals scheint die Anzahl der Gratulantinnen/Gratulanten Zeichen für einen großen Freundeskreis zu sein. Es empfiehlt sich, nicht inflationär jeder/jedem in den sozialen Netzwerken zu gratulieren, sondern ausgesuchte Kontakte zu wählen.

WÜNSCHE

Wem öffentliche Geburtstagswünsche unangenehm sind, kann in den sozialen Medien die Anzeige des eigenen Geburtstages verbergen.

Glückwünsche an Kundinnen und Kunden

Darüber freuen sich Ihre Kundinnen/Kunden mit Sicherheit, aber nur, wenn die Glückwünsche handschriftlich verfasst sind. Ein Satz zum letzten Urlaub oder zum Besuch in Ihrem Unternehmen wirkt sehr verbindend. Zum Schluss schreibt man, dass man sich freut, sie wieder im Haus begrüßen zu dürfen.

Kondolieren

Mit dem Tod befassen wir uns alle nur sehr ungern. Wenn wir die Todesnachricht eines Bekannten von einem Angehörigen des Verstorbenen erhalten, trifft sie uns meist völlig unvorbereitet, wir müssen aber rasch reagieren. Besonders in dieser Situation hat man Angst, nicht die richtigen Worte zu finden. Wenn Sie die Nachricht durch andere oder eine Todesanzeige erhalten, haben Sie mehr Zeit, sich zu fassen.

Wenn Sie zum Verstorbenen selbst ein enges oder gutes Verhältnis hatten, verstehen die Angehörigen auch einen stillen Händedruck. Andernfalls drücken Sie Ihr Beileid mit eigenen Worten aus. Sie können auch gerne über Ihre Beziehung zum Verstorbenen sprechen. Aufmunterndes wie „Zeit heilt alle Wunden" oder „Kopf hoch!" – das möchten Trauernde nicht hören. Dafür haben sie in ihrer Situation kein Verständnis.

Sehen Sie von direkten Telefonanrufen ab. Trauernde sind in dieser Phase nicht in Stimmung, auch noch zu telefonieren. Die schriftliche Beileidsbekundung kann mit einer Trauerkarte ausgedrückt werden. Damit vermitteln Sie, dass Sie ebenfalls sehr betroffen sind. Ein handgeschriebener Brief ist ebenso möglich, sollten Sie keine passende Karte parat haben. Verwenden Sie weder Geschäftspapier noch Briefpapier mit schwarzem Rand, denn dieser ist nur den Trauernden vorbehalten. Kondolenzschreiben per E-Mail sind unangebracht, weil sie nicht handschriftlich verfasst sind.

„WAS SCHREIBEN?"

Die Bestandteile eines Kondolenzschreibens sind die Anrede, Ihr Ausdruck der Betroffenheit und Ihre Anteilnahme, gute Wünsche für Kraft und Hoffnung und Ihre Unterschrift.

Mittlerweile werden Partezettel, also Todesanzeigen eines Verstorbenen, auch per E-Mail versendet, um rasch die Nachricht zu übermitteln. Diese sollten aber handschriftlich und persönlich beantwortet werden.

So punkten Sie

Zu einem Kondolenzschreiben können Sie noch hinzufügen:

- Ein Zitat, das zu den Hinterbliebenen passt
- Wie Sie vom Tod erfahren haben
- Erinnerungen und Erlebnisse mit dem Verstorbenen
- Wertschätzung dem Verstorbenen gegenüber

Sprache ist Macht

Sprache ist die Kleidung der Gedanken – Gespräche werden nur dann erfolgreich verlaufen, wenn eine positive Grundstimmung und Einstellung dem anderen gegenüber vorherrscht. Da unsere Worte die Stimmungen der Gesprächspartnerin/des Gesprächspartners stark beeinflussen, ist es wichtig, Aussagen positiv zu formulieren. Freuen Sie sich auf die/den anderen, das schafft grundsätzlich ein gutes Gesprächsklima.

Sprache ist Macht. Menschen, die sich gut artikulieren können, eine wohlklingende Stimme und einen umfassenden Wortschatz haben, faszinieren. Sie werden wohlwollender aufgenommen als unverständlich in sich hineinmurmelnde Redemuffel. Sprache ist mehr als ein Instrument und Kommunikationsmittel. Sie beeinflusst unser Denken und schafft Wirklichkeiten.

So punkten Sie

- Sprechen Sie laut, deutlich und gut verständlich.
- Überlegen Sie, bevor Sie sprechen.
- Verändern Sie Ihr Sprechtempo und setzen Sie Pausen, auch wenn es Ihnen vielleicht schwer fällt.
- Atmen Sie aus, bevor Sie zu sprechen beginnen, und lassen Sie sich Zeit.
- Reden Sie lieber langsamer als zu schnell.

Dialekt, Umgangssprache und Hochsprache

Dialekt ist ein wichtiges Kulturgut, das wir pflegen sollten – jedoch alles zu seiner Zeit. In Österreich und vielen Teilen Deutschlands, der Schweiz und in Südtirol sprechen wir keine Hochsprache, sondern, wenn sie gepflegt ist, gehobene Umgangssprache. Das sollte auch der Sprachstil in Ihrem Berufsleben sein. Hochsprache klingt bei ungeübten Sprechern meist aufgesetzt, holprig und künstlich. Da es aber wichtig ist, dass Sie in Sprache und Ausdruck authentisch bleiben, kultivieren Sie lieber Ihre Umgangssprache. So fühlen Sie sich wohl. In Ihrem privaten Umfeld werden Sie Dialekt sprechen, damit zeigen Sie Ihre Herkunft und Verbundenheit – ein Code unter denen, die miteinander aufgewachsen sind oder schon lange dort leben.

So punkten Sie

- Wenn Sie gehobene Umgangssprache üben wollen, so sind gute Freundinnen/Freunde oder Familienmitglieder, die Sie immer wieder daran erinnern, wenn Sie in den alten sprachlichen Schlendrian zurückfallen, sehr hilfreich.
- Wenn Sie vorwiegend Dialekt sprechen, aber in die gehobene Umgangssprache wechseln, sollten Sie langsamer reden, um überlegter die Worte zu formen.
- Sie können auch Rhetorik- und Sprachschulungen besuchen oder zwischendurch die Zeitung laut lesen. Achten Sie dabei besonders auf Ihre Artikulation.

Spitznamen und Koseworte

Spitznamen sagen eine ganze Menge aus und senden viele Informationen über die Person, stammen oftmals aus Kindertagen oder werden bewusst im Freundeskreis vergeben. Sie können eine abwertende Bezeichnung von Charakterzügen oder Verhaltensweisen widerspiegeln und so manche möchten sie am liebsten wieder loswerden. Im Freundeskreis entstehen Spitznamen zumeist aus gegenseitiger Neckerei oder dem Wunsch einer Gruppenzugehörigkeit. Die Bezeichnungen können äußerst positiv (z. B. „der Problemlöser" oder „die gute Seele") sein, sollen aber trotzdem nicht verniedlichen.

Negative Beinamen am Arbeitsplatz können problematisch werden, besonders, wenn sie hinter dem Rücken der Betroffenen gebraucht werden und somit den Ruf schädigen. Wer gemeine Spitznamen verwendet, mobbt. Beteiligen Sie sich an diesen „Spielchen" nicht, wenn Sie wissen, dass die/der so Bezeichnete ein Problem mit Spitznamen hat.

Was im Privaten gern verwendete Kosenamen und Zeichen der Vertraulichkeit sind, sollte in der Öffentlichkeit mit Vorbehalt verwendet werden: „Schatzi", „Putzi", „Bärli" und andere Bezeichnungen sind wohlüberlegt und mit Achtsamkeit nur dort zu verwenden, wo es im Privaten passt. Bei offiziellen Anlässen sollten Paare vorab klären, dass sie sich in Gesellschaft nicht mit Kosenamen ansprechen. Manchmal kann man in diesen „Koseworten" auch unterschwellige Machtspiele zwischen Partnern erkennen und nicht jeder ist darüber glücklich.

Sprüche-Codes und Modeworte

Was früher nur heranwachsenden Jugendlichen zugestanden wurde, vermischt sich heute in fast allen Generationen: Mobile Kommunikation, Internationalität und die Privatisierung der Radio- und Fernsehlandschaft tragen zu einer Sprache bei, die trendig klingt, aber nicht unbedingt geschäftstauglich ist. Ausdrücke wie „abgefahrenes Zeug", „cooles Outfit", „Yolo", „bashen", „geflasht", „geile Klamotten", „chillen" und dergleichen sollten Jugendlichen in der Freizeit vorbehalten bleiben. Erwachsene, die sich dieser Sprache bedienen, werden nicht nur von der jungen Generation belächelt, sondern auch im Geschäftsleben nicht ernst genommen. Oder fühlen Sie sich von einer Verkäuferin/einem Verkäufer gut beraten, wenn sie/er von der „supergeilen, megamäßig tollen Soundmaschine" vorschwärmt und Sie eigentlich nur ein kleines Radio brauchen? Stilvolles Auftreten im Geschäftsleben hat nichts mit Modeausdrücken, jugendlichen Sagern und coolen Sprüchen zu tun.

„Der Kunde ist Partner"

Der erste Eindruck eines Unternehmens wie auch der richtige Umgang mit Kundinnen/Kunden entscheidet oft, wie schnell Sympathien und Vertrauen gewonnen werden können. Ist man vom Empfang im Unternehmen und von der Kompetenz ihrer/seiner Gesprächspartner/innen erst einmal begeistert, so bringt das dem Unternehmen einen großen Vertrauensbonus.

Ein professioneller Kundenempfang erleichtert zum einen die Aufnahme und Pflege persönlicher Kontakte, zum anderen verbessert er die Voraussetzungen für die Abwicklung wichtiger geschäftlicher Transaktionen. Daher muss es oberste Priorität sein, ihn besonders kundenorientiert zu gestalten. Sie als Berater/in sind nicht nur Imageträger/in des Unternehmens, Sie sind Teil des Erfolgs. Der Kunde war früher „König", jetzt ist er Partner!

Kundenbeziehung in Pandemiezeiten

Zahlreiche Unternehmen empfangen in Pandemiezeiten keine Betriebsfremden und beschränken sich auf die nötigsten Besuche, um Mitarbeiter/innen und Kundinnen/Kunden nicht unnötig zu gefährden. Die Kontakte finden fast ausschließlich per Telefon und Online-Meetings statt. Besprechungen ersetzen nie ein persönliches Gespräch mit Kundinnen/Kunden, jedoch in Zeiten wie diesen muss auf die Sicherheit jedes Einzelnen geachtet werden. Wer online in Kontakt ist, sollte besonders achtsam sein und professionell auftreten, um andere nicht vor den Kopf zu stoßen. Im persönlichen Gespräch zu überzeugen ist einfacher, weil Körpersprache, Mimik und Gestik viel einfacher zu lesen sind als im Online-Gespräch. Das benötigt viel Übung und Achtsamkeit. Sind Kundinnen/Kunden zu Besuch, gelten die gleichen Pandemieregeln wie überall: Abstand halten, Mund-Nasen-Schutz tragen und alle gesetzlich vorgeschriebenen Maßnahmen treffen.

Kundinnen/Kunden kommen ins Unternehmen

Kundinnen/Kunden, die ins Unternehmen kommen, werden von allen gegrüßt, die ihnen begegnen, und sofort nach ihrem Anliegen gefragt, sollten sie sich suchend umsehen. Vermitteln Sie allen Kundinnen/Kunden das Gefühl, gern gesehene Gäste zu sein. Wenn sie verspätet ankommen, so nehmen Sie deren Entschuldigung an und kommentieren Sie es nicht negativ.

Muss eine Kundin/ein Kunde am Empfang warten, ist das in der Regel kein Problem für sie/ihn, wenn es nicht allzu lange dauert. Signalisieren Sie mit einem Kopfnicken und mit den Augen, wenn Sie nicht gleich reagieren können: „Ich habe Sie gesehen." Jede/r versteht, dass man manchmal warten muss.

So punkten Sie

Hier ein paar Kniffe, um das Warten so angenehm wie möglich zu gestalten:

- Wenn Sie ein anderes Gespräch haben, unterbrechen Sie dieses mit einer kleinen Entschuldigung, wenden sich der Besucherin/dem Besucher zu, grüßen oder begrüßen Sie sie/ihn und bitten Sie um Geduld.
- Immer wieder kurz Kontakt aufnehmen, während die Kundin/der Kunde wartet, ohne die eigene Arbeit zu vernachlässigen. Mitarbeiter/innen müssen den Wartenden nicht die Zeit vertreiben.
- Wer Zeit für einen kleinen Small Talk hat, sollte dies auch tun. Das stärkt die Kundenbeziehung.
- Sollte die Wartezeit doch länger dauern, eventuell eine Erfrischung und eine Tageszeitung oder ein Magazin bereitstellen.

Wartet die Kundin/der Kunde in einem kleinen Unternehmen, kann am Empfang gefragt werden: „Darf ich Ihnen den Mantel abnehmen?" Wenn sie/er Ihnen daraufhin den Rücken zudreht, helfen Sie ihr/ihm aus dem Mantel und nehmen Sie ihn ab, sonst nicht. Manche Kundinnen/Kunden möchten lieber selbst aus dem Mantel schlüpfen, dann empfinden Sie das nicht als Zurückweisung. In großen Unternehmen wird erst im betreffenden Büro/Meetingraum wegen des Mantels gefragt.

Kundinnen/Kunden abholen

Wenn Sie Ihre Kundin/Ihren Kunden abholen, gehen Sie neben ihr/ihm oder einen Schritt voran. Passieren Sie Gefahrenzonen (z. B. Produktionshallen etc.), gehen Sie voran und erläutern Ihr Verhalten: „Ich darf vorgehen." Halten Sie Ihrem Gast die Tür auf, lassen Sie ihn zuerst hindurchschreiten. Kein Gast berührt die Türklinken selbst, während Sie ihn begleiten.

Gehen Sie eine Treppe hinauf, haben Sie den Vortritt mit folgenden Worten: „Darf ich vorgehen?" Die Treppe hinunter gehen Sie auch vor. Sollte Ihr Gast stürzen, könnten Sie ihn stützen und auffangen.

Benimm-Code

Im Unternehmen ist die Regel außer Kraft gesetzt, dass die Frau als Erste die Treppe hinaufgeht. Außer sie geht als gleichgestellte Kollegin mit Kolleginnen/Kollegen die Treppe hoch. Sind Kundinnen/Kunden oder Firmenfremde im Haus, gehen immer die Gastgeber, beispielsweise Firmenchefs, Führungskraft oder Mitarbeiter/in, als Erste/r die Treppe hinauf.

Platz anbieten

FILM AB

Wo setzt man sich hin bei einer Besprechung zu zweit?

www.trauner.at/Sitzordnungzuzweit.aspx

Entweder bieten Sie dem Gast mit einer Handbewegung einen bestimmten Platz an oder Sie lassen ihn frei wählen, denn der Sitzplatz hat Einfluss auf ihre Kommunikation. Darf der Kunde frei wählen, können Sie sagen: „Bei uns gibt es keine Sitzordnung, Sie können sich dorthin setzen, wo Sie sich am wohlsten fühlen."

Haben Sie Ihren Stammplatz im Besprechungsraum, so legen Sie entweder im Vorfeld Ihre Unterlagen auf diesem Platz ab oder Sie gehen sofort zu Ihrem Platz und zeigen dann mit einer Handbewegung dorthin, wo die Kundin/der Kunde sich hinsetzen soll. Achten Sie aber darauf, dass diese/r nicht mit dem Rücken zur Tür sitzt. Im Feng-Shui sagt man, dass eine Tür im Rücken Unbehagen beim Sitzenden auslöst.

Wird die Kundin/der Kunde von der Assistenz ins Besprechungszimmer geführt, werden ihr/ihm ein Platz und ein Getränk angeboten. Die Assistenz darf sich wieder entfernen, die Gäste müssen nicht unterhalten werden. Verzögert sich der Besprechungspartner, schaut man aber ab und zu nach.

Bewirtung

Entweder man bewirtet als Gastgeber/in selbst die Gäste und stellt im Besprechungsraum alles bereit oder es wird bewirtet. Die Bewirtung hängt von Anlass und Zeitdauer des Kundenempfangs ab. Oft stehen schon Getränke und Gläser am Tisch. Wichtig ist, dass in einem

Besprechungsraum aufgeräumt ist, der Tisch und die Gläser sauber sind. Wenn Sie als Assistenz die Erfrischung servieren, brauchen Sie nicht anzuklopfen, außer es ist anders vereinbart, und machen Sie das so unauffällig wie möglich. Ob Sie in die Runde grüßen, hängt davon ab, wie intensiv die Besprechung läuft und Ihre Beziehung zur Gesprächsrunde ist. Ein Gruß würde stören, wenn Sie mitten in eine heiße Diskussion platzen. Es kann sogar vorkommen, dass Sie sich mit den Erfrischungen vor der Türe gedulden müssen.

Das Wasserglas wird auf einen Papieruntersetzer oder auf ein kleines, feines Tablett gestellt. Servieren Sie Kaffee mit verschiedenen Zuckersorten, Milch oder Sahne und Wasser, bieten Sie eventuell auch Tee an. Seien Sie bei der Auswahl der heißen Getränke darauf bedacht, dass Ihre Gäste gerne geschmackvollen Kaffee und Tee schätzen.

Bei mehreren Gästen halten Sie mehrere Zuckerdosen und Sahnekännchen bereit. Auf jeden Fall sollten Sie Mineralwasser mit und ohne Kohlensäure anbieten oder einen Krug Leitungswasser bereitstellen. Die Gäste oder Kunden werden zuerst bedient, zum Schluss die Gastgeberin/der Gastgeber. Verwenden Sie kein abgeschlagenes Geschirr oder Pappbecher. Für Süßes oder pikantes Kleingebäck halten Sie kleine Servietten bereit.

Die/Der Vorgesetzte bestimmt, wann serviert wird, und diese Aufgabe übernimmt die Assistenz möglichst geräuschlos eventuell mit einem Servierwagen.

GEWUSST WIE

Das Geschirr wird von rechts serviert, wenn dafür genügend Platz ist.

So punkten Sie

Bei Brötchen mit Speck oder Lachs aufpassen – sie können nicht sehr gut gebissen werden und stilvolles Essen wird schwierig.

Small Talk und die Besprechung

Jedes Kundengespräch startet mit einem kurzen oder längeren Small Talk, je nach Zeitbudget und ob noch auf jemanden gewartet wird. Bei sehr kurzen Meetings wird auf diesen persönlichen Austausch verzichtet, weil nicht genug Zeit dafür ist.

Nach dem eigentlichen Besprechungsthema beenden Sie die Sitzung wieder mit ein paar persönlichen Worten und Small Talk.

Nähere Details dazu im Kapitel „Small Talk“, Seite 76.

Verabschiedung

Die Verabschiedung hat die gleiche Bedeutung wie die Begrüßung. Der letzte Eindruck wird gespeichert und hinterlässt Gefühle. Begleiten Sie Ihre Kundinnen/Kunden zu Tür, Aufzug, Ausgang, Auto, Bahnhof oder veranlassen Sie eine Begleitung. Niemals sollten Sie Kundinnen/Kunden am Schreibtisch verabschieden.

WERTSCHÄTZUNG

Je weiter Sie mitgehen, umso mehr fühlt sich die Kundin/der Kunde wertgeschätzt.

Tabus beim Kundenempfang

Folgende Situationen sind tabu:

- Der Firmenempfang ist nicht besetzt.
- Die Kundin/Der Kunde wird übersehen.
- Die Kundin/Der Kunde muss sich durchfragen.
- Längeres Warten ohne Betreuung.
- Die Kundin/Der Kunde wird ohne Anweisung ins Firmengebäude geschickt. Wenn Kundinnen/Kunden nicht begleitet werden, müssen sie genaue Anweisung haben, wo ihre Ansprechperson zu finden ist.
- Die Kundin/Der Kunde wird als „Ihr/dein Termin“ beim zuständigen Mitarbeiter angekündigt.

- Büros sind unaufgeräumt.
- Benützte Kaffeetassen und Gläser vom vorhergehenden Termin stehen noch auf dem Tisch.
- Offene Unterlagen von anderen Kundinnen/Kunden liegen auf dem Tisch.
- Wenn sich die Kundin/der Kunde die Hände waschen möchte, gehört es sich nicht, vor der Toilettentüre stehen zu bleiben, stattdessen vereinbaren Sie einen Ort, wo sie/er abgeholt wird.
- Privatgespräche am Telefon oder mit Kolleginnen/Kollegen.
- Die Kundin/Der Kunde muss bei unangenehmen Telefonaten mithören.

Als Kundin/Kunde im Unternehmen

Unabhängig davon, ob Sie Neukunde oder Stammkundin sind führen Zuverlässigkeit und Höflichkeit zur Zufriedenheit. Wer mit Respekt behandelt werden möchte, muss auch dem anderen respektvoll und höflich begegnen. Das ist die beste Basis für eine gute und langfristige Kundenbeziehung.

In manchen Unternehmen ist Ihr Umgang als Gast mit Mitarbeiterinnen/Mitarbeitern des Hauses ein wichtiger Gradmesser über Ihre Social Skills und wird sogar abgefragt. Das gilt es vor allem bei Bewerbungsgesprächen zu bedenken.

Passende Kleidung

Achten Sie darauf, richtig gekleidet zu sein, denn der erste Eindruck ist entscheidend, wenn Sie jemandem gegenübertreten. Informieren Sie sich vorab über das Unternehmen, welcher Dresscode dort gepflegt wird und wer Ihre Gesprächspartner/innen sind. Sollte Ihr Termin in der Produktionsabteilung stattfinden, werden Sie nicht den dunklen Anzug, sondern eventuell eine Kombination ohne Krawatte bzw. Rock oder Hose mit Blazer und nicht das strenge Business-Outfit wählen. Handelt es sich hingegen um einen Termin in einer Bank, wird die Kleidung viel formeller sein. Eine ausdrucksstarke Stimme, ein kräftiger Händedruck und ein fester Blick in die Augen sorgen dafür, dass das Gegenüber einen guten Eindruck von Ihnen gewinnt.

➔ *Nähere Details dazu im Kapitel „Dresscode“, Seite 243.*

Pünktlichkeit

Pünktlichkeit versteht sich von selbst. Kommen Sie nie viel zu früh, sondern etwa fünf bis zehn Minuten vor dem Termin, so können Sie sich vorher noch die Hände waschen und ein wenig entspannen. Sollten Sie nervös oder gestresst hereinhasten, versuchen Sie vorher noch, sich zu sammeln und denken Sie darüber nach, wie Sie das Gespräch locker beginnen können. Eine halbe Stunde vor dem Termin zu erscheinen ist zu früh und macht keinen guten Eindruck. Außerdem werden Sie warten müssen, entweder weil Ihr Gegenüber vorher noch einen Termin hat, sich vorbereiten muss oder weil sie/er zeigen möchte, dass sie/er die Zeit bestimmt und nicht Sie.

Nähere Details dazu im Kapitel „Pünktlichkeit", Seite 14.

So punkten Sie

Wer sich verspätet, informiert seine Gesprächspartnerin/seinen Gesprächspartner so früh wie möglich telefonisch und nicht erst fünf Minuten vor dem Termin.

Ankunft im Unternehmen

Sollten Sie vorher eine Zigarette geraucht oder noch einen Kaffee getrunken haben, dann helfen Mintbonbons, einen frischen Atem zu bekommen, Raucher/innen gehen sich zuerst noch die Hände waschen.

Sie kommen an, grüßen, teilen der Person am Empfang Ihren Namen und das Unternehmen mit, fragen höflich nach Ihrem Kontakt und können eventuell Ihre Visitenkarte vorlegen. Vielleicht wird Ihnen hier schon angeboten, den Mantel abzulegen, spätestens im Büro oder Besprechungsraum können Sie Ihre Überbekleidung ablegen.

Wenn Sie vom Empfang aus telefonisch avisiert werden, kann es zu einer kleinen Wartezeit kommen. Sollte Ihnen ein Getränk angeboten werden, können Sie dieses annehmen, lassen es aber später stehen und nehmen es nicht mit in das Besprechungszimmer. Wird Ihnen eine längere Wartezeit angekündigt, können Sie kurz den angewiesenen Platz einnehmen, stehen aber rechtzeitig auf, um Ihre Gesprächspartnerin/Ihren Gesprächspartner auf Augenhöhe zu begrüßen.

Benimm-Codes

- Wenn Sie den Weg kennen, so gehen Sie alleine zum Büro oder ins Besprechungszimmer, während Sie der Empfang anmeldet.
- Werden Sie am Empfang abgeholt, so werden Sie mit Handschlag begrüßt.
- Sollten Sie in Begleitung sein, stellen Sie diese Person sofort vor.
- Als Gast erhalten Sie den Vortritt in den Aufzug.
- Es wird Ihnen die Tür ins Büro geöffnet und dann ein Platz angeboten.
- Beim Betreten eines Büros grüßen Sie die Anwesenden mit einem allgemeinen Gruß ohne Handschlag.

DEN WEG ZEIGEN

Eine gute Gastgeberin/Ein guter Gastgeber wird Ihnen mit einer Handbewegung den Weg zeigen oder mit Ihnen mitgehen und sagen: „Darf ich bitte vorgehen?“

Warten im Besprechungsraum oder im Büro

Sie werden von einer Mitarbeiterin/einem Mitarbeiter ins Besprechungszimmer geführt, dort wird Ihnen ein Platz angeboten und Sie werden gefragt, ob Sie etwas trinken möchten.

Bleiben Sie besser stehen, denn das Anbieten eines Platzes ist Aufgabe Ihrer Gastgeberin/Ihres Gastgebers. Außerdem wissen Sie nicht, welchen Stammplatz Ihre Gesprächspartnerin/Ihr Gesprächspartner hat – meist ist es der Platz mit Sicht zur Tür. Ausgerechnet diesen Platz wählen Kundinnen/Kunden gerne aus, weil Sie die anderen beim Betreten erblicken wollen. Während des Wartens stehen Sie so, dass Sie nicht hinter der Tür verschwinden, wenn diese aufgeht.

Benimm-Code

Vorsicht bei Bürobesuchen: Werden Sie gebeten, im Büro Platz zu nehmen, ohne dass Ihre Gesprächspartnerin/Ihr Gesprächspartner im Raum ist, nehmen Sie dieses Angebot nicht an, sondern schlagen vor, lieber draußen in der Wartezone zu warten.

Etwas trinken

Kommt Ihr/e Gesprächspartner/in sofort in den Besprechungsraum, können Sie vorab schon Ihre Getränkeauswahl kundtun. Andernfalls ersuchen Sie eventuell um ein Glas Wasser und schlagen vor, dass Sie mit dem gewünschten Getränk auf Ihre Gesprächspartnerin/Ihren Gesprächspartner warten möchten, um dieses gemeinsam mit ihr/ihm zu trinken: „Bringen Sie mir den Kaffee, wenn Herr/Frau … hier ist." Der gemeinsame Kaffee ermöglicht ein paar Worte Small Talk, bevor Sie ins Geschäft einsteigen.

HÖFLICHKEIT

„Was möchten Sie trinken?" ist eine Form der Gastfreundschaft und Sie sollten sich für ein Getränk entscheiden, ob Sie nun durstig sind oder nicht.

Sie wählen aus dem Angebot, das Ihnen gemacht wird – Sonderwünsche sind fehl am Platz.

Platz nehmen

▶ FILM AB

Wo setzt man sich hin bei einer Besprechung zu zweit?

www.trauner.at/Sitzordnungzuzweit.aspx

Wenn Ihre Gesprächspartnerin/Ihr Gesprächspartner kommt und Ihnen mit der Bemerkung „Bitte nehmen Sie Platz" keinen Stuhl zuweist, so fragen Sie: „Wo sitzen Sie?" Meist kommt die Antwort: „Ich sitze da." – „Gut, dann setze ich mich hier hin", wäre Ihre Antwort. Oder es kommt: „Ich habe keinen Stammplatz, nehmen Sie Platz, wo immer Sie möchten", dann antworten Sie: „Gerne, dann setze ich mich am besten hierhin." Gute Gastgeber/innen zeigen mit einer Handbewegung gleich auf den Platz, wo Sie sitzen sollten.

WARTEN

Wird Ihnen kein Platz angeboten, bleiben Sie einfach stehen und warten – das verlangt die Höflichkeit.

Die meisten Gastgeber/innen bemerken ihre Unaufmerksamkeit dann gleich, entschuldigen sich und bieten Ihnen einen Platz an.

Wenn es sich um Sitzungen handelt, wo die/der Ranghöchste erst kurz vor Beginn erscheint und alle Teilnehmer/innen schon vorher anwesend sind, fragen Sie die Sitzungsleitung, wo die/der Ranghöchste sitzt und dann nehmen Sie Ihren Platz ein. Sobald die/der Ranghöchste eintritt, erheben sich die Sitzungsteilnehmer/innen zum Gruß; ob Sie als Kundin/Kunde per Handschlag begrüßt werden, gibt diese Person vor.

Nähere Details dazu im Kapitel „Sitzungen und Besprechungen", Seite 90.

Gesprächsbeginn

Sind mehrere Gesprächspartner/innen des Unternehmens, das Sie besuchen, anwesend, werden diese Ihnen vorgestellt und Sie sagen immer Ihren Vor- und Zunamen, damit diese sich Ihren Namen einprägen können. Werden diese Ihnen aus Unachtsamkeit nicht vorgestellt und stellen sich auch selbst nicht vor, z. B. weil es sich um die Assistenz handelt, ist es in Ihrem Interesse, dass Sie sich selbst und Ihre Begleitung mit vollem Namen vorstellen. Wer zu einer bereits laufenden Sitzung zu spät kommt, tritt möglichst geräuscharm ein und setzt sich unauffällig auf einen freien Platz. Zeit zur Entschuldigung ist in der Pause, wo Sie den Grund für das Zuspätkommen erwähnen können. Wichtig ist es, die anderen Sitzungsteilnehmer/innen in der Pause persönlich zu begrüßen.

Sobald Sie Platz genommen haben, werden die Visitenkarten mit ein paar freundlichen Worten ausgetauscht, um langsam ins Kundengespräch zu kommen. Sollten Sie den Austausch der Visitenkarten vergessen, kann dieser auch zu einem späteren Zeitpunkt nachgeholt werden. Lassen Sie auf jeden Fall die Karten während des Gesprächs vor sich liegen, Sie können sich damit die Namen und Funktionen der anderen besser vergegenwärtigen.

Nähere Details dazu im Kapitel „Visitenkarte", Seite 73.

VISITEN-KARTE

Es empfiehlt sich, eine Visitenkarte in die Unterlagen für den Gastgeber zu geben.

Wann der beste Moment gekommen ist, vom Small Talk zum eigentlichen Grund des Gesprächs überzuleiten, richtet sich danach, für wie lang der Termin anberaumt ist. Klären Sie am besten bereits zu Beginn, wie der Zeitrahmen aussieht. Dann beginnt das eigentliche Gespräch, das in einer lockeren und entspannten Atmosphäre stattfinden soll, denn Ihr Gegenüber merkt natürlich jede Nervosität.

Wohin mit den Unterlagen?

UNTERLAGEN | Ihre Unterlagen bleiben in der Aktenmappe oder Arbeitstasche, bis Sie sie tatsächlich brauchen.

Sollte Ihre Gesprächspartnerin/Ihr Gesprächspartner mitlesen, legen Sie die Unterlagen in ihre/seine Leserichtung und blättern Sie um. Das setzt voraus, dass Sie Ihre Unterlagen genau kennen. Handelt es sich um ein Gespräch an einem Büroschreibtisch, müssen Sie vorher fragen, ob Sie Ihre Unterlagen dort ablegen dürfen, da Sie sich auf fremdem Terrain befinden.

Wie sitzt man im Meeting?

Sitzen Sie aufrecht und leicht gebeugt, Ihrem Gesprächspartner zugewandt, das strahlt ein hohes Maß an Selbstbewusstsein und Konzentration aus. Wenn Sie die Sitzhöcker spüren, die Beine parallel unter dem Tisch ausgerichtet sind, der Rücken gerade und der Blickkontakt aufgenommen ist, wirken Sie offen und aufnahmebereit. Die Arme sind angewinkelt und die Hände liegen locker auf dem Tisch, damit ist ein Lümmeln oder eine verdrehte Sitzposition nicht möglich. Die Hände sollen offen gestikulieren, also mit den Handflächen nach oben.

Kundenbesuch im Privathaus

Bei einem geschäftlichen Auftrag im privaten Setting läuft alles ähnlich wie bei einem Unternehmensbesuch ab. Stehen Sie nicht zu nah an der Haustür und vollbepackt an beiden Händen. Stellen Sie lieber alles ab, damit Sie die Hände frei zum Gruß haben. Es wird Ihnen die Hand gegeben und nicht umgekehrt.

Schuhe ausziehen?

In Österreich, in manchen Gegenden in Deutschland und in anderen Kulturen ist es üblich, dass Gäste die Schuhe ausziehen – bitte respektieren Sie das. Wenn Gästepantoffel beim

Eingang stehen oder Ihnen der Kunde auf die Schuhe schaut, bedeutet das für Sie, gleich die Schuhe auszuziehen. Hat der Kunde selber Straßenschuhe an, dann erübrigt sich die Frage. Fordert man Sie auf, die Schuhe anzulassen, erkennen Sie am Ton, ob es zaghaft – dann empfiehlt es sich, die Schuhe auszuziehen – oder mit Nachdruck gesagt wird.

So punkten Sie

- Beim Schuhe-Ausziehen gilt immer das Hausrecht des Einladenden.
- Außendienstmitarbeiter/innen sollte man nicht die Schuhe ausziehen lassen. Vielleicht sind sie schon den ganzen Tag in den Schuhen und die Füße riechen unangenehm oder die Socken haben Löcher. Ein solches Verkaufsgespräch wäre auf jeden Fall beeinträchtigt und würde nur halb so gut ablaufen.

Besprechung im privaten Setting

Wenn Sie zum Besprechungstisch weitergeführt werden, fragen Sie jetzt nicht „Wo darf ich mich hinsetzen?“, sondern „Wo sitzen Sie?“, denn sie kennen den Stammplatz der Gastgeberin/des Gastgebers nicht.

Die Visitenkarte wird zu Beginn des Gesprächs übergeben, dann würdigen Sie im Gesprächseinstieg die Wohnung, das Haus, den Standort, die Einrichtung. Seien Sie ehrlich – benennen Sie diese Dinge, auch wenn es noch so eine Kleinigkeit ist. Es kann auch sein, dass Sie gemeinsam den Platz wechseln, weil Ihr Kunde die Unterlagen einsehen soll oder Sie im Computer etwas vorzeigen.

Sämtliche Präsentationsmittel und Mappen werden erst zur Hand genommen, wenn sie zum Einsatz kommen. Trinken Sie immer etwas aus Höflichkeit, auch wenn Ihnen nicht danach ist. Gerade im privaten Rahmen empfinden es Gastgeber/innen als eigenartig, wenn jemand das Angebotene ablehnt. Ob Sie einen Kuchen annehmen oder nicht, ist Ihnen überlassen; auf jeden Fall kann es das Verkaufsgespräch sehr unterstützen, besonders wenn er gut schmeckt und Sie den Kuchen loben.

Nach Beendigung des Gesprächs wird es noch kurzen Small Talk geben, dann verabschieden Sie sich und werden hinausbegleitet. Der letzte positive Eindruck bleibt am meisten in Erinnerung – also kann man auch hier noch punkten.

Bewerbung und Vorstellungsgespräch

Sie bewerben sich für einen Arbeitsplatz, senden Ihre Unterlagen, werden zum Vorstellungsgespräch geladen und wollen natürlich den besten Eindruck hinterlassen. Ihre Kleidung, Körpersprache und Art, sich zu präsentieren, sind die wichtigsten Entscheidungsfaktoren für ein erfolgreiches Gespräch. Wichtig ist, dass Sie authentisch sind und nicht irgendeine Rolle spielen. Was Sie für ein erfolgreiches Vorstellungsgespräch tun können, lesen Sie in diesem Kapitel.

Schriftliche Bewerbung

Die meisten Unternehmen ziehen elektronische Bewerbungsunterlagen der klassischen Bewerbungsmappe vor oder akzeptieren nur Bewerbungen über standardisierte Online-Formulare. Das erspart den Personalverantwortlichen viel Zeit. Wer sich klassisch per E-Mail bewirbt, schickt ihre/seine Bewerbungsunterlagen möglichst mit Links zum eigenen LinkedIn- oder Xing-Profil.

Anschreiben oder Motivationsschreiben

Wer seinen Traumjob finden möchte, sollte keine Möglichkeit außer Acht lassen, um in jeder Phase des Bewerbungsprozesses zu überzeugen. Personalverantwortliche legen besonderen Wert auf vollständige Unterlagen und deren Aufbereitung – sie müssen top sein. Im Durchschnitt nehmen sich Personaler/innen nicht mehr als fünfzehn Sekunden Zeit, um das Anschreiben zu lesen, in dieser kurzen Zeit sollen Sie die volle Aufmerksamkeit bekommen.

ÜBERZEUGEN

Personaler/innen lesen Ihr Schreiben wie den Klappentext in einem Buch: Ist es ansprechend und interessant, kommen Sie in die nächste Runde.

Bewerbungsbild

Das Bewerbungsbild ist nicht zu unterschätzen, es muss ansprechend und aktuell sein – ein fünf Jahre altes Bewerbungsfoto ist inakzeptabel. Investieren Sie in ein richtig gutes Bewerbungsfoto, das Headshot oder Business-Porträt genannt wird.

Dresscode beim Vorstellungsgespräch

Welchen Kleiderstil Sie wählen, hängt von Position und Image des Unternehmens ab. Mit Ihrer Kleidung zeigen Sie auf jeden Fall Bereitschaft, Teil des Teams zu sein.

KLASSISCH

Wenn Sie nicht wissen, welcher Dresscode erforderlich ist – mit einem Sakko oder Blazer machen Sie nie etwas falsch.

In manchen Berufen, wie in einer Bank, ist von vornherein klar, was getragen wird. Wer unsicher ist, erkundigt sich in der Personalabteilung, das macht einen guten Eindruck und zeigt, dass es Ihnen wichtig ist, ein gutes Bild zu hinterlassen. Möchten Sie sich keinem Dresscode beugen, verkleiden Sie sich nicht, nur weil Sie den Job haben möchten – so weiß das Unternehmen sofort, dass Sie mit offenen Karten spielen, und ist bei Ihrem Jobantritt nicht enttäuscht. Allerdings schmälert die Missachtung des Dresscodes Ihre Chancen, da Sie unterschiedliche Wertevorstellungen haben und vielleicht gar nicht in das Unternehmen passen.

Videobewerbung

Video-Bewerbungen gewinnen immer mehr an Beliebtheit, denn ein Video ist aussagekräftiger als ein Bewerbungsfoto. Jobsuchende werden oft angehalten, einen überzeugenden Kurzfilm von sich selbst zu drehen und diesen an das Unternehmen zu übermitteln. Personaler/innen bekommen schnell einen ersten Eindruck von Ihnen und ob Sie ins Team passen, ohne Sie persönlich zu sehen.

ERSTER EINDRUCK

Hände weg von einem Bewerbungsvideo, wenn Ihnen Zeit und Kreativität fehlen – ein schlechtes Video kann Ihre Chancen mindern.

Bitte beachten Sie: Ein Bewerbungsvideo ersetzt nicht die klassische Bewerbung.

Ein Video sollte nicht länger als zwei bis drei Minuten dauern. Ob Sie im Video stehen oder sitzen hängt von Ihrem Typ ab. Vielen fällt das Reden im Stehen leichter, dies wirkt dynamischer. Der Text muss sitzen und darf nicht auswendig gelernt wirken – üben Sie am besten, aber nicht vor dem Spiegel. Die Kamera (ob Laptop, externe Kamera oder Handy) gehört stabil auf einem Stativ fixiert, Kamera auf Augenhöhe und mit neutralem Hintergrund. Das unbedingt notwendige Licht kommt von vorne, ist hinter der Kamera aufgestellt und direkt auf Ihr Gesicht gerichtet – Sie schauen und agieren direkt in die Kamera. Ein großes Blatt Papier direkt hinter der Kamera aufgehängt, auf dem Sie ihre wichtigsten Stichworte gut übersichtlich und groß geschrieben haben, ist eine gute Hilfe für Ihren Textfluss.

AUSWÄHLEN

Nehmen Sie unbedingt mehrere Versionen Ihrer Bewerbung auf und wählen anschließend die beste aus.

Versuchen Sie authentisch und natürlich zu sein, aber zeigen Sie vor allem Ihre Motivation, warum Sie in diesem Unternehmen arbeiten möchten.

Digitale Visitenkarte – Die „Facebook-Falle“

PERSONAL-SUCHE

„Active Sourcing“ und „Social Recruiting“ – das ist die Mitarbeiterakquise per Direktansprache über die sozialen Medien, auch „E-Recruiting“ oder „Mobile Recruiting“ genannt.

Recruiter/innen und Unternehmen suchen verstärkt in den sozialen Medien nach geeigneten Fachkräften. Dafür stehen innovative Talentsuchmaschinen zur Verfügung, um geeignete Kandidatinnen/Kandidaten in den sozialen Netzwerken ausfindig zu machen. Wer ein überzeugendes Profil mit den wichtigsten Schlagwörtern zu seinen Kompetenzen, Qualifikationen und Erfahrungen hat, wird schneller gefunden.

Deshalb muss das Social-Media-Profil top sein und den Social-Media-Check überstehen: nicht nur LinkedIn und Xing, sondern auch die Profile auf Facebook und Instagram. Die „Facebook-Falle“ kann zuschlagen, wenn Schmuddel- oder Protzbilder das Profil säumen – da wurde schon so mancher aussichtsreiche Kandidat von der Jobliste gestrichen.

Outen Sie sich nie als Jobsuchende/r, denn Personaler/innen wollen erfolgreich Beschäftigte jagen. Je überzeugender sich Kandidatinnen/ Kandidaten präsentieren, umso größer die Chancen, dass der Job sie findet. Dazu müssen Sie sichtbar aktiv auf den beruflichen Online-Kanälen und in analogen beruflichen Netzwerken sein.

Das Profil ist Ihre Business-Visitenkarte, deshalb achten Sie besonders auf:

- Ein gutes Porträtfoto mit Businesskontext
- Ein sauber aufgebautes Profil
- Die richtigen Begrifflichkeiten, damit jede/r sofort Ihre Qualifikation erkennt.

So punkten Sie

Nach dem Job-Interview suchen Sie auf LinkedIn oder Xing die Personalerin/den Personaler, mit der/dem Sie das Interview hatten, und fügen Sie sie/ihn als Kontakt hinzu. Hin und wieder liken und kommentieren Sie deren/dessen Postings, so bleiben Sie ihr/ihm in Erinnerung. Im Falle eines Berufswechsels oder einer Neuorientierung können Sie sie/ihn dann anschreiben. Auf keinen Fall sollte man sich bei Recruitern einschmeicheln, da sind sie empfindlich!

CROSS-PROMOTION

Ist man für die beworbene Stelle vielleicht nicht geeignet, jedoch für eine andere Position im Unternehmen, wird man eventuell einer anderen Abteilung empfohlen – das nennt man „Cross-Promotion“.

Initiativbewerbung

Es gibt Unternehmen, die für viele Menschen absolute Traum-Arbeitgeber sind – entweder haben sie ein ausgezeichnetes Employer Branding, spannende berufliche Herausforderungen oder sie scheinen maßgeschneidert für sie. Ist gerade keine Stelle vakant, bewirbt man sich initiativ, man weiß ja nie und manchmal klappt es auch. Wichtig sind die richtigen Ansprechpartner/innen sowie ein aussagekräftiges Anschreiben und gute Bewerbungsunterlagen.

Karriere-Messen oder Career-Dates

Der Weg vom Studium in den Beruf birgt große Herausforderungen. Deshalb bieten Karriere-Messen und Universitäten die Möglichkeit, mit Arbeitgeberinnen/Arbeitgebern in Kontakt zu kommen, sich zu informieren und vorzustellen. Unternehmen suchen dort nach engagierten Mitarbeiterinnen/Mitarbeitern von morgen.

Universitäten bieten auch Online-Treffen mit HR-Managern an. Es werden zum Beispiel sechs Unternehmen geladen und jede/r Interessierte hat zehn Minuten Zeit, zu pitchen: Online wechselt man von Raum zu Raum – in jedem präsentiert sich ein anderes Unternehmen – und spricht dort direkt mit der Personalerin/dem Personaler. Das sind wunderbare Möglichkeiten, sich vorzustellen, Erfahrungen zu sammeln und womöglich Ihren Traumjob zu finden.

DER ERSTE EINDRUCK

Achten Sie auf Karriere-Messen und bei Career-Dates besonders auf Ihre Kleidung und Ihren ersten Eindruck.

Online-Bewerbung

Man kann sich per E-Mail, über Online-Formulare oder auf Bewerbungswebseiten bewerben: Gibt es eine Textbox, so schreiben Sie den Grund für Ihre Bewerbung hinein, laden das Anschreiben oder Motivationsschreiben sowie die Zeugnisse etc. hoch. Bei einer E-Mail-Bewerbung verfassen Sie eine E-Mail wie einen Brief (mit Anrede, Einleitung, Hauptteil und Schluss) mit Anhang der gewünschten Unterlagen bzw. Link zu den Unterlagen.

TOP ODER FLOP

Die erste Selektion – was ist wichtig? Personaler/innen haben wenig Zeit und entscheiden in kürzester Zeit, auf welchem Stapel Sie landen: Top oder Flop?

So punkten Sie

Das sind die wichtigsten Kriterien, damit Ihre Bewerbung nicht im Papierkorb landet:

- Eindrucksvolles Anschreiben und/oder Motivationsschreiben
- Fehlerfreie Rechtschreibung
- Alle gewünschten Daten sind hochgeladen
- Ein ansprechendes Bewerbungsfoto
- Ein guter bis sehr guter Notendurchschnitt
- Auslandsstudium
- Berufserfahrung

EHRENAMT

Personaler/innen honorieren, wenn man sich im Privatleben engagiert (z. B. im Vorstand eines Vereines oder in einem Ehrenamt) oder Mitglied in einer Studentenverbindung oder Ähnliches ist. Das könnten wichtige Kriterien für die Aufnahme in die nächste Bewerbungsrunde sein. Deshalb gehört auch das in den Lebenslauf.

Es kann durchaus vorkommen, dass Sie direkt angerufen werden. Es wird manchmal vorab telefonisch selektiert, ob die Person in Frage kommt – das bedeutet Zeitersparnis für das Unternehmen. Melden Sie sich in der Bewerbungsphase bei allen unbekannten Anruferinnen/Anrufern besonders freundlich, verständlich laut und deutlich mit Vor- und Nachnamen (z. B. „Peter Meisinger" – Vorname vor Nachname).

Online-Bewerbungsgespräch

Sie verhalten und kleiden sich genau so, als würden Sie ins Unternehmen zum Vorstellungsgespräch gehen. Prüfen Sie vorher alles genau (Verbindungseinstellungen, Mikro, Headset, Licht, Hintergrund etc.)!

➔ *Nähere Details dazu im Abschnitt „Telefon, Online-Meetings und soziale Netzwerke", Seite 104.*

So punkten Sie

Wer ein Headset verwendet, sollte gleich zu Beginn das Headset ansprechen: „Ist es in Ordnung, dass ich das Headset aufsetze?“ Diese Frage zeigt der Personalerin/dem Personaler, dass man achtsam ist und sich Gedanken darüber macht, ob man auch gehört wird. „Ich kann es aber auch gerne ablegen, wie es für Sie passt!“ Probieren Sie es aus, das kommt gut an.

Vorbereitung auf das Bewerbungsgespräch

Kennen Sie alle Daten und Fakten, wissen Sie, wie viele Mitarbeiter/innen das Unternehmen hat, ob es regional, national oder international tätig ist, kennen Sie die Namen der Geschäftsführung und des Vorstands – alle diese Kenntnisse sind Pflicht. Informieren Sie sich gut auf der Webseite, lesen Sie Presseartikel und kennen Sie besondere Auszeichnungen.

Gesprächsbeginn

Personaler/innen fragen nach einem kurzen Small Talk gerne: „Erzählen Sie etwas über sich!“ Mit dieser Aufforderung wird Ihnen etwas die Nervosität genommen und darauf sollte man vorbereitet sein.

Weitere Fragen könnten sein:

- „Kennen Sie Ihre Stärken und welchen Mehrwert können Sie uns bieten?“
- „Welche Motivation haben Sie, bei uns zu arbeiten?“
- „Wo sehen Sie sich in fünf Jahren?“
- „Was bedeutet Karriere für Sie?“

Kommunizieren Sie klar und deutlich, was Ihnen wichtig ist, damit die Personalerin/der Personaler Bescheid weiß, ob Ihre Vorstellungen in seinem Unternehmen möglich sind.

Nervosität beim Bewerbungsgespräch

Beim Bewerbungsgespräch, ob online oder offline, dürfen Sie durchaus nervös sein, denn das zeigt, dass Sie dem Gespräch Bedeutung zumessen und sich bestmöglich präsentieren wollen. Sollten Sie feuchte Hände bei der Offline-Bewerbung haben, waschen Sie diese kurz zuvor und halten ein Stofftaschentuch zum Abwischen zwischendurch bereit. Wenn Sie zu roten Flecken im Gesicht neigen, sehen Sie das entspannt, Personaler/innen wissen um die Nervosität der Bewerber.

Sie sollten sich auch auf persönliche Fragen vorbereiten. Dazu ein paar Beispiele:

- „Was zeichnet Sie besonders aus?“
- „Wie sind Sie in dieser Situation vorgegangen? Was ist dabei rausgekommen?“
- „Was machen Sie in Ihrer Freizeit?“ (Hobbys, Trainee-Programme, Funktionär/in in einem
- Verein, Mitglied der Freiwilligen Feuerwehr, Organisation von Feiern etc.)
- „Haben Sie noch Fragen?“

Diese Fragen sind der Personalerin/dem Personaler wichtig, um auszuloten, ob Sie dem Unternehmen einen Mehrwert bieten können und ob beide Seiten zusammenpassen. Je klarer Sie Ihre Wünsche bezüglich Ihrer Arbeit kommunizieren, umso weniger unangenehme Überraschungen gibt es danach.

Diese Fragen könnten Sie stellen:

- „Welche Werteentwicklung bietet Ihr Unternehmen?“
- „Wie wichtig ist Weiterbildung und welche Möglichkeiten gibt es?“
- „Wie messen Sie Erfolg in Ihrem Unternehmen? Wie beurteilen Sie das?“
- „Mir ist Karriere sehr wichtig, welche Möglichkeiten habe ich hier?“

Dann klären Sie ab, wie die nächsten Schritte sein werden und bis wann Sie informiert werden. Bedanken Sie sich für das Gespräch und verabschieden Sie sich freundlich mit den Worten, dass Sie sich schon auf den nächsten Kontakt freuen.

Haben Sie das erste (Online-)Gespräch geschafft, warten Sie auf Nachricht, ob Sie in der nächsten Runde dabei sind. Wenn Sie nach einigen Tagen noch keine Rückmeldung haben, können Sie durchaus per E-Mail nachfragen.

Wenn man nur eine allgemeine E-Mail-Adresse des Unternehmens hat, erreicht man schwer die richtige Person, einen Versuch ist es dennoch wert. Ihre Chancen könnten sich durchaus erhöhen, wenn die EMail die Personalerin/den Personaler oder die Geschäftsführerin/den Geschäftsführer erreicht.

Das persönliche Vorstellungsgespräch

Wer in die engere Wahl kommt, wird zu einem persönlichen Termin geladen. Bei größeren Unternehmen stellen Sie sich üblicherweise in der Personalabteilung vor, bei kleineren in der Geschäftsführung. Beim Vorstellungsgespräch: Sie sind adäquat gekleidet, perfekt über das Unternehmen informiert, kennen die Namen der Geschäftsführung und die Unternehmensgeschichte.

➔ *Nähere Details zur Kleidung im Kapitel „Dresscode", Seite 243.*

Sie kommen selbstverständlich pünktlich, sagen ab, wenn Sie zum Beispiel krank geworden sind, und verhalten sich am Empfang oder in der Personalabteilung nett und höflich. In vielen Unternehmen werden nämlich für Sie scheinbar unwichtige Mitarbeiter/innen nach ihrer Meinung gefragt, ob Sie höflich zu ihnen waren und wie der erste Eindruck war.

VORTEIL

Wer immer höflich und nett ist, hat natürlich die besseren Karten.

Business-Termin im Unternehmen

Sie sind circa fünf bis zehn Minuten vor dem Termin am Empfang, auf keinen Fall früher, besser Sie warten im Auto oder gehen noch eine Runde spazieren. Stellen Sie sich am

Empfang mit Vor- und Nachnamen vor und sagen, mit wem Sie den Termin haben. In der Regel werden Sie entweder von einer Mitarbeiterin/einem Mitarbeiter, der Personalerin/dem Personaler oder der Geschäftsführung abgeholt.

- Gibt es keine Pandemie, wird Ihnen die Hand gegeben, sonst reicht ein kleines Nicken.
- Gehen Sie die Treppe hoch, geht Ihre Gesprächspartnerin/Ihr Gesprächspartner vor oder neben Ihnen. In den Aufzug haben Sie den Vortritt und Sie steigen, wenn der Lift groß genug ist, als Erste/r wieder aus.
- Ein ungezwungener Small Talk begleitet den Weg zum Besprechungsraum.
- Werden Sie von einer Mitarbeiterin/einem Mitarbeiter ins Besprechungszimmer geführt, nehmen Sie auf keinen Fall Platz, auch wenn Ihnen dieser angeboten wird. Sie bleiben stehen, bis Ihr Gesprächspartner kommt und Ihnen den Platz anbietet. Nehmen Sie nie Platz, ohne dass Ihnen ein Platz angeboten wird.
- Wenn Sie nicht wissen, wo Sie sich hinsetzen sollten, fragen Sie: „Wo sitzen Sie?" Dann können Sie entscheiden, ob rechts, vis-à-vis oder links von Ihrer Gesprächspartnerin/Ihrem Gesprächspartner.

Nähere Details dazu in den Kapiteln „Begrüßung", Seite 20 und „Sitzungen und Besprechungen", Seite 90.

Wundern Sie sich nicht, wenn noch weitere Personen dabei sind, die sich im Fachbereich gut auskennen, und/oder die/der zukünftige Vorgesetzte – mehrere Personen wollen herausfinden, ob „Sie halten was Ihre Bewerbung verspricht".

Das persönliche Bewerbungsgespräch beginnt nun ähnlich wie das Online-Bewerbungsgespräch mit einem kurzen Small Talk. Ihr Gegenüber wird zum richtigen Zeitpunkt zum Bewerbungsgespräch wechseln.

ABLAUF

Das Vorstellungsgespräch folgt normalerweise einem bestimmten Muster nach Motivation, Werdegang, Stärken und Schwächen, wie im Online-Bewerbungsgespräch.

Manche möchten alles genau wissen und stellen bewusst provokante Fragen, um Ihre Stressresistenz zu testen. Beantworten Sie alle Fragen höflich, nach bestem Gewissen und verstellen Sie sich nicht.

Sie müssen nicht nur zum Unternehmen passen, sondern das Unternehmen auch zu Ihnen. Deshalb ist es wichtig, dass Sie Ihre Vorstellungen genau kommunizieren, damit es nachher für beide Seiten keine unangenehmen Überraschungen gibt. Überlegen Sie genau, was Sie wissen möchten, und stellen Sie Ihre Fragen. Das Gespräch wird beendet mit der Frage: „Haben Sie noch weitere Fragen?" Klären Sie ab, wie es weitergeht, wann Sie von den Ergebnissen des Vorstellungsgesprächs erfahren und ob eine zweite Gesprächsrunde, ein Eignungstest oder Assessment-Center geplant ist.

Wenn höhere Positionen vergeben werden, kommt es oft zu einem zweiten, vielleicht auch dritten Vorstellungsgespräch. Als Bewerber/in wird man von verschiedenen Personen im Unternehmen geprüft.

Sie werden nach dem Gespräch zum Aufzug, zur Treppe oder zum Empfang gebracht und plaudern im lockeren Small Talk, bevor Sie verabschiedet werden. Vergessen Sie nie, dass es auch einen letzten Eindruck gibt. Deshalb bleiben Sie locker, aber achtsam in Ihrer Kommunikation. Ihr Bewerbungsgespräch endet, wenn Sie das Unternehmensgebäude verlassen haben.

WETT-BEWERB

Ein Bewerbungsgespräch ist wie eine Castingshow: Wer überzeugt, gewinnt.

Gute Gastgeber/innen

Im Berufsleben kommt Ihnen, vor allem wenn Sie in leitender Position sind, immer wieder die Rolle der Gastgeberin/des Gastgebers zu. Wenn Sie nun Gäste einladen (ob beruflich oder privat), sollten Sie diese freundlich empfangen und umsichtig sein, um eine gute gemeinsame Zeit zu verbringen. Wer die Codes der Tischetikette kennt, fühlt sich sicherer und kann entspannt genießen.

▶ FILM AB

Wie ist man guter Gastgeber und Gast?

www.trauner.at/GastgeberGast.aspx

Unabhängig davon, ob Sie Ihre Gäste in der Firma, im Restaurant oder in Ihren privaten Räumen empfangen, müssen Sie und Ihre Umgebung entsprechend vorbereitet sein. Nehmen Sie sich vor, Ihre Einladung als ein angenehmes Zusammentreffen mit gutem Verhandlungsergebnis zu gestalten. Als Gastgeber/in führen Sie Regie über die Art und Dauer des Besuchs.

Compliance-Regelungen

Für viele Unternehmen gibt es klare Compliance-Regelungen, die darüber bestimmen, ob Einladungen für Mitarbeiter/innen erlaubt sind, da sie als Geschenkannahme betrachtet werden können.

PRÄSENTE UND VERGÜNSTIGUNGEN

Dazu gehören Essenseinladungen, Reise- und Logiskosten, Theaterkarten, Karten für Sportevents, Einladungen zu Kongressen und Seminaren oder andere Vergünstigungen, die generell nicht erlaubt sind.

Entsprechend dem EU-Recht liegt der empfohlene Wert bei maximal vierzig Euro. Daher klären Sie grundsätzlich solche Einladungen mit der Geschäftsleitung ab und/oder bezahlen Sie Ihre Rechnungen selbst.

Gastgeber/in im eigenen Unternehmen

Geben Sie beim Vereinbaren des Termins entsprechende Zusatzinformationen für die geladenen Gäste, damit diese sich wohlfühlen können. Bei speziellen Anlässen geben Sie einen Tipp zur Kleiderwahl und ob ein Essen, Imbiss, Buffet oder nur ein Umtrunk zu erwarten ist. Klären Sie vorab, ob es Lebensmittelunverträglichkeiten oder besondere Ernährungsformen Ihrer Gäste gibt.

ANKÜNDIGUNG

Informieren Sie auf jeden Fall das Empfangspersonal und die Mitarbeiter/innen, dass Sie Gäste im Haus erwarten.

Sollte es eine Kundenveranstaltung sein, wählen Sie qualifizierte Mitarbeiter/innen für die Betreuung der Gäste aus. Die Mitarbeiter/innen sollten sich bei Eintreffen der Gäste nicht in Gruppen oder auch nur zu zweit zusammenstellen, denn das kann den Eindruck erwecken, Sie sprechen über die Gäste. Wenn sie nebeneinander stehen, in Blickrichtung der Gäste, ist dies jedoch kein Problem.

Imbiss in den Firmenräumen

Laden Sie zu einem Imbiss mit Brötchen und Getränken, so vergewissern Sie sich, dass genügend Stehtische und helfende Hände beim Vorbereiten und zum Ordnung-Halten während der Einladung bereit sind.

Benimm-Codes

- Der ranghöchste Gast wird als Erste/r bedient.
- Die Chefin/Der Chef erhält als Letzte/r Getränke und Essen, weil sie/er Gastgeber/in ist.
- Im größeren Firmenkreis werden die Getränke in der Reihenfolge Gäste, Chef/in, Mitarbeiter/innen serviert.

So punkten Sie

Achten Sie darauf, dass sämtliche Getränkeflaschen gut temperiert sind, Wasser mit und ohne Kohlensäure bereitgestellt ist und Sie mehrere Teesorten, wie Früchte-, Schwarz-, Grün- oder Kräutertee, anbieten können. Für Tee und Kaffee wählen Sie unterschiedliche Tassen- bzw. Gefäßformen und kleine Schälchen für die Teebeutel. Serviert wird der Imbiss auf kleinen Tellern oder als Fingerfood/ Flying Buffet mit genügend Servietten.

Buffet im Unternehmen

Bei größeren Veranstaltungen erweist sich ein Buffet oft als sehr gute Gelegenheit für lockere Gespräche, um ungezwungen Netzwerke zu knüpfen und Gespräche mit Kundinnen/Kunden zu führen. Je umfangreicher das Buffet, desto mehr Zeit müssen Sie dafür berechnen, bis alle gegessen haben. Auch hier ist es wichtig, dass es für d e Speisen und das benützte Geschirr zuständiges Personal gibt. Steht nämlich ein leerer Teller auf einem Platz, muss dieser sofort samt Besteck abserviert werden.

Benimm-Codes

- Die Gastgeberin/Der Gastgeber eröffnet das Buffet.
- Die Mitarbeiter/innen gehen niemals als Erste hin, sondern kümmern sich um die Gäste. Erst wenn diese gut versorgt sind, wählen sie selbst aus.

Gastgeber/in im Restaurant

Bei Einladungen in ein Restaurant können Sie sich ungestört unterhalten, werden nach Ihren Wünschen versorgt und müssen nicht die oft schwierigen Klippen eines Gesprächseinstieges umschiffen, da das Ambiente ohnehin genug Gesprächsstoff für den Anfang liefert. Sollte es sich um ein Arbeitsessen handeln, bietet dies den Vorteil, dass Antworten auf unangenehme Fragen durch lang anhaltendes Kauen hinausgezögert und somit gut überlegt werden können. Als Gastgeber/in im Restaurant können Sie sich auf perfekten Service verlassen, haben aber trotzdem eine Menge Entscheidungen zu treffen.

ZUSTÄNDIGKEIT

Im Berufsleben ist die Frau genauso Gastgeberin bei einer Essenseinladung und ist somit für die Regie des Abends zuständig.

Grundsätzlich gilt: Lädt eine Frau zum Essen, steht sie vom Tisch auf, wenn ihre Gäste kommen. Sie wählt und bestellt den Wein, außer sie ersucht eine andere Person, dies für sie zu übernehmen, und bezahlt als Einladende die Rechnung.

Nähere Details dazu im Abschnitt „Diskretes Bezahlen", Seite 167.

Auswahl des Restaurants

Bei der Auswahl des Restaurants überlegen Sie, ob es sich um ein Geschäftsessen, wo wichtige Angelegenheiten besprochen werden, oder um eine Einladung zum besseren gegenseitigen Kennenlernen handelt. Wählen Sie das Restaurant sorgfältig aus und bedenken Sie dabei die Vorlieben Ihrer Gäste.

RESTAURANT-KATEGORIE

Mit einer Vegetarierin/einem Vegetarier werden Sie kaum ein Lokal mit deftiger Hausmannskost wählen, sondern eher ein italienisches oder asiatisches Restaurant.

Achten Sie auch auf die Preiskategorie, damit bei einer Gegeneinladung die finanziellen Verhältnisse Ihres Gastes nicht überfordert werden. Eine Ausnahme besteht, wenn Sie bewusst ein teures Restaurant wählen, weil die Einladung ein besonderes Dankeschön für Ihre Gäste sein soll und keine Gegeneinladung zu erwarten ist.

Platzwahl

Für sehr wichtige Besprechungen wählen Sie einen Tisch in einer ruhigen Ecke, wobei der Gast trotzdem die bessere Aussicht genießen sollte. Als gute Gastgeberin/guter Gastgeber treffen Sie etwa eine Viertelstunde vor dem vereinbarten Termin im Restaurant ein. Das verschafft Ihnen die Möglichkeit, sich ortskundig zu machen, wenn Sie zum ersten Mal dieses Restaurant gewählt haben, den Platz noch einmal zu überprüfen, mit dem Personal bestimmte Wünsche zu klären und sich auf Ihre Gäste vorzubereiten.

PROTOKOLL

Je offizieller eine Veranstaltung ist, desto strenger wird beim Platzieren die protokollarische Rangfolge beachtet.

Eine gut durchdachte Platzierung Ihrer Gäste kann die Stimmung bei der Veranstaltung spürbar heben. Fühlt sich jemand durch einen – wie sie/er meint – „falschen" Platz herabgesetzt, kann ihre/seine gute Laune dahin sein. Damit Menschen, die etwas verbindet, sich kennenlernen können, achten Sie auf die Sitzordnung, damit es Ihren Gästen möglich ist, ihr Netzwerk zu erweitern.

Benimm-Codes

- Die Gastgeberin/Der Gastgeber kann den Gästen die Plätze so zuweisen, dass diese die Möglichkeit haben, weitere wichtige Kontakte zu knüpfen.
- Die Gastgeberin/Der Gastgeber stellt sich hinter den Stuhl, auf dem sie/er sitzen möchte, und bietet den Gästen an, sich zu setzen. Erst wenn die Gäste sitzen, setzt sich die Gastgeberin/der Gastgeber.
- Der weibliche Ehrengast sitzt rechts vom Gastgeber.
- Der männliche Ehrengast sitzt links von der Gastgeberin.
- Bei offiziellen größeren Empfängen werden Tischkarten aufgestellt und die Gäste zum Platz geleitet.

So punkten Sie

- Je höher die Stellung eines Gastes ist, umso näher sitzt sie/er bei der Gastgeberin/beim Gastgeber. Weil dies erhebliche Irritationen bei den Gästen auslösen kann, die sich weit entfernt von der Gastgeberin/vom Gastgeber eingestuft sehen, vermeiden Sie, wenn möglich, lange Tafeln mit erkennbarem Ranggefälle. Wählen Sie für eine größere Gesellschaft besser mehrere runde Tische.
- Sehen Sie für jeden Tisch Personen aus Ihrem engsten Kreis als Mitgastgeber/innen vor.
- Mitarbeiter/innen platzieren sich so, dass die Gäste die besten Plätze erhalten. Sollten sie sich um einzelne Gäste kümmern, so sitzen sie selbstverständlich auch an guten Plätzen oder wechseln nach dem Essen, um mit anderen Gästen Gespräche zu führen.
- Damen und Herren werden abwechselnd gesetzt. Sind genug Herren dabei, so wird darauf geachtet, dass Damen nicht am Tischende sitzen.
- Begleitende Ehepartner/innen müssen entsprechend dem Rang der Partnerin/des Partners platziert werden. Ihnen werden getrennte oder gegenüberliegende Plätze angewiesen, damit sie sich mit anderen Gästen unterhalten können. Wenn Ehepaare nebeneinander sitzen möchten, so dürfen sie das selbstverständlich – das Wohlfühlen der Gäste sollte an erster Stelle stehen.
- Bei freundschaftlichen Einladungen zu viert können sich Männer wie Frauen vis-à-vis setzen, um bei Männer- und Frauengesprächen nicht übers Kreuz zu kommunizieren.
- In Pandemiezeiten sollten die Paare, die in einem Haushalt leben, nebeneinander platziert und der Abstand zum nächsten Paar entsprechend eingehalten werden.

Wenn alle hinter dem Stuhl stehen, setzen sich zuerst die Damen, die Herren helfen den Damen, sofern diese es wollen, dann setzen sich die Herren, die Gastgeberin und der Gastgeber setzen sich zum Schluss. Damit Sie sich keinen Korb holen, fragen Sie sicherheitshalber „Darf ich?“ und akzeptieren Sie auch ein Nein. Wählt eine Frau den Platz auf einer Sitzbank mit dem Rücken zur Wand, wird dies vom männlichen Begleiter mit dem Wort „Bitte“ und einer Handbewegung in die Richtung angezeigt.

Die Gastgeberin/Der Gastgeber sitzt in der Mitte des Tisches mit Blick zur Tür, um alle Gäste zu erreichen, oder an den jeweiligen Kopfenden. Setzen Sie sich als Gastgeber/in nicht mit dem Rücken zum Eingang, sonst können Sie mit dem Personal nicht kommunizieren und müssen sich immer umdrehen – das gilt selbstverständlich auch bei kleinen Einladungen.

Tipps für die Preislage

Der Gast muss wissen, dass er eingeladen ist, damit er nicht anschließend mit der Rechnung überrascht wird. Daher sprechen Sie als gute Gastgeber/innen die tatsächliche Einladung aus, wie zum Beispiel: „Sie sind heute mein Gast, was möchten Sie zum Aperitif?“ und geben gleichzeitig eine Preisgrenze vor: „Hier kann ich Ihnen … empfehlen“, „Wie sagt Ihnen Menü … zu?“ oder „Wir essen nur eine Kleinigkeit.“ Damit weiß Ihr Gast, dass Sie beispielsweise nicht eine fünfgängige Menüfolge, sondern nur ein kleines Gericht geplant haben.

Wenn Sie Ihrem Gast bei der Auswahl der Gerichte behilflich sind und sagen: „Ich wähle das Zanderfilet mit einer Spargelcremesuppe zuvor“, kann sie/er sich preislich orientieren. Bei kleineren Runden bestellen Sie als Gastgeber/in das Essen, entweder à la carte oder ein vorab fixiertes Menü.

Bei Abendessen werden mehrere Gänge gegessen, sofern Sie als Gastgeber/in das entscheiden und die Anzahl der Gänge vorgeben. Bei einem Mittagessen sind es meist zwei bis drei Gänge.

ESSENSABLAUF

Es empfiehlt sich, dass jede/r die gleiche Anzahl an Gängen isst. Niemand lässt sich gerne beim Essen beobachten.

Wer sucht den Wein aus?

▶ FILM AB

Die perfekte Weinprobe

www.trauner.at/Weinprobe.aspx

Alkoholfreie Getränke und Bier werden von jedem Gast selbst geordert, aber für den Wein sind Sie als Einladende/r zuständig. Lassen Sie sich entweder von der Restaurantfachfrau/vom Restaurantfachmann einen Wein empfehlen oder suchen Sie selber eine Marke aus. Wenn Sie wissen, dass Ihr Ehrengast Weinliebhaber/in ist, soll es ihre/seine Entscheidung sein.

VORSICHT | Manche Gäste sprengen bei Weinen den Preisrahmen!

So punkten Sie

- Der Wein sollte nicht zu stark sein, also ein leichter Tischwein oder ein Kabinettwein.
- Zu hellem Fleisch, Fisch und Geflügel passt Weißwein oder leichter Rotwein.
- Zu Wild und dunklen Fleischgerichten wählen Sie Rotwein.

Die Weinprobe machen entweder Sie selbst, wenn Ihr Gaumen geschult ist, oder Sie überlassen diese Aufgabe der Sommelière/dem Sommelier des Hauses: Beim Probierschluck kosten und prüfen Sie, ob Farbe, Geruch, Temperatur und Geschmack in Ordnung sind.

PROBIERSCHLUCK | Sie heben das Glas mit drei Fingern, um Farbe und Klarheit zu prüfen. Dann schwenken Sie das Glas, riechen vorsichtig in das Glasinnere und nehmen einen Schluck, den Sie aber noch in der Mundhöhle rollen lassen.

Erst dann geben Sie das Zeichen, dass eingeschenkt werden soll. Die Gläser werden gefüllt, beginnend bei der ranghöchsten Person, die neben Ihnen als Gastgeber/in sitzt. Ihr Glas wird zum Schluss gefüllt.

Tischreden

Bei besonderen Anlässen ist es üblich, Trinksprüche oder Toasts in aller Kürze zu formulieren. Der richtige Zeitpunkt dafür ist entweder vor dem Essen oder vor dem Dessert. Nur wer tatsächlich reden möchte, erhebt sich und wartet, bis alle aufmerksam geworden sind. Wird auf den Ehrengast oder die Jubilarin/den Jubilar angestoßen, so erheben sich alle von ihren Plätzen und prosten ihr oder ihm zu. Wird der Person gedankt, die für das ausgezeichnete Essen zuständig war, so wird im Sitzen das Glas erhoben. Die allgemeinen Benimm-Codes können je nach Anlass, kulturellem Hintergrund und Unternehmen unterschiedlich gehandhabt werden. Das gilt auch für Spontanreden oder für ein kurzes Dankeschön.

TISCHREDEN

Die Redezeit der Einzelnen sollte niemals länger als fünf Minuten dauern.

Essensbeginn

Warten Sie bei jedem Gang mit dem Beginn des Essens, bis alle ihr Gericht serviert bekommen haben. Manche Menschen essen zum Einstieg lieber einen Salat, andere wieder bevorzugen heiße Suppe. Als Gastgeber/in ist es Ihre Aufgabe, das Essen offiziell zu eröffnen. Wenn Sie zu einer größeren Tafel eingeladen haben, wo à la carte gegessen wird und Sie bemerken, dass einige Ihrer Gäste bereits länger auf den Essensbeginn warten, so fordern Sie alle zum Essen auf, bevor noch die letzten Teller serviert werden.

Als Gastgeber/in erheben Sie als Erste/r das Weinglas, wünschen „Zum Wohl“ oder erwähnen den Anlass, zu dem Sie einladen, und trinken einen ersten Schluck. Sagen Sie keinesfalls „Prost“, wenn Sie ein Weinglas in der Hand halten. Das passt, wenn überhaupt, am ehesten zum Bier. Sie sollten auch grundsätzlich nicht anstoßen, auch nicht bei einem besonderen Anlass, denn es würde die anderen Gäste im Restaurant stören, außer Sie haben einen eigenen Raum. Alle alkoholfreien Getränke können sofort getrunken werden.

GELUNGENES ESSEN

Nach einem souverän gemeisterten Start können Sie genüsslich essen, mit Ihren Tischnachbarinnen/-nachbarn plaudern, sich erkundigen, ob es schmeckt, und sich dann eventuell beim Kaffee den geschäftlichen Dingen widmen.

Diskretes Bezahlen

Ihren Gästen haben Sie bereits zu Beginn der Einladung signalisiert, dass Speisen und Getränke auf Ihre Rechnung gehen. Die Bedienung ist darüber informiert, daher genügt es, wenn Sie einen diskreten Wink geben, damit die Rechnung zusammengestellt wird. Das Bezahlen, ob bar oder mit Kreditkarte, erledigen Sie allerdings nicht bei Tisch neben den Gästen. Besser Sie entschuldigen sich kurz, gehen an die Theke und erledigen dezent die Bezahlung der Rechnung.

Waren Sie mit den Leistungen des Restaurants zufrieden, werden Sie gerne Trinkgeld geben. Angemessenes Trinkgeld wird aus etwa zehn Prozent der bezahlten Summe berechnet, sinkt aber mit der Höhe des Betrages. Bezahlen Sie mit Kreditkarte, so rechnen Sie den Trinkgeldbetrag einfach dazu und füllen den Beleg entsprechend höher aus.

DISKRETION

Es versteht sich von selbst, dass Sie über den Preis der Einladung schweigen.

So punkten Sie

Sollten Sie die Rechnung in einer Mappe an den Tisch bekommen, so legen Sie möglichst dezent die Kreditkarte hinein. Sie bekommen die Mappe zum Unterschreiben der Kreditkartenrechnung noch einmal gereicht.

Geschäftsessen im privaten Rahmen

In gehobenen Kreisen ist es durchaus üblich, Geschäftspartner/innen nach Hause einzuladen. Voraussetzung ist, dass Sie über die entsprechenden Räumlichkeiten verfügen, die Ihrer beruflichen Position angemessen erscheinen. Dazu gehören passendes Geschirr, Besteck und Gläser sowie eine Partnerin/ein Partner, die/der diese Repräsentationspflichten gerne auf sich nimmt. Es müssen nicht goldene Gabeln, kristallene Lüster und mehrgängige Menüfolgen sein, um eine Geschäftseinladung im privaten Rahmen erfolgreich zu gestalten. Die Botschaft ist klar: „Wer jemandem sein Heim öffnet, dem öffnet er auch sein Herz."

Stilvoll einladen

Wenn Sie Geschäftspartner/innen nach Hause bitten, sollten Sie den Hintergrund der Einladung erklären. Je nach Festlichkeit des Anlasses, ob Geschäftsessen aufgrund einer gelungenen Firmenfusion oder Beförderung, ob Cocktailparty, Geburtstagsfest oder zum Kaffee, laden Sie mündlich oder schriftlich ein. Immerhin wollen sich Ihre Gäste auf das Bevorstehende sowohl in Kleidung als auch mit entsprechendem Gusto vorbereiten. Je förmlicher übrigens der Anlass, umso eher werden Sie eine gediegene Einladung verschicken.

EINLADUNG

Zeit, Ort, Anlass, Adresse und eine Rückrufnummer, gegebenenfalls Dresscode und eine Wegbeschreibung sind entscheidende Eckdaten Ihrer Einladung.

So punkten Sie

Die meisten schriftlichen Einladungen zu Veranstaltungen oder Firmenevents werden heute in gedruckter Form verschickt. Entweder ist eine Antwortkarte dabei oder der Vermerk „U. A. w. g." („Um Antwort wird gebeten"). Für private Einladungen ist es sogar üblich, handschriftliche Karten anzufertigen.

Freundinnen/Freunde privat einladen

Es gelten dieselben Benimm-Codes wie bei Einladungen für Geschäftskunden. Freunde wollen ebenso umsichtig und höflich behandelt und bekannt gemacht werden – vielleicht geht es weniger förmlich zu. Weil man so vertraut ist, achtet man oft weniger auf die Etikette und einem anregenden Abend steht nichts im Wege.

Menüauswahl

Die Menüauswahl richtet sich nach dem Anlass sowie nach Ihren eigenen und den Vorlieben Ihrer Gäste. Sollten Sie diese nicht kennen, erfragen Sie Unverträglichkeiten oder spezielle Ernährungsformen. Entscheiden Sie sich besser für Gerichte, die entsprechend der Jahreszeit mit saisonalen Zutaten zubereitet werden, damit Sie bei Gemüse, Fleisch oder Fisch frische Qualität bieten können.

Bei der Zusammenstellung der Gerichte sollen sich Aromen und Geschmäcker ergänzen und wenn möglich nicht wiederholen. Zu einer kalten Vorspeise aus Fisch sollten Sie beispielsweise keinen Fisch als Hauptgericht servieren.

Benimm-Codes

- Je mehr Gänge Sie servieren, desto kleiner sollten die Portionen sein.
- Exotische Gerichte, Vegetarisches, Fisch oder Wild kommen nicht bei allen gleich gut an – daher klären Sie das vorher ab.
- Beginnen Sie mit einer leichten Vorspeise und lassen Sie erst die folgenden Gerichte deftiger oder würziger werden.
- Brauchen Sie Wein zum Verfeinern der Speisen, so nehmen Sie dafür den Wein, den Sie auch später zum Gericht servieren.
- Nehmen Sie Käse früh genug aus dem Kühlschrank, damit er als abschließender Gang auch die richtige Temperatur hat und sein Aroma entfalten kann.

So punkten Sie

Sollte einer Ihrer Gäste einen Menügang nicht mögen, so können Sie sich mit einer größeren Portion der Vorspeise, Suppe oder dem Zwischengericht aus der Situation retten und trotzdem Ihren Gast gut versorgen.

Getränkeauswahl

Wenn Sie die Menüwahl getroffen haben, entscheiden Sie sich für die passenden Getränke. Sowohl alkoholfreie Getränke als auch Wasser mit und ohne Kohlensäure müssen immer bereitstehen. Üblicherweise reicht man beim Eintreffen der Gäste einen Aperitif und bietet zu jedem Menügang den entsprechenden gekühlten Wein an. Einige gute Kochbücher geben bereits Weinempfehlungen zu diversen Gerichten ab, sollten Sie unsicher sein. Die richtige Getränkewahl macht Ihr Essen zu einem „Feuerwerk der Sinne".

So punkten Sie

- Aperitif wie Sekt oder Schaumweine werden mit 6 bis 8 Grad Celsius serviert und erst geöffnet, wenn die ersten Gäste kommen.
- Weißwein sollte je nach Stärke auf 8 bis 12 Grad Celsius gekühlt sein.
- Rotweine, wenn sie schwer und gehaltvoll sind, müssen einige Stunden vorher geöffnet werden und sollten „Zimmertemperatur", also 16 bis 18 Grad Celsius nicht übersteigen.
- Weißwein reichen Sie zu Fisch, Geflügel und weißem Fleisch, je stärker die Würzung, desto kräftiger der Wein.
- Rotwein ergänzt sich sehr gut mit Rindfleisch, Wild und dunklem Fleisch. Auch hier gilt: Je aromatischer die Speise, desto schwerer der Wein.
- Bier passt überall dort, wo es Ihrem Gast schmeckt.
- Süßer Wein gehört zum Dessert und zu allen Schimmelkäsesorten.

Der gedeckte Tisch

Am gedeckten Tisch erkennt Ihr Gast, dass Sie sich vorbereitet haben, sich über den Besuch freuen und fühlt sich willkommen. Sollten Ihre Räumlichkeiten bescheiden sein, so können Sie auch gerne in der Küche das Essen servieren und anschließend für den Kaffee ins Wohnzimmer wechseln.

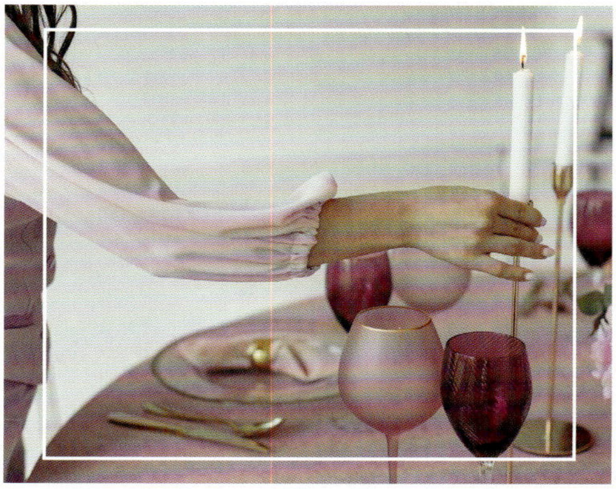

So punkten Sie

- Bei gemustertem Geschirr wählen Sie besser einfärbige Stoffservietten. Papierservietten sind zwar praktischer, aber stilvoller sind Servietten aus Stoff.
- Keine zu großen Blumenarrangements oder zu stark duftende Blumen auf den Esstisch stellen.
- Hohe Kerzen am Tisch können die Sicht zu den Gesprächspartnerinnen/-partnern verdecken oder sogar blenden.
- Ein schlichtes Weiß passt farblich zu allen Gerichten und wirkt immer stilvoll. Ihrem persönlichen Geschmack sind jedoch keine Grenzen gesetzt.
- Dem Anlass entsprechend können Sie ungewöhnliche Accessoires in die Dekoration einbauen.

Benimm-Code

Vor Eintreffen der Gäste ist der Tisch bereits gedeckt: Platzteller, das benötigte Besteck sowie die Gläser stehen bereit. Das gehört zu einer stilvollen Einladung unbedingt dazu.

Eintreffen der Gäste und Essensbeginn

Sie sind auf Ihre Gäste vorbereitet, die leichte Nervosität aus der Küche überträgt sich auf die für die Getränke Zuständigen, aber diese Anspannung prickelt. Etwa eine Viertelstunde vor dem Eintreffen der Gäste lüften Sie noch einmal die Räumlichkeiten durch, kontrollieren den gedeckten Tisch und bereiten die Aperitifgläser vor.

ROLLENVERTEILUNG

Was die Rollenverteilung zwischen Mann und Frau bei Einladungen ins eigene Heim betrifft, so haben sich die Regeln gelockert.

Wenn der Gastgeber ein begeisterter Koch ist, so soll er das doch gerne zeigen können. Eine Person kocht, die andere ist für Getränke und die Betreuung der Gäste zuständig, so kann es ein harmonischer Abend werden.

Es gilt: Wer am besten Zeit dafür hat, öffnet die Türe. Wenn die Gäste ihre Mäntel oder Jacken ablegen, übernimmt diese die Gastgeberin/der Gastgeber, denn Gäste sollen keinen Kleiderbügel in die Hand nehmen müssen. Der Aperitif wird gereicht, die Gäste werden einander vorgestellt, Small Talk ist angesagt!

Sollten Sie Hauspersonal oder für den Abend extra Personal engagiert haben, so kann das Personal das Öffnen der Türe, das Führen in den Raum und das Servieren des Aperitifs übernehmen.

Wenn Sie vom Gast ein Geschenk erhalten, sollten Sie dieses in seiner Gegenwart auspacken und sich bedanken, auch wenn es Ihnen nicht gefällt. Blumen werden sofort ins Wasser gestellt und im Raum platziert.

Bei einem größeren Fest ist es besser, die Geschenke persönlich zu übernehmen und dann an jemanden weiterzureichen, die/der sich darum kümmert, dass sie ordentlich abgelegt und gekennzeichnet werden – man möchte sich ja später bei der richtigen Person bedanken können.

Benimm-Codes

- Sie begrüßen alle nach den üblichen Regeln der Etikette.
- Erst wenn der letzte Gast pünktlich eingetroffen ist, bitten Sie zu Tisch.
- Getränke werden eingeschenkt.
- Essen servieren Sie entsprechend der Rangfolge, beginnend beim Ehrengast, die Gastgeber/innen zum Schluss.
- Die/Der für das Essen Zuständige beginnt als Signal für alle zu essen.
- Nach der strengen Etikette wünscht man seinen Gästen keinen guten Appetit, sondern die Gastgeberin/der Gastgeber blickt in die Runde und nickt leicht. Das ist das Zeichen: Wir beginnen jetzt zu essen. Das Wort „Mahlzeit" streichen Sie aus Ihrem Wortschatz. Dort wo es üblich ist, sich „einen guten Appetit" zu wünschen, sollten Sie sich dem anschließen.
- Getrunken wird erst, wenn die/der für die Getränke Zuständige das Weinglas erhebt.
- Beachten Sie das Essenstempo Ihrer Gäste und lassen Sie sich Zeit.

Essen beenden

Entsprechend der Etikette beendet die Gastgeberin/der Gastgeber das Essen, indem sie/er die Serviette beiseitelegt oder aufsteht. Für den Digestif und den Kaffee ist es üblich, in einen anderen Raum oder einen gemütlicheren Teil des Zimmers zu wechseln. Die Einladenden begleiten wieder ihre Ehrengäste.

Rauchen

Heute zündet man sich üblicherweise in Privaträumen keine Zigarette oder gar Zigarre an. Alle Raucher/innen gehen dafür vor die Türe oder auf die Terrasse. Während der Gänge wird nicht geraucht, sondern erst, wenn das Dessert beendet ist. Wie Sie mit diesem Thema als Gastgeber/in umgehen, ist allerdings Ihre alleinige Entscheidung. Rauchen Sie selber gerne, wird es auch den Gästen bei Tisch gestattet sein. Achten Sie darauf, dass die Aschenbecher immer wieder ausgeleert werden und frisch gewaschen auf den Tisch zurückkommen.

So punkten Sie

Die Fronten zwischen Raucherinnen/Rauchern und Nichtraucherinnen/Nichtrauchern haben sich in den letzten Jahren verhärtet. Wenn Sie nicht möchten, dass in Ihren Räumen geraucht wird, stellen Sie keinesfalls Aschenbecher auf. Sollte doch jemand danach fragen, weisen Sie darauf hin, wo Sie die Raucherecke vorgesehen haben, das kann auch auf der Terrasse oder dem Balkon sein.

Gästehandtücher

Für Ihre Gäste sollten neben dem Waschbecken genügend kleine Gästehandtücher bereitliegen, für jeden Gast mindestens zwei. Ein Korb eignet sich dafür, die benützten Handtücher hineinzulegen. Ebenso ist es notwendig, dass ein neues Stück Seife oder Flüssigseife bereitsteht.

Schuhe ausziehen?

Die handelsüblichen Gästepantoffel sehen zu eleganter Kleidung seltsam aus, rutschen und sind obendrein unhygienisch. Stilvoll ist es, wenn Sie als Gastgeber/in selbst elegante, leichte Schuhe in Ihren Räumen tragen. Hausschuhe, Pantoffel oder gar nur Socken sind peinlich und bei Besuch völlig unpassend. Es gibt Gastgeber/innen, die sich nicht wohl fühlen, wenn Gäste ihre Schuhe anlassen, weil sie so erzogen wurden. Doch bei Geschäftsessen oder formalen privaten Einladungen sollten Sie als Gastgeber/in über Ihren Schatten springen.

SCHUHE AUSZIEHEN?

Bitte verlangen Sie bei einem Geschäftsessen niemals von Ihren Gästen, dass sie ihre Schuhe ausziehen. Ihre Gäste bemühen sich bestimmt, mit sauberen Schuhen bei Ihnen einzutreffen.

Gast sein

In den meisten Geschäftssituationen ist es sehr gut, wenn Sie die Benimm-Codes kennen und wissen, wie Sie sich zu kleiden und als Gast zu verhalten haben – das ist privat nicht minder wichtig. Viele Entscheidungen im Geschäftsleben werden nämlich nicht am Konferenztisch, sondern am Esstisch getroffen. Oft sind es Kleinigkeiten, die einen schlechten Nachgeschmack hinterlassen. Umso wichtiger ist es, die Umgangsformen zu kennen und mit leichter Hand im lockeren Gespräch umzusetzen. Am Beginn jeder Einladung steht Ihre Pünktlichkeit.

Einladungen und Absagen

Jede Gastgeberin/Jeder Gastgeber möchte die Einladung möglichst perfekt vorbereiten. Da versteht es sich von selbst, dass Sie ihr/ihm Rückmeldung geben, alles andere ist eine Kränkung der Einladenden. Der Vermerk „U. A. w. g." („Um Antwort wird gebeten") fordert, dass Sie sich anmelden oder absagen. Eine Zusage können Sie etwa so formulieren: „Wir danken für die Einladung und freuen uns schon auf diesen Abend. Mein Mann und ich, wir kommen gerne zu Ihnen."

Bei großen Veranstaltungen ist zwar eine Zusage zwingend notwendig, nicht jedoch eine Absage, außer man steht in sehr guten Geschäftsbeziehungen. Wenn Sie absagen müssen, bedanken Sie sich noch einmal für die Einladung, geben kurz einen Grund an und wünschen einen guten Verlauf der Veranstaltung.

Entsprechende Kleidervermerke geben Ihnen wichtige Hinweise, damit Sie nicht under- oder overdressed gekleidet erscheinen.

Nähere Details dazu im Kapitel „Dresscode", Seite 243.

Bei ungezwungenen mündlichen Einladungen können Sie sofort zu- oder absagen. Wenn Sie nicht sicher sind, können Sie antworten: „Darf ich Ihnen kurzfristig/nächste Woche Bescheid geben, ob ich kommen kann, da ich noch etwas abzuklären habe." Selbstverständlich gilt das auch für schriftliche Einladungen.

RECHTZEITIG ABSAGEN

Keinesfalls dürfen Sie eine Stunde vor Beginn des Treffens absagen, außer es gibt einen triftigen Grund, der das rechtfertigt. Ihre Gastgeber/innen bereiten sich vor, decken den Tisch und haben sich gut überlegt, wen sie warum zu diesem Treffen eingeladen haben – kurzfristige Absagen sind außerordentlich unhöflich.

„Ghosting"

„Ghosting" bedeutet das Nichterscheinen bei zuvor erfolgter Einladungszusage. Diese Unart greift vor allem bei großen Veranstaltungen immer mehr um sich und richtet in der Häufung großen Schaden an, da sich die Gastgeber/innen auf die Zahl der Angemeldeten einrichten, das bestellte Essen bezahlt werden muss und anschließend im Müll landet. Dieser respektlose Umgang mit Einladungen kann bedeuten, dass Sie nicht mehr eingeladen werden und bestimmt sind Ihre Reputation und das Vertrauen in Sie angeschlagen. Wenn kurzfristig etwas passiert, können Sie in einer E-Mail klären, warum Sie nicht erscheinen, auch wenn die Nachricht erst am nächsten Tage gelesen werden kann – das ist immer möglich und zeigt Ihre Achtsamkeit dem Einladenden gegenüber.

Gastgeschenke

Wenn Sie eine Einladung im privaten Rahmen erhalten, ist es wichtig, ein entsprechendes Gastgeschenk mitzubringen. Blumen eignen sich meist für die Gastgeberin. Verschenken Sie besser frische Blumen, denn Topfpflanzen nehmen viel Raum weg und müssen gepflegt werden. Die Sprache der Blumen ist international, halten Sie sich bitte daran, um nicht mit Ihrem Gastgeschenk ins Fettnäpfchen zu treten.

Nähere Details zur Blumensprache im Anhang, Seite 305.

Möchten Sie statt Blumen ein anderes Gastgeschenk mitbringen, so sollten Sie Vorlieben, Hobbys, Interessensgebiete oder z. B. Geburtstagswünsche der Gastgeberin/des Gastgebers kennen. Sie können aber auch edlen Kaffee, Tee, für Raucher/innen Zigarren, hochwertiges Konfekt oder einen ausgesucht guten Wein wählen und entsprechend verpacken. Wenn Sie ein Buch schenken, sollten Sie dieses mit erklärenden Worten übergeben. Seien Sie aber vorsichtig mit allzu eindeutigen Buchtiteln.

Ein Geschenk sollte nie

- zu üppig sein, das könnte als Anbiederung verstanden werden;
- zu persönlich sein, dies könnte peinlich wirken;
- zu verpflichtend sein, man würde sich fragen, was es der/dem Beschenkten „kosten“ wird oder
- ein Werbegeschenk sein, womöglich noch mit Firmenaufdruck.

Ein mit Bedacht ausgewähltes Geschenk wirkt in der Regel viel positiver als ein zu aufwendiges Geschenk.

So punkten Sie

- Bei großen Veranstaltungen Blumen vorher schicken – Karte beilegen.
- Wenn Sie kurzfristig eingeladen wurden, können Sie die Blumen auch nachher schicken und eine Karte beilegen.
- Eine Visitenkarte ist nicht immer ausreichend, lieber eine handgeschriebene Karte dazulegen.
- Blumen ohne Papier überreichen, ausgenommen ist eine Papiermanschette, die oben bleibt.

Wenn Sie bei ausländischen Gastgeberinnen/Gastgebern eingeladen sind, sollten Sie ein bekanntes Produkt Ihrer Heimat mitbringen und nicht etwas wählen, was im Land der Gastgeber/innen üblich ist, z. B. italienischen Wein für Einladende, die aus Italien stammen. Wenn Sie ein Produkt Ihrer Herkunft mitbringen, wissen Sie darüber sicherlich etwas zu berichten und haben einen guten Anknüpfungspunkt für die ersten Gespräche.

Small Talk zum Einstieg

Bei einer Einladung sollten Sie vor allem bei der Begrüßung darauf achten, dass Sie die Gastgeber/innen nicht zu lange in Gespräche verwickeln, weil Sie sich auch den anderen Gästen widmen müssen. Gute Gastgeberinnen/Gastgeber stellen Sie den anderen Gästen vor und fügen hinzu, woher man sich kennt und auch wo Sie arbeiten. Passiert das nicht, stellen Sie sich selber vor und sprechen kurz über den Abend, die Einladung, den Ort und schon sind Sie mitten im Gespräch.

Nähere Details dazu im Kapitel „Small Talk“, Seite 76.

Gastredner/in sein

Diese Aufgabe erhebt Sie meist zum Ehrengast einer Einladung. Erkundigen Sie sich genau nach dem Anlass, den zu erwartenden Gästen, wie viel Redezeit Sie haben und ob es technische Unterstützung gibt. Als Gastredner/in sollten Sie zumindest eine halbe Stunde vor Veranstaltungsbeginn bei Ihren Gastgeberinnen/Gastgebern sein.

Klären Sie dort noch einmal alle Details, wie auch Ihre persönlichen biografischen Daten, um richtig vorgestellt zu werden.

REDNER/IN

Als Gastredner/in machen Sie sich bei Ihren Zuhörerinnen/Zuhörern beliebt, wenn Sie sich kurz halten, prägnant in der Aussage sind und Humor zeigen.

Selbstverständlich bedanken Sie sich öffentlich bei Ihren Gastgeberinnen/Gastgebern für die Einladung als Gastredner/in.

Zu Gast in einem Unternehmen

Viele Firmen laden aus Repräsentationsgründen in die eigenen Räumlichkeiten ein. Üblicherweise werden die Gäste gleich beim Eingang begrüßt und zum Veranstaltungsort geleitet. Begegnen Sie allen folgend gerüstet: Handy aus, Zigarette weg, Visitenkarten griffbereit in einer Tasche – mit einem Lächeln.

Imbiss in den Firmenräumen

Bei einem Imbiss werden Ihnen Snacks, Brötchen und kleine Fingergerichte sowie Getränke gereicht. Es ist oft ziemlich schwierig, Essen, Serviette und Glas im Stehen zu organisieren. Bei Frauen kommt noch die Handtasche dazu.

STEHPARTY

Suchen Sie sich eine Abstellmöglichkeit für Ihre Dinge und nehmen Sie immer nur ein Stück in die Hand, um sich besser bewegen zu können. Vergessen Sie nie, eine Serviette zu nehmen.

Wenn Sie jemanden treffen und begrüßen möchten, so stellen Sie, wenn möglich, alles ab, um die Person mit Händedruck entsprechend empfangen zu können – das entfällt in Pandemiezeiten. Vorher noch rasch die klebrigen Finger abzulecken, sollten Sie gar nicht in Erwägung ziehen, besser Sie entschuldigen sich und lassen den Handschlag ausfallen.

Am Buffet in der Firma

Buffets haben den Vorteil, dass meist für jeden Geschmack etwas dabei ist und sich alle so viel nehmen können, wie sie möchten. Trotzdem sollten Sie sich mit immer nur einem Teller in aller Ruhe anstellen, eher kleine Portionen auflegen und zum Beispiel kalte Vorspeisen und warme Speisen keinesfalls mischen. Dafür können Sie ruhig öfter zum Buffet gehen und die einzelnen Gerichte entsprechend genießen. Bei Buffets ist es auch üblich, dass leer gegessene Platten umgehend durch solche mit frischen Gerichten ersetzt werden. Also keine Sorge, an einem Buffet ist noch niemand verhungert.

So punkten Sie

Leer gegessene Teller lassen Sie samt Besteck auf Ihrem Platz stehen, damit sie abserviert werden können. Wenn Sie sich eine neue Portion holen, nehmen Sie daher immer einen frischen Teller und frisches Besteck direkt vom Buffettisch. Die Gläser bleiben stehen und werden neu befüllt, außer Sie wechseln das Getränk.

Weihnachts- und Firmenfeiern

Das ungezwungene Firmenfest kann viele Fettnäpfchen und Fallstricke bereithalten. Im schlimmsten Fall kann es auch den Arbeitsplatz kosten. Vor allzu ausgelassenem Treiben wird gewarnt, denn es ist und bleibt eine betriebliche Veranstaltung, auf der die Etikette gilt. Wer sich danebenbenimmt, fällt schnell in Ungnade. Lieber ein Glas weniger als eines zu viel! Wenn der Alkohol zu reichlich fließt und man sich zu unbedachten Äußerungen hinreißen lässt, riskiert man viel. Auch wenn nicht alles perfekt ist oder dieses Jahr gespart wurde, gibt es viele Gründe, das Fest trotzdem zu genießen und nicht zu nörgeln. Diese Feiern laden zum Kontakteknüpfen geradezu ein.

VERNETZEN	Sich zu Mitarbeiterinnen/Mitarbeitern aus anderen Abteilungen zu setzen, fördert das Betriebsklima und das interne Vernetzen.

Verschwiegenheit und Diskretion sind Tugenden, die hoch angerechnet werden. Sollte sich jemand blamiert haben oder zu sehr dem Alkohol zugetan gewesen sein, so wird dies am nächsten Tag weder kommentiert, noch werden Scherze damit getrieben.

An Weihnachts- und Firmenfeiern sollten Sie unbedingt teilnehmen. Ein Fernbleiben wird als Desinteresse wahrgenommen und kommt nicht gut an, außer Sie haben einen triftigen Grund und nennen diesen als Entschuldigung. Fällt eine Weihnachtsfeier in die Arbeitszeit, müssen Sie daran teilnehmen!

Dresscode bei Firmenfeiern

Normalerweise ist eine Weihnachtsfeier festlich und förmlich. Ist es ein gemütliches Beisammensein kurz vor Weihnachten mit kleinem Buffet im Büro, ist das Büro-Outfit üblich. In kleinen Handwerksbetrieben sind schöne Hose und Hemd oder Rock mit Bluse und Pulli passend. Anzug und Krawatte wären overdressed, außer man feiert in einem sehr festlichen Rahmen. Ein rustikaler Rahmen verlangt nach rustikalem Outfit.

Ein ungewöhnlicher Veranstaltungsort, wie z.B. eine Schneeschuhwanderung mit anschließendem Essen auf einer Hütte, verlangt nach einem legeren Outfit, der Umgebung und dem Wetter entsprechend.

➔ *Nähere Details dazu im Kapitel „Dresscode", Seite 243.*

„WAS ANZIEHEN?"

Über Dresscodes wird selten gesprochen, daher fragen Sie vorher besser nach.

Small Talk

Nicht jedes Thema ist für die Feier geeignet. Gehaltserhöhungen, Schlechtmachen von Kolleginnen/Kollegen und Verbesserungsvorschläge haben hier keinen Platz. Einen guten Gesprächseinstieg bieten Themen wie das persönliche Feiertagsprogramm oder Urlaubspläne. Allzu Privates ist zu vermeiden.

Buffet

Sie bedienen sich erst, wenn die Chefin/der Chef das Buffet freigegeben hat. Es sollte selbstverständlich sein, sich nicht vorzudrängen und den Teller nicht bis obenhin vollzupacken. Gehen Sie lieber mehrmals zum Buffet.

Distanz wahren

Unpassende Du-Wort-Angebote, zu derbe Vertraulichkeiten und Annäherungsversuche lassen Sie nicht im besten Licht erscheinen. Sich höflich und rücksichtsvoll zu benehmen, macht Sie zu einer guten Gesprächspartnerin/einem guten Gesprächspartner. Das ist Basis für eine gute weitere Zusammenarbeit unter Kolleginnen/Kollegen.

Wenn einem bei solchen Feiern das Du-Wort angeboten wird, sollte man generell achtsam sein. Die/Der Ranghöhere bietet es der/dem Rangniederen an und nicht umgekehrt. Kommt es zu einem Duz-Angebot am frühen Abend, ohne dass viel Alkohol im Spiel ist, kann man davon ausgehen, dass das Angebot ernst gemeint ist. Je später der Abend, umso mehr muss man sich in Acht nehmen.

Wenn bei einem erfolgten Duz-Angebot Alkohol geflossen ist, gibt es am nächsten Arbeitstag drei Möglichkeiten:

- Die Person, die es Ihnen angeboten hat, weiß es sehr wohl.
- Sie weiß es nicht mehr.
- Sie will es nicht mehr wissen.

Auf jeden Fall empfiehlt es sich, beim nächsten Treffen abzuwarten, wie man Ihnen begegnet. Verlieren Sie kein Wort darüber, wenn man Sie wieder siezt.

Nähere Details dazu im Kapitel „Vom Sie zum Du“, Seite 60.

Gast im Restaurant sein

Die Benimm-Codes geben Ihnen Sicherheit und ermöglichen Ihnen eine positive Selbstpräsentation. Beim Business-Essen sind Tischmanieren noch wichtiger als privat, da Sie mit Ihrem Benehmen auch Ihr Unternehmen repräsentieren.

Nähere Details dazu im Kapitel „Tischetikette“, Seite 189.

Immer häufiger gehen Bewerbungsgespräche – vor allem, wenn es sich um Positionen im mittleren und höheren Management handelt – nach ausführlichen Persönlichkeitstests und Assessment Parcours im Restaurant in die Endrunde. Hier heißt es, die letzte Klippe bravourös beim Benimm-Test zu meistern. Selbstverständlich erscheinen Sie pünktlich zu Ihrer Einladung.

BENIMM-CODES

Soziale Kompetenz wird immer wichtiger. Dazu zählen gute Umgangsformen und das Benehmen bei Tisch.

Platzwahl

Beim Eintreffen im Restaurant geben oder legen Sie Mantel oder Jacke ab. Dann werden Sie an den Tisch der einladenden Person geführt oder Sie treffen einander vorher an der Bar. Meist wird zur Begrüßung ein Aperitif gereicht. Sollte Ihre Gastgeberin/Ihr Gastgeber noch nicht anwesend sein, warten Sie am besten an der Bar oder nehmen bereits bei Tisch Platz, ohne zu bestellen.

Ob es Tischkarten oder frei zu wählende Plätze gibt, entscheidet die Gastgeberin/der Gastgeber, denn sie/er hat sich strategisch überlegt, wer wo sitzen soll. Halten Sie sich bitte an diese Wünsche, auch wenn Sie Ihre Sitznachbarinnen/-nachbarn eventuell nicht kennen und Sie lieber bei Ihrer Kollegin/Ihrem Kollegen sitzen würden.

TRICKSEN

Bei Einladungen dürfen Sie keinesfalls die Tischkarten vorab auswechseln und für sich einen „besseren" Platz suchen.

Bei freier Platzwahl klären Sie, wo die Gastgeberin/der Gastgeber sitzt, denn die Plätze direkt daneben sind Ehrenplätze oder ganz besonderen Gästen vorbehalten. Sie werden den Abend sicherlich genießen, wenn Sie sich zu Personen setzen, mit denen Sie ins Gespräch kommen wollen, was Sie bei freier Platzwahl selbst bestimmen können.

Sind Sie als Mitarbeiter/in zur Kundenbetreuung eingeladen, so richten Sie sich bitte nach den Wünschen Ihrer Kundinnen/Kunden und fragen höflich, ob Sie an deren Tisch Platz nehmen dürfen. In weiterer Folge ist es Ihre Aufgabe, sich um das Wohlergehen Ihrer Gäste im Auftrag Ihrer/Ihres Vorgesetzten zu kümmern.

TISCH-GESPRÄCH

Das Tischgespräch sollte keinesfalls ausschließlich von geschäftlichen Dingen handeln, sondern angenehm, abwechslungsreich und interessant für alle sein.

Vorstellen in einer Tischrunde

Alle, die bei einer gesellschaftlichen Veranstaltung, wie bei einem Ball oder einem festlichen Dinner, an einen Tisch kommen, stellen sich den anderen Gästen am Tisch vor. In einer kleineren Tischrunde bis zu circa zwölf Personen machen Sie das reihum. Bei einer großen Tafel reicht es, sich im engsten Umfeld der Sitzenden vorzustellen.

Tipps für die Preislage

AUSWAHL

„Was wähle ich?“ und „Was darf es kosten?“ sind wahrscheinlich die brennenden Fragen bei jeder Einladung.

Gute Gastgeber/innen werden Ihnen entsprechende Entscheidungshilfen bieten. Das ist entweder ein vorgegebenes Menü, dessen Gerichte bereits ausgewählt wurden, oder es kann à la carte gegessen werden. Sie bestellen, worauf Sie Gusto haben. Wenn es heißt: „Wir essen nur etwas Kleines“, halten Sie sich bitte daran. Wenn Ihre Gastgeberin/Ihr Gastgeber eine Speise empfiehlt, müssen Sie nicht dieses Gericht wählen, sondern nur den Hinweis auf den Preis beachten. Wenn Sie keinerlei derartige Tipps bekommen, so fragen Sie sehr höflich: „Wofür haben Sie sich entschieden?“ oder „Können Sie mir etwas empfehlen?“ Das Gleiche gilt natürlich auch für Getränke.

Getränkewahl

Zu viel Alkohol kann Ihre Karriere beeinträchtigen, aber zumindest ein Glas Wein oder Bier „zur Feier des Tages“ können Sie sich bestellen. Sollten Sie gar keinen Alkohol trinken, so bedanken Sie sich für das angebotene Getränk, lehnen es höflich ab und stehen selbstbewusst dazu, ohne sich zu rechtfertigen.

Den Wein wählt bei einem Menü die Gastgeberin/der Gastgeber aus und sie/er macht auch die Weinprobe, außer es wurde jemand damit beauftragt.

Die/Der Einladende erhebt als Erstes das gefüllte Glas und trinkt auf das Wohl ihrer/seiner Gäste. Dabei wird aber nicht angestoßen, denn das würde die anderen Gäste im Restaurant stören. Nur wenn es einen entsprechenden Anlass gibt, können Sie diese Regel brechen. Sie sollten maximal einmal anstoßen. Sie dürfen mit jedem antialkoholischen Getränk anstoßen.

Essensbeginn

SERVIER-FOLGE

Das Essen wird in der Regel entsprechend der Rangfolge serviert: Ehrengast, andere Gäste, Gastgeber/in.

Warten Sie bitte, bis alle ihre gefüllten Teller vor sich stehen haben und warten Sie auf das Zeichen der Einladenden. Wenn an mehreren Tischen die Gäste derselben Einladung sitzen und nicht gleichzeitig serviert wird, gilt diese Regel für jeden Tisch extra – alle warten, bis jede/r an diesem Tisch ihr/sein Essen hat. Die Einladung nimmt ihren Lauf, die Gerichte werden serviert und Sie bleiben zumindest bis nach dem Dessert bei Tisch – ausgenommen sind Raucher/innen oder wenn Sie Hände waschen gehen, dann können Sie während der Gänge kurz den Tisch verlassen.

Nähere Regeln dazu im Kapitel „Tischetikette", Seite 189.

Einladung im privaten Rahmen

Wenn Sie als Gast im privaten Rahmen eingeladen sind, sollten Sie sich stilvoll benehmen und die wichtigsten Benimm-Codes kennen.

Näheres zum Thema „Gastgeschenke" auf Seite 177.

Allergien, Lebensmittelunverträglichkeiten, besondere Essensvorlieben

ALLERGIEN UND VORLIEBEN

Haben Sie Allergien, Lebensmittelunverträglichkeiten oder eine Abneigung gegen gewisse Speisen, informieren Sie Ihre Gastgeber/innen ein paar Tage vor der Einladung.

Gute Gastgeber/innen erkundigen sich vorab über die Wünsche ihrer Gäste. Wenn Sie als Vegetarier/in keine besonderen Umstände machen wollen, können Sie erst kurz vor Essensbeginn die Einladenden dezent informieren, dass Sie kein Fleisch oder keinen Fisch essen und die Beilagen für Sie ausreichend und ein vollständiges Gericht sind. Als Veganer/in müssen Sie die Information zeitnahe geben, damit die Gerichteauswahl entsprechend getroffen werden kann. Ideal ist es, wenn Sie einen Tipp geben, womit Sie zufrieden sind, z. B. „Ich bin mit Gemüse zufrieden."

Ankommen und Essensbeginn

Zu einer Privateinladung kommen Sie selbstverständlich pünktlich, aber keinesfalls zu früh, um die Gastgeber/innen nicht in Verlegenheit zu bringen – zwei bis fünf Minuten nach der vereinbarten Zeit hat sich bewährt. Sollten Sie doch früher als erwartet ankommen, so gehen Sie noch ein Weilchen spazieren oder warten im Auto.

Beim Ankommen öffnet Ihnen die Gastgeberin/der Gastgeber die Türe und nimmt Ihnen den Mantel ab. Sie sollten keinesfalls mit Mantel oder Jacke in der Hand herumlaufen und eine passende Gelegenheit suchen, um diese abzulegen. Begrüßt wird per Handschlag. Sollte Hauspersonal die Türe öffnen, grüßen Sie höflich, aber nicht mit einem Händeschütteln. Nach der Begrüßung übergeben Sie Ihr Gastgeschenk mit ein paar netten Worten.

Der anschließende Aperitif macht einerseits Appetit aufs Essen, dient aber vor allem dem Bekanntmachen der Gäste. Geben Sie sich entspannt, nennen Sie Ihren Namen oder lassen sich vorstellen und stürzen Sie sich in die erste Small-Talk-Runde.

Wenn Sie zu Tisch gebeten werden, folgen Sie der Aufforderung rasch und orientieren sich, wenn es Tischkärtchen gibt. Andernfalls suchen Sie sich interessante Menschen, mit denen

Sie zusammen sein möchten. Den tatsächlichen Essensbeginn zeigt Ihnen die Gastgeberin/der Gastgeber an, indem sie/er in die Runde blickt, kurz nickt und zu essen beginnt. Sie/Er wünscht auch als Erste/r einen guten Appetit, wenn dies üblich ist.

Nach der Suppe werden Wein und Bier, je nach Menüfolge, eingeschenkt. Es versteht sich von selbst, dass Sie das Essen loben, etwas Besonderes daran finden, z. B. die raffinierte Zusammenstellung oder Würzung hervorheben, übertreiben Sie aber nicht.

NACH-WÜRZEN

Kosten Sie, bevor Sie mit Salz und Pfeffer nachwürzen und vermeiden Sie dies, wenn es nicht unbedingt notwendig ist.

Anstoßen

Wird auf einen Ehrengast oder eine Jubilarin/einen Jubilar angestoßen, so erheben sich alle von ihren Plätzen und prosten dieser Person zu. Wird den Gastgeberinnen/Gastgebern gedankt, so tun das alle mit einem erhobenen Glas und bleiben sitzen.

Tischetikette im privaten Rahmen

Nähere Details dazu im Kapitel „Tischetikette“, Seite 189.

Selbstverständlich wahren Sie auch im privaten Rahmen die Regeln des guten Umgangs. Ob es lockerer, freundschaftlicher oder formeller zugeht entscheidet, wie streng die Etikette gehandhabt wird.

Wann ist die Einladung beendet?

Das Essen ist beendet, wenn die Gastgeberin/der Gastgeber die Serviette beiseitelegt oder aufsteht. Für den Digestif und den Kaffee können Sie in einen anderen Raum oder einen gemütlicheren Teil des Zimmers wechseln, um Kaffee und/oder Cognac zu genießen.

Eine Esseneinladung klingt langsam aus. Es gehört sich nicht, gleich nach dem Essen aufzuspringen und sich zu verabschieden. Circa eine halbe Stunde nach dem Digestif oder einem anderen abschließenden Getränk ist passend.

Sollten Sie nur zum Kaffee geladen sein, so beachten Sie, dass diese Einladung nach zwei bis höchstens drei Stunden beendet ist. Sie könnten die Einladenden nämlich in arge Bedrängnis bringen, wenn es später wird und kein Abendessen geplant ist, es aber die Zeit verlangen würde.

Wenn Sie sich verabschieden möchten, schließen Sie sich einigen anderen Gästen an, damit die Gastgeber/innen nicht alle paar Minuten die Gespräche verlassen müssen. Sie bedanken sich herzlich, reichen allen Anwesenden die Hand und verabschieden sich.

DANK

Sie beweisen Stil, wenn Sie sich am darauffolgenden Tag noch einmal telefonisch oder eventuell mit einem Blumengruß für die Einladung bedanken.

Tischetikette

Der Tisch ist – wie einst die Feuerstelle – ein Begegnungs- und Kommunikationsort. Hier werden soziale Kontakte geknüpft und gepflegt, Freundschaften geschlossen und Geschäftsabschlüsse angebahnt. Früher oder später kommt wohl jeder in die Situation, an einem Essen teilnehmen zu müssen oder selbst Gastgeber/in zu sein. Auch wenn Sie wenig Erfahrung haben, brauchen Sie keine Angst zu haben. Wenn Sie die Benimm-Codes dieses Kapitels kennen, sind Sie immer auf der sicheren Seite.

▸ FILM AB

Wie benimmt man sich im Restaurant auf keinen Fall?

www.trauner.at/BenehmenimRestaurant.aspx

Betreten des Restaurants

Ein schönes Essen beginnt mit einem stilvollen Auftritt im Restaurant. Wer die Benimm-Codes kennt, fühlt sich sicherer, agiert viel lockerer und kann das Essen entspannter genießen als jemand, der ständig überlegen muss, ob sie/er alles richtig macht.

Benimm-Codes

So verhält man sich in folgenden Situationen beim Betreten des Lokals:

Situation 1: Ein Mann und eine Frau betreten das Lokal.

- Der Herr hält der Dame die Türe auf und die Mitarbeiterin/der Mitarbeiter hält sie der Chefin/dem Chef auf.
- Die Dame tritt ein und wartet, bis der Herr die Türe geschlossen hat – auch wenn sie Gastgeberin ist.
- Der Herr nimmt der Dame den Mantel ab und übergibt ihn den Restaurantfachleuten. Sollte gerade keine Bedienung anwesend sein, bringt er ihn selbst zur Garderobe; auch für Damen ist es möglich, dass sie dem Herrn mit dem Mantel behilflich sind.
- Treppauf geht die Dame immer vor, treppab der Herr.
- Der Herr geht im Restaurant vor und wartet auf die Restaurantfachleute. Diese/r geht vor, dann die Dame, der Herr geht zum Schluss zum Tisch.
- Die Dame hat dann den Vortritt, wenn sie Gastgeberin ist.
- Die Dame geht beim Verlassen voran, der Herr geht zum Schluss.
- Die Dame wartet, dass ihr der Herr in den Mantel hilft, sofern sie diese Geste schätzt.
- Der Herr öffnet die Tür, lässt die Dame als Erste hinaustreten.
- Der Herr schließt die Tür.

Situation 2: Zwei Frauen oder zwei Männer betreten das Lokal.

- Die/Der näher bei der Türe steht, hält der/dem anderen die Türe auf.
- Die/Der Jüngere hält dem/der sehr viel Älteren die Türe auf.

Situation 3: Beim Geschäftsessen kommen Gast und Gastgeber/in zur gleichen Zeit zum Restaurant.

- Die Gastgeberin/der Gastgeber macht die Tür auf.
- Die Mitarbeiterin/der Mitarbeiter macht der Führungskraft die Tür auf. Aber steht die Führungskraft näher bei der Eingangstür, kann auch sie/er die Türe aufmachen. Das wirkt sympathisch.

In der gehobenen Gastronomie werden Sie zu Tisch begleitet. Sollten zwei Paare gleichzeitig an ihren Platz geführt werden, ist die Reihenfolge: Restaurantfachfrau/-mann geht vor, Frau, Mann, Frau, Mann reihen sich aneinander. Sollte ein Herr mit zwei Damen an den Tisch geführt werden, geht die/der Restaurantfachfrau/-mann vor, dann die zwei Frauen und der Mann schließt ab.

Sollten Sie nicht zum Tisch geführt werden, so geht der Herr voraus, dann kommt die Dame. Mit zwei Frauen verhält es sich so, dass der Mann vorangeht. Bei zwei Paaren geht ein Mann voraus, die beiden Frauen gehen in der Mitte und der zweite Mann geht zum Schluss. Manchmal ist nicht ganz klar, wer wo wie hintereinander hergeht. Dann ist es besser, einfach nur zu gehen. Wichtig ist, dass hinter der Restaurantfachfrau/dem Restaurantfachmann die Dame geht und nicht der Herr.

SPONTANITÄT | Versuchen Sie, so natürlich wie möglich zu agieren.

Sind bereits Gäste bei Tisch, so stehen alle auf, um die Herankommenden freundlich zu begrüßen. Sollten Sie im Restaurant Freundinnen/Freunde oder Kundinnen/Kunden sehen, grüßen Sie nur von der Ferne, um sie nicht beim Essen oder der Unterhaltung zu stören. Wenn Sie jedoch mit Blicken oder einer Geste eingeladen werden, an den Tisch zu kommen, dann gehen Sie selbstverständlich hin, grüßen und stellen Ihre Begleitung vor. Halten Sie sich kurz, denn Sie wollen nicht stören, insbesondere wenn sie gerade essen.

Platznehmen

Sehr selten funktioniert das Platznehmen reibungslos, besonders wenn mehrere Gäste gleichzeitig kommen. Seien Sie aber beruhigt, die Essensauswahl beginnt erst, wenn alle sitzen. Hat die Gastgeberin/der Gastgeber Tischkarten aufgestellt, halten Sie sich bitte an diese Sitzordnung. Warten Sie ab, ob Ihnen Plätze zugewiesen werden, nur bei freier Platzwahl können Sie nach Ihren Vorlieben selbst entscheiden, wo Sie sitzen möchten. Die folgenden Benimm-Codes gelten im geschäftlichen wie auch im privaten Rahmen.

Benimm-Codes

- Die Einladenden sitzen immer mit Blick zur Tür, um mit dem Servicepersonal zu kommunizieren. Um dies anzuzeigen, stellen sie sich hinter ihre Stühle und bitten erst dann die Gäste, Platz zu nehmen.
- Ehrengäste sitzen rechts und links der Gastgeberin/des Gastgebers.
- Die Dame sucht sich ihren Platz aus.
- Sind mehr Herren als Damen anwesend, achtet man darauf, dass eine Dame nicht am Tischende sitzt.
- Der Mann rückt der Frau den Stuhl zurecht, wenn sie es möchte, und wartet, bis sie sitzt, erst dann setzt er sich nieder. Sakkos dürfen nie ausgezogen werden, außer die Gastgeberin/der Gastgeber schlägt dies vor. Darum zu bitten, empfiehlt sich nur in äußersten Notfällen. Als Selbstzahler fragen Sie die Damen, ob Sie das Sakko ausziehen dürfen.
- Kindern wird der Platz zugewiesen, eventuell ist ein Kindertisch arrangiert.

Wenn Sie Platz genommen haben und bemerken, dass Sie sich durch die Tischdekoration gestört fühlen, so lassen Sie diese bitte stehen und ersuchen die Bedienung, diese zu verschieben oder abzuräumen. Kerzen zündet ebenfalls die Bedienung an, das brauchen Sie nicht zu tun.

Nach internationaler Regel sind die Plätze rechts neben dem Gastgeber und links neben der Gastgeberin die Ehrenplätze. Die Plätze mit Blick in den Raum gelten als die besten Plätze.

Wohin mit Handy und Handtasche?

Auf keinen Fall legen Sie Handy oder Handtasche auf den Tisch, das würde die schöne Tafel stören. Das Handy kommt in die Tasche oder in das Sakko oder Sie bitten Ihre weibliche Begleitung, es einzustecken. Größere Handtaschen stellen Sie auf den Boden, und zwar vor Ihre Füße oder neben Ihren Stuhl. Man kann sie auch über den Stuhlrücken hängen, dort stören sie jedoch meist die Bedienung, oder Sie legen sie auf den freien Nachbarplatz. Kleine Abendhandtaschen können auf den Schoß unter die Serviette gelegt oder zwischen Ihren Rücken und die Stuhllehne gestellt werden. In manchen Häusern stellt man Ihnen einen kleinen Hocker an die Seite, darauf können Sie Ihre Handtasche ablegen. Spezielle Handtaschenhalter sind auch eine elegante Lösung, diese werden an der Tischkante befestigt.

MOBIL-TELEFON

Grundsätzlich hat das Handy im Restaurant Pause. Schalten Sie es aus oder stellen Sie es auf lautlos.

Sollten Sie einen dringenden Anruf erwarten, kündigen Sie diesen vorher an. Wenn der Anruf kommt, erkennen Sie es an der Vibration des Handys, das Sie eingesteckt haben sollten. Entschuldigen Sie sich kurz und verlassen Sie für das Gespräch den Tisch. Wer aufs Ausschalten vergessen hat, entschuldigt sich und stellt das Gerät auf stumm.

Näheres über den richtigen Umgang mit Handy und Telefonaten im Kapitel „Telefon, Online-Meetings und soziale Netzwerke", Seite 104.

Korrekte Haltung bei Tisch

FILM AB

Die Haltung bei Tisch

www.trauner.at/TischHaltung.aspx

Mit dem Hinsetzen beginnt die korrekte Haltung bei Tisch. Im privaten Rahmen sollten Sie darauf achten, dass Sessel und Tisch in der richtigen Proportion zueinander sind, um ein gutes Sitzen vor allem beim Essen zu ermöglichen.

So punkten Sie

Am bequemsten sitzen Sie, wenn Sie die ganze Sitzfläche des Stuhls ausfüllen und Ihre Beine parallel mit den ganzen Fußsohlen am Boden abstellen. Sie sitzen aufrecht, aber nicht im Hohlkreuz oder steif, mit einer Handbreit vom Tisch entfernt. So fühlen Sie sich stabil, bequem und können längere Zeit gut sitzen.

Diese Haltung ermöglicht Ihnen ein angenehmes Hantieren mit dem Besteck und gleichzeitig ein Gespräch mit Ihren Sitznachbarinnen/Sitznachbarn zu führen, ohne am Stuhl herumwetzen zu müssen. Legen Sie beide Hände bis zur gedachten Ärmelmanschette am Tisch ab. Auf keinen Fall dürfen Sie die Ellbogen auf dem Tisch abstützen. Je näher Sie beim Tisch sitzen, umso weniger kommen Sie in die Versuchung, den Kopf in Richtung Teller zu bewegen.

Beim Essen selbst bewegen Sie Ihre Arme nur leicht vor und zurück, der Kopf kommt nur minimal den Bissen entgegen. Den Mund bitte nicht aufreißen, sondern die Stücke so klein schneiden, dass Sie sich nicht den Kiefer ausrenken müssen, um alles ohne Kleckern hineinzubekommen.

Nähere Details zum Umgang mit der Stoffserviette lesen Sie im Abschnitt „Serviette", Seite 200.

So punkten Sie

Je formeller das Essen, desto strenger ist die Haltung bei Tisch. Während der einzelnen Gänge können Sie sich bei lockerer Gesellschaft ruhig der Nachbarin/dem Nachbarn zuwenden. Wenn Ihre Sitznachbarinnen/Sitznachbarn rechts und links von Ihnen ins Gespräch kommen, Sie aber ungestört sein wollen, so lassen Sie die beiden „hinter Ihrem Rücken" sprechen. Beteiligen Sie sich allerdings daran, werden die Gesprächspartner/innen vor Ihrem Oberkörper gemeinsam mit Ihnen reden.

Ansprechen der Servicemitarbeiter/innen

Halten Sie mit den Servicemitarbeiterinnen/-mitarbeitern Blickkontakt und machen Sie sich durch dezente Handzeichen bemerkbar. Fragen Sie nach dem Namen der Bedienung, die Sie durch den Abend führt. Haben die Servicemitarbeiterinnen/-mitarbeiter ein Namensschild, so werden sie auch mit dem Namen angesprochen. „Fräulein" oder „Ober" gelten heute als antiquiert, außer in traditionellen österreichischen Kaffeehäusern in Wien und Salzburg.

BLICK-KONTAKT

Als Gastgeber/in sitzen Sie so, dass Sie jederzeit Blickkontakt mit dem Personal aufnehmen können.

Benimm-Codes

Seien Sie im Restaurant immer höflich zum Personal, auch wenn Hochbetrieb herrscht und Sie vielleicht nicht gleich nach Ihren Wünschen gefragt werden. Rufen Sie nicht lautstark nach der Bedienung, denn die ist Ihnen ohnehin zugewiesen und sieht es als ihre Pflicht, sich um die Gäste zu kümmern.

Aufstehen

▶ FILM AB

Ist Aufstehen während des Essens erlaubt?

www.trauner.at/AufstehenbeimEssen.aspx

Gastgeber/innen stehen immer auf, wenn eine Person an den Tisch tritt, davon ausgenommen ist natürlich das Bedienungspersonal.

Der Mann links von der Frau steht immer auf und hilft ihr vom Stuhl auf, wenn sie sich vorher kurz entschuldigt, um anzuzeigen, dass sie aufstehen möchte. Ebenso erhebt er sich und hilft ihr wieder, wenn sie zurückkehrt – so fordert es die klassische Etikette und daran hat sich bis heute nichts geändert. Ist kein Mann an der linken Seite der Frau, sondern an der rechten Seite, kümmert er sich um sie. Es kann durchaus sein, dass sich ein Herr um zwei Damen kümmern darf, rechts und links von ihm. Diese Regel setzt voraus, dass sich die Frau vom Mann unterstützen lassen möchte.

Menüauswahl

Wenn Sie die Menükarten gereicht bekommen, werden Sie gleich nach Aperitif und Getränken gefragt. Es gibt in sehr exklusiven Häusern sogar Wasser-Sommeliers, die bei der Auswahl des passenden Wassers zum Essen ihre Hilfe anbieten.

In vielen Restaurants werden leicht alkoholische, oft sehr kreative Spezialitäten angeboten, die elegant serviert als Aperitif den Appetit anregen. Statt des Aperitifs können Sie ein kleines Bier bestellen.

Vegetarier/innen, Veganer/innen und Diätpatientinnen/Diätpatienten sind meist klug genug, beim Annehmen einer Einladung auf Ihren Ernährungsstil hinzuweisen. Wollen Sie als Gastgeber/in auf Nummer sicher gehen, so können Sie nach den Wünschen fragen, besonders dann, wenn Sie privat nach Hause einladen. Ansonsten kann in jedem guten Restaurant schnell etwas zubereitet werden, das dem Gast entspricht.

Preiskategorien

Machen Sie als Gastgeber/in Vorschläge, um die Preiskategorie festzulegen. Das schätzen Gäste sehr und es gibt ihnen Orientierung. Handelt es sich um ein Geschäftsessen, ist es nicht nur ein Ort ungezwungener Businesskonversation, sondern offenbart über die Tischmanieren auch die gesellschaftliche Qualifikation der Geschäftspartnerin/des Geschäftspartners. Schließlich können Umgangsformen auch geschäftliche Entscheidungen beeinflussen.

EMPFEHLUNG

Die Preiskategorie gibt die/der Einladende vor, indem sie/er eine konkrete Menü-Empfehlung ausspricht.

Achten Sie darauf, dass Ihr gewähltes Gericht nicht über dem Preis des vorgeschlagenen Gerichts liegt. Sie dürfen die Preiskategorie gern ausschöpfen, aber höflicherweise nicht überschreiten. Hat die Gastgeberin/der Gastgeber durch Empfehlungen oder durch ihre/seine Wahl den Preisrahmen abgesteckt, dürfen Sie als Gast zuerst bestellen.

Früher war es üblich, dass die Gastgeberin/der Gastgeber für die Gäste bestellt hat. Hält sich Ihr/e Gastgeber/in in der Preiskategorie bedeckt, orientieren Sie sich sicherheitshalber im mittleren preislichen Feld oder fragen nach, was sie/er empfehlen kann oder ausgewählt hat. Wählen Sie die gleiche Anzahl an Gängen. Zuerst dürfen die Frauen bestellen, dann die Männer, zum Schluss die Gastgeberin/der Gastgeber. Bei einer größeren Gruppe ist es von Vorteil, ein Menü anzubieten.

Getränkewahl

Wird eine Essenseinladung mit einem Aperitif eröffnet, besteht dieser meist aus leicht alkoholischen Getränken, die in einem speziellen Glas gereicht werden. So können Sie sich auf das bevorstehende Essen einstimmen, erste Kontakte schließen, einander bekannt machen, die Wartezeit auf das Essen wird auf diese Weise angenehm überbrückt.

APERITIFS

Als klassische Aperitifs gelten Champagner, Sekt und hochwertige Schaumweine wie Cavo oder Spumante, wie auch Kir Royal, Mojito, Hugo oder Campari, Noilly Prat und Aperol Spritz, wenn Sie es herber mögen.

Erhalten Sie den Aperitif an der Bar oder in einem anderen Raum, wo Sie nicht Ihr Essen einnehmen, trinken Sie ihn auch dort aus und lassen das Glas zurück. Wird Ihr Aperitif kurz bevor Sie zu Tisch gebeten werden, serviert, trinken Sie ihn auf keinen Fall in einem Zug aus, sondern nehmen das Glas mit. Bevor der bestellte Wein kommt, trinken Sie Ihr Glas aus oder lassen den restlichen Aperitif abservieren.

Zu vielen Speisen passt Wein besser als Bier, dieses können Sie aber zu jedem Gang wählen, auch wenn andere Wein trinken. Als Gast haben Sie die Wahl.

ABWARTEN

Alkoholfreie Getränke können sofort nach Erhalt getrunken werden, Sie brauchen nicht zu warten, bis der Gastgeber oder sonst jemand zu trinken beginnt. Anders verhält es sich beim Aperitif und beim Wein.

Gläser korrekt verwenden

Bei einem festlichen Essen können mit jedem Gang neue Weine und andere Getränke serviert werden. Daher stehen einige Gläser in unterschiedlicher Form und Reihenfolge für Sie bereit.

Mit alkoholfreien Getränken müssen Sie bei Tisch nicht anstoßen, können es mit einem Stielglas aber tun. Solche Getränke dürfen Sie jederzeit trinken und brauchen nicht erst auf ein Zeichen der Einladenden zu warten.

Benimm-Codes

- Schlanke Stielgläser sind für Weißwein.
- Bauchige Gläser für den Rotwein, damit dieser sein Bukett entfalten kann.
- Langstielige Gläser mit drei Fingerspitzen und dem Daumen immer am Stiel nehmen.
- Ein abgespreizter kleiner Finger ist nicht vornehm, wie irrtümlich oft gemeint wird.

So punkten Sie

Selbstverständlich kann man Alkoholisches ablehnen und braucht keinen Grund dafür anzugeben. Ein schlichtes „Nein, danke“ reicht und muss von den Einladenden ohne Fragen akzeptiert werden. Kein/e Gastgeber/in muss Alkohol trinken, wenn es die Gäste tun.

Weinprobe

In Restaurants schenkt das Personal die Getränke nach, bei Einladungen in privaten Räumlichkeiten machen das die Gastgeber/innen. Legen Sie dabei niemals den Flaschenhals auf den Glasrand, sondern verwenden Sie eine Abtropfscheibe und halten Sie die Flasche etwa fünfzehn Zentimeter über dem Glas.

Details zum Ablauf der Weinprobe lesen Sie im Abschnitt „Wer sucht den Wein aus?“, Seite 165.

Das Glas erheben oder anstoßen?

Wie man sich gegenseitig zuprostet, richtet sich vor allem danach, in welchem Rahmen dies geschieht und welches Getränk man zu sich nimmt.

„ZUM WOHL!”

Grundsätzlich wird nicht angestoßen, sondern nur das Glas erhoben.

Bei besonderen Anlässen kann man ausnahmsweise anstoßen, wenn die Gastgeberin/der Gastgeber dies wünscht. Üblicherweise wird mit alkoholischen Getränken angestoßen, bei Bier ist es allerdings besser, davon Abstand zu nehmen. Man kann heute auch mit Wasser anstoßen, sollte dies aber nur mit einem Stielglas tun. Möchte z. B. ein Biertrinker mit Ihnen als Weintrinker anstoßen, weisen Sie das Angebot nicht zurück, auch wenn es sich nicht schickt.

Es beginnt immer die Gastgeberin/der Gastgeber, darauf folgen die Gäste, man blickt alle in der Runde an, nickt allen zu, sagt „Zum Wohl“ oder „Auf Ihr Wohl“, trinkt, schaut sich wieder in der Runde um, nickt vielleicht und stellt schließlich das Glas wieder ab. „Prost“ wünschen sich nur Biertrinker, keinesfalls Weintrinker. In einem kleineren Kreis kann auch gerne vorsichtig angestoßen werden, allerdings nicht jedes Mal, wenn das Glas erhoben wird. Wird die Weinsorte gewechselt, sollte man vom vorher servierten Wein nicht mehr trinken. Ist Ihr Glas noch gefüllt, können Sie es einfach stehen lassen – Sie bekommen mit dem neuen Wein ein neues Glas. Bleiben Sie bei der gleichen Sorte Wein, wird dies jede Gastgeberin/jeder Gastgeber akzeptieren.

Welches Getränke passt wozu?

ÜBLICHERWEISE WERDEN ZU EINEM FEINEN ESSEN FOLGENDE GETRÄNKE GEREICHT:

- Zu Vorspeise und Suppe passt ein leichter Wein.
- Fisch schmeckt sehr gut mit einem leichtem Weiß- oder Rotwein.
- Zu hellem Fleisch passt Weißwein, wobei dieser ruhig etwas voller sein darf. Leichter Rotwein ist ebenso möglich.
- Dunkles Fleisch und Wild entfalten ihren Geschmack am besten bei einem Glas Rotwein.
- Zu deftigen Speisen und Braten wählt man gerne ein kühles Bier, stilvoller ist es jedoch, einen kräftigen Wein zu nehmen.
- Den Abschluss bilden meist ein Espresso, Grappa, Likör oder Cognac. Zu speziellen Nachspeisen oder zum Käseteller wird auch gerne ein süßer Dessertwein gereicht.

WEINE WERDEN IN FOLGENDER REIHENFOLGE GEREICHT:

- Leichte vor schweren Weinen
- Weißwein vor Rotwein
- Trockene vor lieblichen Weinen
- Jüngere vor älteren Weinen

Mittlerweile ist es akzeptiert, dass die Weine nach dem persönlichen Geschmack ausgewählt werden.

So punkten Sie

In gehobenen Restaurants schenken die Restaurantfachleute nach. Im gutbürgerlichen Restaurant und im Privaten gilt: Was auf dem Tisch steht, ist den Gästen zur freien Verfügung. Schenken Sie als Mann der Frau zu Ihrer Rechten Wasser oder Wein nach. Bitten Sie sie, ihr Glas in Ihre Reichweite auf den Tisch zu stellen.

Tischreden

ZEITPUNKT

Wird eine Rede gehalten, ist die beste Zeit dafür vor dem Beginn des Essens oder vor dem Dessert.

Das gilt auch, wenn es sich um eine kurze Dankesrede handelt. Sind mehrere Reden vorgesehen, werden sie zwischen den Gängen eingeplant. Der Zeitpunkt wird mit der Küche abgesprochen, damit dort die Pausen eingehalten werden können. Es ist heute überholt, zwischen Suppe und Hauptgang zu reden. Bei Tischreden gilt: In der Kürze liegt die Würze.

Serviette

▶ FILM AB

Wie man die Serviette richtig verwendet

www.trauner.at/Serviette.aspx

Zu einem schön gedeckten Tisch im privaten Rahmen gehören Stoffservietten, in der gehobenen Gastronomie sind sie obligat. In der Regel liegt die Serviette links, manchmal auch auf dem Platzteller in der Mitte. Wenn alle wissen, dass die eigene Serviette immer links liegt, findet jeder seine Serviette wieder.

Sobald Sie bei Tisch Platz genommen haben, können Sie, sofern Sie selbst bezahlen, die Serviette auseinandernehmen und auf Ihren Schoß legen, auch wenn sie noch so kunstvoll gefaltet ist. Sind Sie eingeladen, warten Sie damit, bis die Gastgeberin/der Gastgeber die Serviette nimmt. Sobald Ihre Gastgeberin/Ihr Gastgeber die Serviette nimmt oder das Essen serviert wird, nehmen Sie die einmal rechteckig gefaltete Serviette und legen Sie sie mit der Öffnung zu Ihnen auf den Schoß. So kann man den Mund immer zwischen den beiden Lagen abtupfen. Die Serviette sieht so für die Tischnachbarn immer ansprechend aus. Wenn sie auf den Boden fällt, lassen Sie sie am Boden liegen und ersuchen um eine neue Serviette.

So punkten Sie

Manchen Männern ist es unangenehm oder unmöglich, die Serviette über beide Beine zu legen. Es genügt, dass Sie die Serviette auf einen Oberschenkel legen, um stilvoll zu sein.

Benimm-Codes

- Bevor Sie trinken, tupfen Sie mit der Serviette beim Essen den Mund ab.
- Wenn Sie fertig gegessen haben, machen Sie dies auch.
- Nach dem Essen oder wenn Sie die Hände waschen gehen, legen Sie die Serviette links von ihrem Teller ab. Ist dort aufgrund des Brottellers kein Platz frei, legen Sie diese rechts leicht gefaltet neben das Gedeck. Die benutzte Seite ist nach innen gefaltet. Knüllen Sie die Serviette niemals zusammen.
- Bleiben Sie mit der Serviette im „eigenen Raum" und kommen Sie nicht in den Bereich der Tischnachbarn. Das könnte zu Verwechslungen führen.
- Legen Sie nach dem Essen Ihre Serviette nicht auf den Teller, sondern immer auf die linke Seite unterhalb des Brottellers. Schieben Sie gegebenenfalls den Brotteller leicht nach oben, sollte zu wenig Platz dafür sein. Ist links kein Platz mehr, weil die Gedecke sehr eng platziert sind, können Sie ausnahmsweise die Serviette in der Mitte platzieren. Die Differenzierung, dass man nach Beendigung des Essens die Serviette rechts ablegt, gibt es, ist jedoch kaum jemandem geläufig und verwirrt Gäste und Bedienung gleichermaßen.
- Legen Sie Ihre Serviette nie auf dem Stuhl oder auf der Stuhllehne ab, falls Sie während des Essens den Tisch verlassen wollen. Das wird bei uns als unappetitlich empfunden; diese amerikanische Etiketteregel gilt bei uns nicht.

Besteck

▶ FILM AB

Die Besteckssprache

www.trauner.at/Besteckssprache.aspx

Die Handhabung des Bestecks sagt viel über die Person und ihre Kinderstube aus. Zu beachten ist, dass es kulturelle Unterschiede gibt, es gelten immer die Benimm-Codes des Gastgeberlandes. Selbst die internationalen Regeln können – vor allem im privaten

Bereich – abweichen. Egal wie groß oder klein die Besteckteile am Tisch sind, sie werden von außen nach innen verwendet. Die Bedienung deckt entsprechend um, sollte es für Ihre Speisenfolge notwendig sein, z. B. wenn Sie ein Fischgericht bestellen.

Gedeck für Fischgerichte

Benimm-Codes

- Löffel oder Messer halten Sie rechts, die Gabel links.
- Linkshänder/innen wechseln ihr Besteck bei jedem Gang, wenn die Speise serviert wird.
- Das Besteck hält man in der Hand – sowohl während des Essens als auch im Gespräch mit den Tischnachbarn und fuchtelt damit nicht in der Luft herum. Besser Sie legen bei einer längeren Konversation das Besteck auf den Teller.
- Brauchen Sie nur ein Besteckteil, also nur die Gabel oder den Löffel, nehmen Sie dieses in die rechte Hand.
- Fassen Sie Gabel und Messer zwischen Daumen und Zeigefinger, wobei der Zeigefinger am Besteckrücken liegt und die Gabelzinken nach unten zeigen. Die übrigen Finger liegen locker auf dem Besteck.
- Löffel und Gabel mit der Spitze zum Mund führen und nicht den Mund zum Besteck.
- Suppe wird durch langsames Rühren im Teller abgekühlt und nicht durch Pusten. Sie können auch einfach warten.
- Was für den Kaffeelöffel gilt, gilt auch für den Suppenlöffel in der Tasse. Nach Gebrauch legen Sie ihn bitte zurück auf den Unterteller.
- Das benutzte Besteck darf den Tisch nicht mehr berühren. Ganz selten werden Besteck- oder Messerbänkchen aufgestellt. Das sind kleine Stege aus Porzellan oder Metall zur Ablage des Bestecks neben dem Teller.
- Besteck, das nicht benutzt wird, bleibt auf dem Tisch liegen und wird nicht auf den beschmutzten Teller gelegt. Das Personal wird es abräumen.

Festgedeck

Immer häufiger verwenden Restaurants kreative Geschirrkreationen, die Gäste überfordern können. Auch kommen viele beim Ablegen des Bestecks während des Essens in Bedrängnis. Die klassische Art ist es, Messer und Gabel während des Essens mit den Spitzen zur Tellermitte hin abzulegen und nach dem Essen das Besteck parallel nach schräg rechts unten auf halb fünf Uhr zu legen.

Wenn das Besteck abrutscht und im Teller landet, ist das kein Malheur. Passiert das am Ende des Essens, lassen Sie es einfach so liegen, das Personal kümmert sich beim Abservieren darum. Wenn Ihnen das aber während des Essens passiert, ist das Besteck voller Soße. Das ist unangenehm und beeinträchtigt den Essgenuss. Bitten Sie dann die Bedienung um ein neues Besteck und wischen oder lecken Sie es nicht ab.

Suchen Sie für das Besteck eine Position, in der das Besteck nicht in den Teller hineinrutscht. Es ist auch möglich, Speisen auf dem Teller als Blockade zu benutzen, indem Sie das Messer oder die Gabelzinken davor ablegen.

Tabus im Umgang mit Besteck

Es ist weit weniger schlimm, zur falschen Gabel zu greifen, als mit dem Besteck herumzufuchteln, mit dem Messer auf andere Personen zu zeigen oder auf dem Teller herumzukratzen. Leider merkt man vielen Menschen an, dass ihre Essmanieren im häuslichen, ganz privaten Rahmen mehr als salopp sind. Sie müssen sich bei offiziellen Gelegenheiten besonders abmühen, weil ihnen die stilvolle Routine im Umgang mit Messer und Gabel fehlt.

Benimm-Codes

- Halten Sie Ihr Besteck nicht mit den Fäusten oder wie einen Bleistift.
- Streifen Sie die Messerklinge nicht an den Gabelzinken ab, wenn doch notwendig, dann sehr dezent.
- Fällt Besteck zu Boden, bleibt es liegen und Sie verlangen nach einem neuen Besteck.
- In allen Ländern der Welt ist es absolut tabu, das Messer in den Mund zu stecken oder abzulecken; auch den Kaffeelöffel!
- Eine Ausnahme ist der Cappuccino mit viel Milchschaum, wie er gerne in Österreich, Deutschland und der Schweiz getrunken wird, hier dürfen Sie löffeln.

Besteckssprache

Die Stellung von Messer und Gabel zwischen oder am Ende des Essens haben jeweils eine Bedeutung. Es sind nonverbale Signale, die international bekannt sind und den Gastgebern oder dem Personal zeigen, wie weit Sie mit Ihrem Essen sind.

Benimm-Codes

- Offenes Besteck – Messer und Gabel kreuzen sich mit den Spitzen – das bedeutet: „Ich esse noch."
- Geschlossenes Besteck – Messer und Gabel liegen parallel auf halb fünf Uhr – das bedeutet: „Ich bin fertig."

So punkten Sie

Wenn ungeschultes Personal Ihren Teller wegtragen möchte, obwohl Sie das mit Ihrem Besteck anders anzeigen, so sagen Sie sehr höflich, aber bestimmt: „Ich bin noch nicht fertig, würden Sie das Essen bitte stehen lassen."

Immer wieder liest und hört man, dass durch die Besteckablage signalisiert werden kann, dass das Essen nicht geschmeckt hat. So eine Bestecksprache gibt es nicht mehr, heutzutage sagt man freundlich, wenn es nicht geschmeckt hat.

Linkshänder/innen

Als Linkshänder/in können Sie heute alle Besteckteile so benutzen, wie es Ihnen angenehm ist. Sie wechseln es bei jedem Gang einfach von einer in die andere Hand. Auch bei Schwierigkeiten, mit rechts zu schneiden, können Sie das Besteck wechseln, denn in der Regel wird nach wie vor für Rechtshänder eingedeckt. Sie wechseln nicht das ganze Gedeck, sondern immer nur das, was Sie gerade benötigen, ebenso bleiben die Gläser rechts stehen. Linkshänder/innen dürfen beim Fisch das Fleischmesser oder eine zweite Gabel verwenden.

Brot

Das Brot gehört in der gehobenen Gastronomie zu jedem Gedeck dazu. Sollten Sie nicht zum Brotkorb gelangen, bitten Sie Ihre Tischnachbarn, es Ihnen zu reichen. Es darf aber nur von einem zum anderen weitergereicht und nicht über einen anderen hinübergereicht werden.

▶ FILM AB

Wie wird der Brotkorb am Tisch weitergereicht?

www.trauner.at/Brotkorbweiterreichen.aspx

Links von Ihrem Besteck steht der Brotteller mit einem kleinen Buttermesser, das ausschließlich dafür gedeckt ist. Lassen Sie bitte den Teller dort stehen und stellen ihn nicht in die Mitte. Von Brot und Gebäck beißt man bei Tisch nicht ab, sondern bricht ein mundgerechtes Stück herunter, streicht mit dem Buttermesser die bereitgestellte Butter oder den Aufstrich darauf und steckt es in den Mund. Das Messer wird wieder auf den Brotteller gelegt.

▶ FILM AB

Die Verwendung des Brottellers

www.trauner.at/Brotteller.aspx

Brot dient nicht dem Sattessen. Gastgeber/innen würden das vielleicht so auslegen, dass Ihnen das Essen nicht schmeckt. Nur beim Frühstück dürfen Sie das Gebäck auseinanderschneiden und ganz bestreichen. Belegte Brote werden immer mit der Hand gegessen und nicht mit Messer und Gabel geschnitten. Sehr große Brote werden einmal in der Mitte durchgeschnitten, damit sie gut in der Hand liegen.

Beim Essen von frischem Gebäck lassen sich Brösel nicht verhindern. Streifen Sie bitte nicht selbst die Brösel weg, denn das ist Aufgabe der Bedienung. In gehobenen Restaurants verwendet das Personal dafür ein Tischset mit kleinem Besen und Schaufel oder einen speziellen Roller. Sollte sich niemand für die lästigen Brösel zuständig fühlen, ersuchen Sie die Bedienung höflich darum.

Klassischerweise bleibt der Brotteller bis zum Hauptgang an seinem Platz, dann wird er abserviert und eventuell zum Käse wieder frisch bereitgestellt. Das kann in manchen Häusern unterschiedlich gehandhabt werden. Den Hartkäse essen Sie nur in Happen und nicht auf dem Brot abgelegt.

Darf mit Brot getunkt werden?

Manchmal ist es sehr verführerisch, eine delikate Sauce mit Brot aufzutunken, wenn die Beilagen bereits aufgegessen sind. In Frankreich ist das durchaus üblich, in Österreich und Deutschland wird dafür aber ein Saucenlöffel eingedeckt. Dieser Gourmetlöffel ist schaufelartig und ganz flach und wird in die rechte Hand genommen, um damit die eingedickte Sauce aufzulöffeln. Zuvor legen Sie bitte Messer und Gabel überkreuzt am Teller ab. In Italien und in italienischen Restaurants bei uns finden Sie manchmal eine Schale mit Olivenöl auf dem Tisch. Das dazu gereichte Brot dürfen Sie stückchenweise in das Öl tauchen und so essen. Diese Speise hat sich aus früheren Zeiten erhalten, als man hartes Brot durch Tunken in Öl wieder genießbar machte.

„Amuse-Gueule“ – der Gruß des Hauses

Das „Amuse-Gueule“ (sprich: amüs göl) bedeutet Gaumenfreude. Es ist ein kostenloser Appetithappen, für den nicht extra eingedeckt wird. Es könnte allerdings sein, dass zusätzliches Besteck dazugegeben wird.

Für manche Spitzenköche ist das Amuse-Gueule ein entscheidender Einstieg in ein gediegenes Mahl. In sehr schicken Lokalen lässt es schon erahnen, wie fantasievoll gekocht und angerichtet wird. Unkundige freuen sich zwar über das Amuse-Gueule, sind aber auch entsetzt und sagen dann: „Das habe ich nicht bestellt." Das sollte Ihnen nicht passieren, denn es handelt sich um eine Aufmerksamkeit zu Ihrer Begrüßung, also den Gruß aus der Küche.

Das Essen wird serviert

DIE KLASSISCHE SPEISENFOLGE BEI MEHRGÄNGIGEN ESSEN IST INTERNATIONAL FOLGENDERMASSEN FESTGELEGT:

- Brot mit Butter oder Aufstrich
- Amuse-Gueule
- Kalte Vorspeise oder Salat
- Suppe
- Warme Vorspeise
- Fischgericht
- Sorbet zur Kühlung des Gaumens
- Fleischgericht
- Süßspeisen und Desserts
- Käse
- Kaffee und Digestif

Sämtliche Speisen werden von rechts serviert und abserviert. Von links kommen nur Beilagen-Salat, Brot und alles, was von einer Platte nachgelegt wird. Sie brauchen nur aufmerksam zu sein, wenn Ihr Gericht kommt. Essensbeginn ist erst, wenn alle ihren Teller vor sich haben und die Gastgeberin/der Gastgeber dazu das Zeichen gibt. Sollte es mit dem Essensbeginn länger dauern, bittet die Gastgeberin/der Gastgeber die Gäste, schon anzufangen, damit das Essen nicht kalt wird. Macht sie/er das nicht, warten alle. Zahlen Sie selber, dürfen Sie fragen, ob Sie schon beginnen dürfen, wenn Sie sehen, dass es bei den anderen noch dauert, oder die anderen Gäste bitten Sie darum.

So punkten Sie

- In Restaurants dürfen Sie nachwürzen, das gilt nicht mehr als unhöflich. Salz und Pfeffer stehen normalerweise nicht auf dem Tisch, außer es gehört zum Stil des Hauses. Verlangen Sie danach, wenn Sie möchten.
- Sollte Ihr Essen versalzen oder zu kalt sein, reklamieren Sie es bitte gleich und schicken es zurück. Die Bedienung wird sich entschuldigen und Ihnen anstandslos ein frisches Gericht bringen. Wenn Sie allerdings fertig essen und sich dann beschweren, ist es zu spät. Wenn Sie die falsche Wahl getroffen haben und das Gericht nicht Ihrem Geschmack entspricht, sollten Sie es nicht beanstanden.

▶ FILM AB

Darf nachgesalzen werden?

www.trauner.at/Nachsalzen.aspx

Am Buffet

Das Buffet wird von den Gastgeberinnen und Gastgebern eröffnet, indem diese es ankündigen, dazu einladen oder als Erste hingehen. Erst dann schließen sich die Gäste an.

Benimm-Codes

- Der Ehrengast bedient sich zuerst.
- Mitarbeiter/innen sollen vorher abklären, ob sie sich bedienen dürfen oder sich nur um die Gäste kümmern müssen.
- Beginnen Sie auf der richtigen Seite des Buffets, also dort, wo das Besteck ist, und nehmen Sie die Speisen nach der klassischen Menüfolge auf.
- Nehmen Sie nur übersichtliche Mengen ausschließlich mit dem dafür vorgesehenen Vorlagebesteck.
- Achten Sie bei Selbstbedienung darauf, dass das schöne Arrangement nicht zerstört wird.
- Den Zangengriff mit Vorlegegabel und Vorlegelöffel müssen Sie nicht beherrschen.
- Ihre Finger kommen beim Buffet nicht zum Einsatz!
- Gehen Mann und Frau gemeinsam zum Buffet, so lässt er ihr den Vortritt und ist beim Bedienen behilflich.

- Entnehmen Sie das Brot nur mit Zange oder Serviette.
- Schneiden Sie das Brot immer mit Serviette ab.
- Bei warmen Speisen sind meist Köche anwesend – lassen Sie sich bedienen.
- Sie können gleich mit dem Essen beginnen, warten Sie eventuell noch auf die Tischpartnerin/den Tischpartner.
- Nehmen Sie nie einen gebrauchten Teller zum Buffet mit.

„Mahlzeit" oder „Guten Appetit"?

Die Eröffnung des Essens mit „Guten Appetit" muss situationsbedingt betrachtet werden. Die Etikette besagt, dass man sich keinen „Guten Appetit" wünscht, sondern die Gastgeber/innen das Signal zum Essensbeginn geben, indem sie zum Besteck greifen und in die Runde nicken. Es gibt Essenseinladungen, ob beruflich oder privat, wo man sich einen „Guten Appetit" wünscht, dem können Sie sich anschließen. „Mahlzeit" ist ein Vormittags- und Mittagsgruß und hat beim Essen nichts verloren.

Das Gegenüber hat etwas zwischen den Zähnen

Niemand kommt gerne nach Hause und sieht im Spiegel die Petersilie zwischen den Zähnen, die dort vielleicht schon den ganzen Abend war. Sie hätten sich sicherlich gefreut, wenn Sie jemand darauf aufmerksam gemacht hätte. Warten Sie bis zum Ende des Gangs und weisen dezent darauf hin: „Sie haben da etwas", und zeigen vielleicht dezent mit dem Zeigefinger und vorgehaltener Hand auf die eigenen Zähne. Die/der andere wird Ihnen für den Hinweis dankbar sein, verlässt den Tisch, um im Waschraum die Zähne zu reinigen.

Zuerst Dessert oder Käse?

Darüber sind sich selbst Experten nicht einig. In Frankreich ist es üblich, dass der Käse nach dem Hauptgang kommt und das Dessert den Abschluss bildet. In Deutschland und Österreich ist es umgekehrt: Der Käse wird zum Abschluss gegessen. Man sagt: „Käse schließt den Magen." Die Fettsäuren des Käses produzieren einen hormonähnlichen Stoff, der Sättigung signalisiert, die Magenentleerung wird gebremst und wir fühlen uns satt. Daran halten sich die Franzosen und essen anstatt des süßen Desserts ein Stückchen Käse.

So punkten Sie

Wenn Sie Käse ordern, suchen Sie maximal fünf bis sechs Sorten aus. Die Käsesorten werden im Uhrzeigersinn angerichtet. Auf 1 Uhr liegt der leichteste und frischeste Käse, mit dem Sie starten. Der geschmackintensivste Käse liegt auf 10 Uhr, mit diesem schließen Sie ab.

Digestif

Ein Digestif soll der Verdauung dienen, er rundet das Menü ab. Er wird nach dem Essen gereicht, ist aber keine Pflicht. Als Digestif eignen sich Cognac, Calvados, Obstler, Grappa, Scotch, Fernet, Dessertwein, diverse Whisky-Sorten oder auch Premium-Weinbrand.

Rauchen

RAUCH-VERBOT | In europäischen Restaurants, Speiselokalen oder Cafés ist Rauchen verboten.

Wenn Sie nach draußen oder in eine Raucher-Lounge gehen, tun Sie dies am besten erst nach Beendigung des Essens, um nicht beim folgenden Gang nach Rauch zu riechen.

Durch das Rauchverbot in den Restaurants bleiben oft Nichtraucher alleine am Tisch sitzen, weil die anderen nach draußen gehen, um zu rauchen. Das ist nicht sehr höflich. Achten Sie immer darauf, dass nicht alle den Tisch gleichzeitig verlassen und bleiben Sie nicht länger als „eine Zigarettenlänge" weg.

Bezahlen

Heute ist es kein Muss mehr, als Gastgeber/in zum Bezahlen hinauszugehen, Sie können die Kreditkarte diskret zur Rechnung legen. Wenn Sie bar bezahlen, sollten Sie auf jeden Fall die Gäste verlassen und die Rechnung draußen an der Theke begleichen. Bei einer höheren Rechnung oder als Stammkunde können Sie sich die Rechnung zusenden lassen. Vergessen Sie nicht auf das Trinkgeld!

Es ist heute durchaus üblich, dass auch die Frau bezahlt, weil sie die Einladung ausgesprochen hat oder weil sie ihre Essensrechnung selbst begleichen möchte. Sagen Sie bereits bei der Bestellung, falls Sie getrennt zahlen möchten. So können die Restaurantfachleute die Bestellungen unterschiedlich buchen, was beim Bezahlen eine Menge Zeit erspart.

Wollen Sie bei Tisch bezahlen und haben vorher vergessen, diesbezüglich Bescheid zu geben, dann sagen Sie: „Ich möchte bezahlen." So weiß das Personal, dass Sie alles zusammengerechnet haben möchten und Sie Ihre Gäste einladen. Wenn Sie sagen: „Wir möchten bezahlen", bedeutet das, dass jeder Gast eine gesonderte Rechnung haben möchte. Leider kommt es manchmal trotzdem vor, dass die Restaurantfachleute fragen, ob sie getrennt oder zusammen zahlen möchten, dann wiederholen Sie es bitte klar.

BEZAHLEN | Üblich ist: Wer die Rechnung verlangt, bezahlt.

In manchen italienischen Restaurants und grundsätzlich in Italien werden keine einzelnen Rechnungen für eine Tischrunde ausgestellt. Es bezahlt einer für alle. Wissen Sie schon vorab, dass es so gehandhabt wird, klären Sie vorab in der Runde, wer für alle bezahlt und wie Sie aufteilen. Wenn Sie davon überrascht werden, diskutieren Sie nicht mit dem Personal, es ist sinnlos. Einer übernimmt und nachher wird geklärt, wie aufgeteilt wird.

Trinkgeld

▶ FILM AB

Wie viel Trinkgeld ist angebracht?

www.trauner.at/Trinkgeld.aspx

Wer Trinkgeld gibt, hat gute Leistung bekommen und versteht es als Anerkennung für einen guten Service. In Japan oder China gilt es fernab der großen Touristenzentren als Beleidigung, wenn man Trinkgeld gibt. In Ausnahmefällen kann hier ein kleines Geschenk gemacht werden, allerdings kein Bargeld. In Thailand und Malaysia hat man sich schon an das Trinkgeld gewöhnt. In arabischen Ländern ist Trinkgeld nur in Hotels mit westlichem Standard üblich.

Benimm-Codes

Man kann davon ausgehen, dass es fast weltweit üblich ist, ca. 10 Prozent Trinkgeld zu geben. Die Ausnahme machen die USA, hier sind 15 bis 20 Prozent Trinkgeld („tip" oder „gratuity") üblich, weil es dort Teil des Lohns ist. In Großbritannien, Irland und Belgien hingegen wird das Trinkgeld bereits mitkassiert, mit dem Vermerk „Service charge" auf der Rechnung, ansonsten gelten auch die üblichen 10 Prozent. (Achtung: Diese Punkte sind Durchschnittswerte und können leicht variieren.)

ÜBLICHE TRINKGELDER:

Taxifahrer	10 Prozent
Gepäckträger	ca. 2 Euro (pro schweres Gepäckstück)
Zimmermädchen	1 bis 2 Euro pro Übernachtung
Housekeeping	1 bis 2 Euro für das Besorgen von Decken und Kissen
Zimmerservice	2 bis 5 Euro
Toilettenpersonal	25 Cent bis 1 Euro
Bar/Theke	1 Euro pro Drink (nicht bei Massenabfertigung)
Restaurantfachleute oder Pizzaservice	10 Prozent
Friseur/in oder Kosmetiker/in	10 Prozent
Wellnessdienstleistung	10 Prozent
Empfangsportier/in	2 bis 5 Euro für Koffertragen/Rufen eines Taxis
Autoparken	1 bis 3 Euro
USA Parkgehilfinnen und -gehilfen	1 bis 2 Dollar
Besorgungsdienste	1 bis 3 Euro
Garderobe	1 bis 2 Euro
Besorgen von Karten für ausverkaufte Vorstellungen	10 Euro
Kabinenpersonal auf Schiffsreisen	ca. 5 Prozent des Reisepreises für die gesamte Urlaubszeit
Zugbegleiter/in	1 bis 5 Euro bei besonderen Hilfestellungen

Abschluss des Abends

Wenn Sie den Abend beenden möchten, brechen Sie nicht gleich nach dem Essen auf. Nach einer kleinen zwanglosen Plauderei fragen Sie als Gastgeber/in nach den Plänen des nächsten Tages und berichten von den eigenen Verpflichtungen am Morgen. Sie könnten fragen „Was kann ich nun als Letztes noch für Sie tun?“, oder „Was möchten Sie zum Abschluss noch trinken?“ und sich dann mit „Wir freuen uns schon auf ein Wiedersehen!“ verabschieden.

So punkten Sie

So verlassen Sie das Restaurant: Die Frau geht voran, der Mann hilft ihr in den Mantel, wenn sie dies wünscht, hält ihr die Türe auf und geht hinter ihr aus dem Lokal.

Wie isst man stilvoll?

Ein Restaurantbesuch oder eine Geschäftseinladung sind erst dann gelungen und erfolgreich, wenn Sie wissen, wie die einzelnen Speisen gegessen werden und Sie sich völlig entspannt all das von der Speisekarte bestellen können, worauf Sie Lust haben. Damit Sie beim Lesen der Karte keine Ausdrücke entdecken, die Ihnen nicht geläufig sind, finden Sie hier die wichtigsten beschrieben und erfahren, was Sie auf dem Teller erwarten wird. Ein paar kleine Tricks und etwas Neugier sind die richtigen Voraussetzungen. Um Ihnen einen guten Überblick zu geben und die Suche zu erleichtern, sind die Speisen in alphabetischer Reihenfolge angeführt.

Die wichtigsten Speisen und Getränke zum Nachschlagen

Aperitif wird ein appetitanregendes Getränk vor dem Essen genannt, zum Beispiel Champagner, Sekt, Sherry, trockene Weine, Campari. Bier ist kein Aperitif, wird aber gerne statt des Aperitifs gereicht.

Amuse-Gueule nennt man eine kleine Vorspeise, die unbestellt serviert wird und als Aufmerksamkeit des Hauses zu verstehen ist. Das Besteck wird immer dazuserviert, weil es nicht eingedeckt ist.

Artischocken sind ein Edelgemüse aus der Familie der Distelpflanzen. Für diese Vorspeise verwenden Sie die Finger und zupfen von außen nach innen Blatt für Blatt heraus. Mit dem hellen Teil nach unten dippen Sie das Blatt in eine Soße und streifen den Inhalt mit den Zähnen heraus. Sind alle Blätter weg, wird der Boden mit dem ungenießbaren „Heu" frei. Sollte das Heu nicht schon vom Koch entfernt worden sein, schneiden Sie es mit dem Besteck weg und legen Sie es zur Seite, den leckeren Boden essen Sie mit Messer und Gabel. Dieses Gericht erfordert ein Fingerschälchen zum Säubern der Finger.

Austern werden roh gegessen und dürfen ausnahmsweise geschlürft werden. Halten Sie die frisch vom Koch aufgebrochene Auster auf dem Teller waagrecht mit der Hand fest. Mit der Austerngabel lösen Sie das Fleisch vom Muskel, beträufeln es dann mit etwas Zitrone sowie mit frisch gemahlenem Pfeffer und nehmen die Schale mit dem gelösten Muskelfleisch zum Mund, um sie möglichst geräuschlos auszuschlürfen. Es werden immer nur zwei oder drei Austern gegessen, da sie sehr eiweißhaltig und nicht für alle verträglich sind. Ob man sie mit Bart und Darm genießt und ungekaut hinunterschluckt ist eine reine Frage des Geschmacks und jeder/m selbst überlassen. Nachher reinigen Sie Ihre Finger in der Fingerbowle (Wasser mit Zitronensaft).

Avocados gelten als Superfood, werden meist halbiert und zum Beispiel mit Krabben gefüllt oder in Scheiben geschnitten mit unterschiedlichen Zutaten kombiniert als Vorspeise serviert. Stechen Sie das Fruchtfleisch zusammen mit der Fülle mit einem kleinen Löffel aus der Schale. Dabei können Sie die Avocado mit einer Hand sanft festhalten.

Belegte Brote werden in Gasthäusern/Skihütten/Almhütten auf Tellern serviert und mit der Hand gegessen. Ist die Brotscheibe zu groß, wird sie in der Mitte durchgeschnitten, damit sie beim Essen gut in der Hand liegt.

Bouillabaisse ist eine französische Fischsuppe. Zwar löffeln Sie die Suppe, dürfen aber die Fischeinlage, wenn sie größer und sehr fest ist, mit dem Besteck schneiden. Das Messer legen Sie nachher horizontal am oberen Tellerrand ab. Krustentiere brechen Sie mit der Hand und legen die Schalen auf den Unterteller der Suppentasse, daher erfordert dieses Gericht eine Fingerbowle.

Brot oder Toast zur Vorspeise oder als Brotgedeck gereicht wird in mundgerechten Stücken abgebrochen, niemals abgebissen. Sie bestreichen das Stück mit dem dazugehörigen Buttermesser und führen es mit der Hand zum Mund. Bitte keine Brotscheiben mit Butter bestreichen und abbeißen! Zum Frühstück ist es allerdings erlaubt, die Semmel und das Brot ganz zu bestreichen.

Chips und Erdnüsse an der Bar isst man nur mit einer Hand. Nehmen Sie nur einzelne Stücke heraus und nicht gleich eine Handvoll. Sollte Ihnen das zu wenig sein, so legen Sie mit einem Löffel mehrere Knabbereien auf einen kleinen Teller. Das ist für alle anderen hygienischer und appetitlicher.

Cocktailfrüchte dienen vorwiegend als Dekoration, können aber gegessen werden. Steckt am Rand des Cocktailglases eine Orangenscheibe, lassen Sie diese jedoch dort, sofern sie beim Trinken nicht stört. Die Scheibe bitte nicht auslutschen. Die Olive im Martini, wenn sie nicht aufgespießt ist, greifen Sie mit Daumen und Zeigefinger aus dem geleerten Glas heraus und genießen sie.

Dekoration auf den Tellern darf gegessen werden. Es gibt Köche, die essbare Dekoration, ob aus Kräutern, Obst oder Blumen, zu einem wahren Kult erheben. Diese sind meist ein unerwartetes Gaumenerlebnis.

Digestif wird ein stark alkoholisches Getränk nach dem Essen genannt, wie zum Beispiel Cognac, Schnaps, Grappa oder Kräuterlikör.

Eier, weichgekocht, essen Sie bitte nie mit einem Silberlöffel, sondern mit einem normalen kleinen (Eier-)Löffel. Klopfen Sie das Ei leicht an und heben Sie mit dem kleinen Löffel die Eikuppe ab oder köpfen Sie das Ei mit dem Messer, nehmen Sie die Kuppe in die Hand und löffeln Sie sie es wie das ganze Ei aus.

Farce heißt im Küchen-Französisch eine feine Füllung für Fisch, Fleisch, Geflügel und vor allem Pasteten.

Fingerbowle oder **Fingerschälchen** werden Ihnen mit einem Gericht serviert, das Sie teilweise mit den Fingern essen. Es ist eine Schale mit warmem Wasser und einer Zitronenscheibe darin. Bevor Sie wieder zum Besteck wechseln, tauchen Sie die Fingerspitzen in die Fingerbowle und trocknen sie anschließend mit der Extraserviette ab, was Sie öfter tun können. Wenn Sie diese Serviette nicht mehr benötigen, legen Sie sie rechts ab, damit sie abserviert wird.

Fisch wird entweder von der Bedienung filetiert und vorgelegt, wenn Sie das wünschen, oder als Ganzes auf einer Platte serviert. Weicher Fisch wird mit dem Fischbesteck gegessen. Das Messer hat keine Schneide und dient nur als Schieber. Feste Fische wie Matjes oder Fischgerichte werden mit den Beilagen mit dem normalen Besteck gegessen. Die Bedienung wechselt Ihr Besteck unaufgefordert aus, sollten Sie Fisch im Restaurant bestellen.

FISCH FILETIEREN | Sie zerlegen den Fisch ausschließlich mithilfe Ihres Bestecks und legen die Reste zurück auf die Platte.

So zerlegen Sie den Fisch: Zuerst schneiden Sie die Bauch-, Rücken- und Schwanzflosse ab, hinter dem Kopf wird leicht eingeschnitten. Anschließend lösen Sie das oben liegende Filet ab, indem Sie einen Schnitt vom Kopf bis zum Schwanz entlang des Rückgrats oder in der Mitte machen. Sollten Sie die Haut nicht essen wollen, rollen Sie diese nun über das Messer ab und legen sie auf den Extrateller. Das frei liegende Filet lösen Sie mit dem Fischmesser einmal nach oben und unten. Mit Messer und Gabel heben Sie die Mittelgräte vom Schwanz zum Kopf hin samt diesem ab und legen sie auf den Grätenteller. Bleiben dabei noch Gräten im Fleisch stecken, werden diese mit (Fisch-)Messer und Gabel beiseitegelegt, sie dürfen auf keinen Fall mit den Fingern herausgezogen werden. Die Bäckchen mancher Fischarten, unterhalb der Augen, neben den Kiemen gelegen, gelten als Delikatesse. Heben Sie diese Leckerbissen mit dem Messer vorsichtig heraus.

So punkten Sie

Spüren Sie bei Fischgerichten eine Gräte im Mund, entfernen Sie sie mit vorgehaltener Hand mit Daumen und Zeigefinger aus dem Mund und legen sie auf den Tellerrand. Sie können sie auch mit der Zunge auf die Gabel bugsieren.

Folienkartoffeln werden meist mit einem kleinen Löffel aus der Folie und Schale gelöst, können aber auch mit Messer und Gabel gegessen werden.

Fondue wird mit langen, schmalen Fonduegabeln serviert. Damit tauchen Sie rohe Fleischstücke oder Gemüseteile in heißes Öl oder Suppe und legen sie anschließend auf den Fondueteller. Von dort essen Sie das selbst Gegarte mit Beilagen und Soßen mit dem normalen Essbesteck.

Beim Käsefondue tauchen Sie mit einer Fonduegabel Weißbrotstücke in eine heiße Käsemischung.

Schokoladenfondue ist eine sehr üppige und abwechslungsreiche Nachspeise, bei der Obststücke mit einer Gabel in heiße Schokolade getunkt werden.

Garnelen brechen Sie hinter dem Kopf ab. Das hat zur Folge, dass sich der Panzer vom Schwanz löst und das Fleisch zum Verzehr bereit liegt, ansonsten lösen Sie das Fleisch mit den Fingern aus dem Panzer. Säubern Sie sich dann die Finger in der Fingerbowle und essen Sie das ausgelöste Fleisch mit der Hand oder der Gabel. Den schwarzen Faden des Darmes entfernen Sie mit dem Fischmesser oder der Gabel.

Geflügel darf im Restaurant nicht mit der Hand gegessen werden, nehmen Sie bitte Messer und Gabel zur Hand. Das gilt auch für Hähnchenkeulen, es sei denn, sie tragen eine Papiermanschette. Nur in Hähnchenstationen und auf dem Volksfest ist es erlaubt, mit den Fingern zu essen. Zum Abwischen erhalten Sie ein Erfrischungstuch. Werden eine Fingerbowle und eine zweite Serviette zum Abtrocknen der Finger gereicht, dann ist es erlaubt, mit den Fingern zu essen, sonst nicht.

Hummer wird im Restaurant üblicherweise halbiert und so weit vorbereitet serviert, dass Sie bei Tisch keine Hummerzange benötigen. Die Hummergabel ist keine Essgabel, sondern dient nur zum Herausholen des Fleisches. Auch hier geht es nicht ohne Finger und anschließender Fingerbowle.

Kartoffeln können Sie mit der Gabel trennen oder mit dem Messer schneiden. Das Zerquetschen der Kartoffel in der Soße sieht nicht appetitlich aus, Sie sollten es deshalb vermeiden. Der Kartoffelknödel wird mit der Gabel zerteilt.

Kaviar wird üblicherweise auf Eis gelagert in der Dose serviert. Kaviar nehmen Sie mit einem Holz- oder Perlmuttlöffel portionsweise auf den Teller. Mit dem eigenen Kaviarmesser legen Sie ihn auf das Toastbrot oder den Blin. Verwenden Sie bei Kaviar kein Silberbesteck!

Käse und Brot stecken Sie nacheinander in den Mund, wenn Sie Hartkäse essen. Mit der Gabel nehmen Sie den Käse, mit der Hand das Brot. Bei Weichkäse spricht nichts dagegen, kleine Brotstücke damit zu bestreichen. Für spezielle Hartkäsesorten, wie Pecorino oder Parmesan, gibt es manchmal besondere kleine Messer, mit denen der Käse gebrochen wird. Diese Stücke werden auch aus der Hand gegessen.

Kiwis löffeln Sie aus der Schale. Sie werden allerdings nicht geköpft, sondern der Breitseite nach durchgeschnitten. Dann wird die reife Frucht mit einem Dessert- oder Eierlöffel verspeist.

Knödel werden mit Gabel und Messer mehr gezogen als gerissen, aber nicht geschnitten, damit eine raue Oberfläche entsteht und möglichst viel Soße aufgenommen werden kann.

Kompott bekommen Sie in einer Schale serviert, sie löffeln es. Obstkerne nehmen Sie mit dem Löffel von Ihren Lippen ab und legen sie auf den Unterteller. Kerne bitte nicht ausspucken.

Krebse werden selten im Ganzen serviert. Wenn doch, bekommen Sie ein gelochtes Krebsmesser und eine zweizackige Gabel zum Zerlegen des Krustentieres, essen das Fleisch aber mit Ihrem gewöhnlichen Besteck.

Kuchen essen Sie mit der Kuchengabel und dem Kuchenlöffel. Der Löffel hilft nach, wo der Gabelstich nicht ausreicht oder Sie löffeln damit die Soße auf.

Mehlspeisen werden nicht mit dem Messer geschnitten. Sollte nur eine Gabel zur Verfügung stehen, ist es klar. Ist ein Löffel mit eingedeckt, so verwenden Sie ihn anstatt eines Messers und nehmen die Bissen von der Gabel in den Mund. Schaufeln Sie die süße Köstlichkeit bitte nicht mit Gabel und Löffel von beiden Seiten, sondern bleiben Sie bei der Gabel.

Muscheln erhalten Sie in der Schale in einem Sud oder bereits unter das Gericht gemischt. Muscheln, die sich beim Kochen nicht geöffnet haben, legen Sie beiseite, sie könnten verdorben sein. Nehmen Sie eine leere doppelte Muschelschale als Zange in die rechte Hand und holen mit ihr das Muskelfleisch aus der nächsten Muschel. Diese „Zangenmuschel" mit dem Muschelfleisch führen Sie zum Mund und essen so die Muscheln. Dann nehmen Sie wieder das Besteck auf, wenn Sie andere Teile des Gerichts essen. Auch hier ist eine Fingerbowle mit Zitrone notwendig.

Olivenkerne entfernen Sie nicht mit den Fingern aus dem Mund, sondern führen die Gabel an den Mund und befördern mit der Zunge den Kern dezent auf die Gabel, ausgenommen beim Aperitif. Mit der Gabel wird der Kern daraufhin an den Tellerrand oder in ein dafür vorgesehenes Schälchen gelegt.

Obst bekommen Sie mit langen spitzen Messern serviert. Sie essen es mit dem etwas kleineren Obstbesteck oder Sie verwenden, z. B. bei einem Apfel, die rechte Hand zum Schneiden und halten das Obststück mit der Hand fest. Kirschen, Erdbeeren oder andere kleine Beeren essen Sie mit einem Löffel oder als Nachspeise direkt vom Dessertteller mit der Hand. Liegen Weintrauben in einer Schale für Gäste bereit, so nehmen Sie von dort nicht jeweils eine einzelne Beere, sondern zupfen einen Traubenast von der Traube und essen diese Beeren.

Palatschinken oder Pfannkuchen werden mit dem Löffel geschnitten und mit der Gabel gegessen.

Pizza wird in der Pizzeria bzw. im Restaurant mit Messer und Gabel gegessen. Nur beim Stehimbiss können tortenförmige Stücke ohne Messer und Gabel mit der Hand gegessen werden. Sie beißen von der Spitze in Richtung dickwulstigem Rand ab.

Püree wird mit der Gabel und nicht mit dem Löffel gegessen.

Salzteigkruste ist eine spezielle Zubereitungsart. Der Teig wird abgeklopft und keinesfalls gegessen, sondern auf dem Teller beiseitegeschoben.

Soßen werden nicht mit dem Brot aufgetunkt, sondern mit dem Soßenlöffel aufgenommen, außer in Frankreich, dort dürfen Sie tunken.

Scampi in der Schale werden mit den Fingern unten aufgebrochen und die Schale heruntergezogen, aber mit Messer und Gabel gegessen. Säubern Sie sich dann die Finger in der Fingerbowle. Liegen die Scampi schon halbiert in der Schale auf dem Teller, lösen Sie das Fleisch mit der Gabel heraus und essen mit Ihrem Besteck.

Schnecken sind sehr einfach zu essen, da sie nur als Dekoration in die Schneckenhäuser gesteckt sind und sich leicht lösen. Mit der linken Hand nehmen Sie mit der Schneckenzange ein Schneckenhaus auf, ziehen mit der kleinen Schneckengabel das Fleisch heraus und legen es dann auf den Löffel im Teller. Gießen Sie die würzige Soße darüber und führen den Löffel zum Mund. Hier darf ausnahmsweise das Brot in die Soße getunkt werden, was sonst nicht erlaubt ist.

Sorbet wird zur Geschmacksneutralisierung zwischen Fisch- und Fleischgerichten serviert. Es ist ein angenehm kühlendes, auf Wasserbasis hergestelltes Fruchteis, das den Gaumen beruhigt und für den nächsten Gang vorbereitet. Manchmal ist auch ein Schuss Alkohol darin.

Spaghetti werden wie alle anderen Nudelgerichte nur mit der Gabel gegessen. Sie werden niemals geschnitten, auch wenn sie noch so lang erscheinen. Mit der aufgestellten Gabel nehmen Sie drei bis fünf Spaghetti auf und drehen diese am Tellerrand um die Gabel, bis sie aufgewickelt sind. Diesen Bissen schieben Sie in den Mund. Heben Sie bei Bedarf mit der Gabel nach, saugen Sie die Nudeln aber nicht in den Mund hinein. Ist ein Löffel eingedeckt, dürfen Sie selbstverständlich mit Löffel und Gabel essen. Stilvoller ist es aber, die Spaghetti wie die Italiener ohne Löffel zu essen.

Spargel darf mit dem Messer in Stücke geschnitten werden und wird mit dem Besteck gegessen.

Sushi und Maki sind schmackhafte asiatische Reishäppchen mit Fischbelag oder Gemüsefülle in Algenblättern. Sie werden ungeteilt mit Stäbchen gegessen.

Suppen werden häufig in Suppentassen, gebundene oder cremige Suppen in tiefen Tellern serviert.

Die Suppentasse dürfen Sie, nur wenn sie klare Suppen beinhaltet, an einem Henkel anheben und den Rest austrinken. Den Löffel lassen Sie nicht in der Tasse, sondern legen ihn auf die Untertasse.

Aus tiefen Tellern können Sie den Rest der Suppe durch dezentes Neigen des Tellers löffeln. Dazu neigt man den Teller von sich weg, nicht zu sich hin. Stilvoller ist es, den Teller gar nicht zu neigen und das bisschen Suppe übrig zu lassen.

Tatar ist rohes, klein gehacktes Fleisch vom Rind oder auch Fisch und wird mit Messer und Gabel gegessen. Wer Brot dazu isst, bricht es ab und schiebt es nachträglich in den Mund.

Tee bekommen Sie entweder mit einem Teebeutel serviert oder besonders stilvoll zum Aufgießen mit heißem Wasser.

Den Teebeutel nehmen Sie am Faden aus der Kanne oder Tasse, legen ihn auf den Teelöffel und umwickeln das Ganze mit dem Faden, um ihn auszudrücken. Legen Sie den Teebeutel auf die Untertasse oder einen bereitgestellten Behälter.

Wo Teekultur hochgehalten wird, bekommen Sie zu Ihrer Porzellan- oder Glaskanne mit den losen Teeblättern eine weitere Kanne, zumeist aus Metall, gefüllt mit heißem Wasser. Mit dem heißen Wasser gießen Sie Ihren Tee in der Tasse immer wieder auf, da er in der Teekanne stark oder bitter werden kann, wenn er länger zieht.

Trüffeln sind sehr teure, intensiv schmeckende Pilze, die von der Bedienung mit einem Trüffelhobel über die servierte Speise am Tisch gerieben werden. In manchen Restaurants werden die Trüffeln nach der abgeriebenen Menge berechnet, was teuer werden kann. Abgesehen davon verderben zu viele Trüffeln das Essen eher, als es zu bereichern.

Weißwurst kann man auf verschiedene Arten essen. Eine Möglichkeit ist, sie der Länge nach in zwei Hälften zu schneiden. Aber: durchtrennen Sie nicht die Unterseite der Haut. Mit der Gabel klappen Sie nun die Weißwurst-Hälften auseinander. Die andere Variante ist, Sie schneiden die Wurst in dicke Scheiben und achten darauf, dass der untere Hautteil unbeschädigt bleibt. So können Sie die Wurststücke Scheibe für Scheibe aus der Haut nehmen. In Bayern „zuzelt" (saugt) man die Weißwurst aus, jedoch nicht im Restaurant, außer es wird zu einem speziellen Weißwurstessen geladen.

Würstel oder Würstchen wie Frankfurter Würstel oder Wiener Würstchen dürfen Sie mit der Hand in den Senf und Kren tunken und essen. Die Semmel oder das Brot brechen Sie in kleine Stücke und schieben es nach.

Zitronen werden in Vierteln oder in Scheiben serviert. Beim Zitronenviertel stecken Sie die Gabel mit dem Zinken nach unten unter die Schale und entsaften mit Daumen und Zeigefinger. Zitronenscheiben legen Sie mit der Gabel auf das Fleisch und drücken den Saft mit der Gabel aus.

So punkten Sie

- Wenn Sie nicht wissen, wie Sie ein Gericht essen sollen, fragen Sie ruhig das Servicepersonal oder eine vertraute Person, auch wenn Sie in einer größeren Runde sind. Es macht Sie nur sympathisch und erspart Ihnen womöglich eine unangenehme Situation.

- Wenn Sie öfter zu Geschäftsessen einladen, notieren Sie sich hilfreiche Informationen zu den Personen für die nächste Einladung.

NAME ______________________ **VORNAME** ______________________

Bevorzugte Speisen ______________________

Mag nicht so sehr ______________________

Bevorzugte Weinsorte ______________________

Isst aus religiösen/ethischen Gründen nicht: ______________________

Diabetiker/in: ja ☐ /nein ☐

Vegetarier/in: ja ☐ /nein ☐

Raucher/in: ja ☐ /nein ☐ Rauchwarenmarke ______________________

Sonstiges ______________________

„Das wollte ich schon immer wissen …“

Dieser Abschnitt gibt Antworten zu den unterschiedlichsten Fragen, die sich um stilvolles Essen drehen.

Darf man eine Papierserviette auf den Schoß legen?

Selbstverständlich – das muss man sogar, denn nicht überall gibt es Stoffservietten. Deshalb spielt es keine Rolle, ob es sich um eine Stoff- oder Papierserviette handelt. Sie legen sie immer auf den Schoß.

Darf man vom Teller des anderen essen oder Teller tauschen?

Der Benimm-Code sagt Nein. Manche mögen es nicht mal zu Hause, wenn andere von ihrem Teller kosten. Im Sternerestaurant sollte kein Teller bewegt oder verschoben werden, um andere Gäste nicht mit schlechtem Benehmen zu stören. Wenn Sie probieren möchten, können Sie die Bedienung nach einem extra Teller fragen und sich das Essen auf den Teller legen lassen – unterlassen Sie das bei einem Geschäftsessen.

TELLER TAUSCHEN

Teller zu tauschen gehört bei manchen Ehepaaren im Restaurant zum Ritual, das sollte jeder für sich entscheiden, entspricht jedoch nicht den Etiketteregeln.

Ein Essen, das in der Tischmitte mit mehreren Tellern und verschiedenen Speisen steht, könnte als eine Form von Gemeinschaftsessen durchgehen: Man kostet sich durch und das kann höchster Genuss sein. In manchen Restaurants werden bei Partnern und Freunden, aber nicht bei Geschäftsessen, zur Nachspeise mehrere Gabeln zum Probieren für die Naschkatzen gereicht – eine nette Geste.

Wie isst man Hähnchenkeulen?

Hähnchenkeulen (Deutschland) oder Hendlhaxl (Österreich) werden in feinen Restaurants nicht mit der Hand gegessen, weil sie nicht zu den offiziellen Fingergerichten wie im Panzer servierte Schalen- und Krustentiere zählen, außer sie werden mit einer Papiermanschette und einer Fingerbowle serviert.

Im Biergarten, bei Volksfesten oder in der Hühnerbraterei werden Hähnchenkeulen durchaus mit den Fingern gegessen. In Restaurants wird erwartet, dass Sie mit Messer und Gabel essen. Chickenwings, also Hühnerflügel, werden überall mit den Fingern gegessen, anschließend werden die Hände mit einer Papierserviette oder mit einem verpackten kleinen nassen Zitronentuch gereinigt.

Darf aus der Suppentasse getrunken werden?

Immer wieder heißt es, dass aus einer Suppentasse mit Henkel getrunken werden darf. Das stimmt nur bedingt. Nur eine klare Suppe darf ausgetrunken werden, aber erst nachdem die Einlage ausgelöffelt wurde. Das gilt allerdings nicht für große Suppentassen, sondern ausschließlich für kleine, die etwa so groß wie eine normale Kaffeetasse sind. Sie werden nur an einem Henkel gefasst, auch wenn sie zwei haben.

Sind Zahnstocher bei Tisch erlaubt?

Früher war es üblich, den Zahnstocher hinter vorgehaltener Hand zu benutzen. Heute wird der Zahnstocher bei Tisch nicht mehr verwendet. Sie fragen nach einem Zahnstocher und gehen damit hinaus, um in den Waschräumen Ihre Zähne zu reinigen.

▶ FILM AB

Wie und wo wird der Zahnstocher verwendet?

www.trauner.at/Zahnstocher.aspx

Wie geht man mit zähem Fleisch um?

Zähe Fleischstücke werden weder ausgespuckt noch mit der Gabel aus dem Mund befördert und auf den Teller gelegt. Sie entschuldigen sich kurz bei Tisch und gehen in den Waschraum und entsorgen dort den Speiserest. Das Fleischstück wird auch nicht in die Serviette gespuckt und der Restaurantfachkraft übergeben – das ist unangemessen.

Darf Salat geschnitten werden?

Früher durfte man Salat nur falten, aber nicht schneiden. Heute darf Salat mundgerecht geschnitten werden.

Darf man mithilfe seines Bestecks zeigen, dass es nicht geschmeckt hat?

Diese Besteckssprache gibt es heute nicht mehr. Es gibt nur noch zwei Aussagen: Offenes, mit den Spitzen zur Tellermitte

➔ *Nähere Details dazu im Kapitel „Tischetikette", Seite 189.*

abgelegtes Besteck heißt: „Ich esse noch.“ Schräg rechts auf halb fünf Uhr abgelegtes Besteck heißt: „Ich bin fertig mit dem Essen.“

Darf man mit Wasser anstoßen?

Das hat sich verändert. Wenn der Gastgeber sein Glas erhebt und jemand trinkt, aus welchen Gründen auch immer, nur Wasser, wäre es unhöflich, diese Person aus der Gemeinschaft auszuschließen. Am schönsten ist das mit einem Stielglas. Man darf heute aber auch mit einem normalen Wasserglas anstoßen. Es wird ja nicht auf das Getränk, sondern auf die Personen oder den Anlass angestoßen.

Darf man Essen einpacken lassen?

Wer nicht aufessen will oder kann, lässt sich die Reste von der Küche einpacken. Da sich heute fast alle der Nachhaltigkeit verschrieben haben, ist das auch in gehobenen Restaurants inzwischen kaum mehr ein Thema. Dafür gibt es in vielen Restaurants schon spezielle Behälter, die aktiv angeboten werden.

Im Hotel zu Gast

Wenn in einer Jobanzeige steht: „Arbeitnehmer/in mit Mobilität und Flexibilität gesucht“, dann bedeutet dies, dass Sie viel unterwegs sein werden und häufig in Hotels übernachten. Lesen Sie in diesem Kapitel, was in Hotels wichtig und üblich ist, damit Ihre Aufenthalte stilvoll und erfolgreich verlaufen.

Selbstverständlich gibt es erhebliche Unterschiede in Hinblick auf die Wünsche zur Unterkunft. Manche Menschen steigen gerne in kleinen Pensionen ab, wo sie als Hausgast besonders freundlich und familiär aufgenommen werden. Andere wieder lieben das Flair und die Anonymität internationaler Hotels. Dazwischen gibt es verschiedene Klassen an Hotelunterkünften. Informieren Sie sich vorab, was Sie in der von Ihnen gewählten Unterkunft an Annehmlichkeiten und Diensten erwartet. Einige Grundprinzipien gelten für jedes Haus, unabhängig von Größe, Preis oder Kategorie.

Das Zimmerpersonal ist nur für die Handtücher, das Bettenmachen und das Reinigen von Zimmer und Bad zuständig. Außer der Nachtkleidung dürfen keine persönlichen Dinge angefasst oder gar weggräumt werden. Hinterlassen Sie daher Ihr Zimmer tagsüber so, dass diese Aufgaben leicht zu erfüllen sind.

MINIBAR

Bedienen Sie sich aus der Minibar, so schauen Sie zuerst die Preisliste an, damit Sie beim Bezahlen keine unangenehme Überraschung erleben.

Benimm-Codes

- Treten Sie souverän und freundlich auf, auch wenn Sie müde und abgespannt sind.
- Halten Sie sich an das Ruhebedürfnis der anderen Gäste, egal zu welcher Tageszeit.
- Wenn Sie zum Personal freundlich sind, können Sie auch eine zuvorkommende Bedienung erwarten.
- Angemessenes Trinkgeld, besonders in Urlaubshotels, kommt immer gut an.

Hotelübernachtung in Pandemiezeiten

Abstand halten, Mund-Nasen-Schutz mitnehmen und die Hände waschen: Auch im Hotel gilt erhöhte Vorsicht. Folgen Sie den Anweisungen des Personals im Haus. Im Restaurant können am Buffet Plastikhandschuhe Pflicht sein oder alle Lebensmittel sind verpackt. Sollte jemand im Urlaub erkranken, müssen sich alle an die Richtlinien des jeweiligen Landes halten.

Ankunft im Hotel

Freundlichkeit und Serviceleistungen des Empfangs sind das Aushängeschild eines jeden Hotels. Schauen Sie sich beim Betreten einer Hotelhalle oder einer Pension ein bisschen um, damit Sie einen Eindruck vom Stil des Hauses bekommen.

GEPÄCK TRAGEN

Die Hotelkategorie entscheidet, ob Sie bei der Ankunft Ihr Gepäck selber tragen müssen oder ob Ihnen ein Hotelpage dabei behilflich ist.

Nach den Anmeldeformalitäten erkundigen Sie sich gleich, wann Sie am Abreisetag das Zimmer zu räumen haben. Nur in Ferienhotels werden Sie in der Regel zum Zimmer begleitet und es werden Ihnen die Räumlichkeiten samt Bad gezeigt. Im Businesshotel ist das nicht üblich.

So punkten Sie

Wenn Sie nach einer langen Reise zu müde für die Anmeldeformalitäten sind, ersuchen Sie um Aufschub. Die/Der Diensthabende beim Empfang wird Sie gerne wieder daran erinnern. Das geht aus rechtlichen Gründen in manchen Ländern wie Italien nicht.

„Gute Häuser"

In guten Hotels brauchen Sie nach Ihrer Ankunft buchstäblich keinen Handgriff mehr selbst zu tun, auch beim Gästemeldeschein, wenn Ihre Daten schon voreingetragen sind, müssen Sie nur noch unterschreiben. Allerdings wird von Ihnen erwartet, dass Sie sich Ihrer Umgebung entsprechend unauffällig benehmen und stilgerecht gekleidet sind.

Benimm-Codes

- Kommen Sie mit dem Auto, übernimmt der Doorman die Autoschlüssel und parkt den Wagen. Der Boy trägt Ihr Gepäck automatisch aufs Zimmer.
- Die/Der Concierge oder die Portierin/der Portier sind die bestinformierten Mitarbeiter im Haus und stehen Ihnen mit allen Informationen sowie Theaterkarten oder für andere Anliegen jederzeit zur Verfügung.
- Trinkgeld geben Sie dann, wenn Ihnen Arbeiten, wie z. B. Koffertragen, abgenommen wurden. Dabei richtet sich die Höhe nach der Anzahl der Gepäckstücke.

Nähere Details dazu im Abschnitt „Trinkgeld", Seite 211.

- Trinkgeld geben Sie für jede extra Leistung auch der Portierin/dem Portier.

In allen Häusern niedrigerer Kategorien oder typischen Businesshotels ist es üblich, das Gepäck selbst zumindest bis zur Rezeption zu tragen. Die Person, die am Empfang steht, ist über alle Gäste und Dienste informiert. Hier bekommen Sie auch die notwendigen Auskünfte oder können ein Taxi bestellen, Flugzeiten checken lassen und vieles mehr.

Hotelpersonal

Stil haben nur Personen, die mit allen Menschen gleich höflich umgehen. Als höflicher Gast werden Sie wesentlich mehr geachtet! Das Personal ist hier besonders sensibel, weil ihm immer wieder die absonderlichsten Situationen unterkommen.

Anhand der Hotelmappe können Sie sich schlau machen, welchen Service Sie in Ihrem Hotel zu erwarten haben und wofür Ihnen Personal zur Verfügung steht. Denken Sie daran: Ein Gast, der glaubt, durch einen hohen Zimmerpreis oder ein überzogenes Trinkgeld das Recht erkauft zu haben, sich schlecht benehmen zu dürfen, gilt keinesfalls als gut erzogene Person. Sie dürfen in solchen Situationen keinen Respekt mehr erwarten.

HÖFLICHKEIT | Menschen mit Stil behandeln alle Menschen mit Würde, Respekt und Anstand.

Benimm-Codes

- Grüßen Sie das Personal freundlich, aber nicht mit Händeschütteln – außer Sie sind Stammgast und diese Begrüßung ist Ausdruck Ihrer Wertschätzung.
- Fragen Sie nach dem Namen der Restaurantfachfrau/des Restaurantfachmannes oder des Zimmerpersonals.
- Wenn Hotelpersonal Ihr Zimmer betritt, seien Sie bitte zumindest mit einem Bademantel (oder besser mit mehr) bekleidet.
- Geben Sie Trinkgeld in die Hand und stecken Sie es nicht irgendwo in die Kleidung des Hotelpersonals.
- Fragen und ersuchen Sie das Personal in einem höflichen Ton um seine Dienste.

Mit dem Schild „Bitte nicht stören" informieren Sie das Zimmerpersonal, dass Sie Ruhe wünschen. Hängen Sie daher dieses Schild bereits abends hinaus, damit Sie morgens nicht vom Reinigungspersonal überrascht werden. Erst wenn Sie so weit sind und das Zimmer am späteren Vormittag verlassen, hängen Sie das Schild „Bitte Zimmer aufräumen" hinaus.

Das Zimmer beziehen

Das Zimmer wird Ihnen in familiengeführten oder sehr gastfreundlichen Hotels fast immer vom Personal gezeigt, außer in Businesshotels oder großen Hotelketten. Die Person, die Sie begleitet, stellt sich mit Namen vor und informiert Sie, wo Waschräume, Minibar, Zimmersafe und Schränke sind, wie Klimaanlage oder Heizung, Telefon, Internetanschluss und Fernsehapparat funktionieren und wo Sie nach dem Personal klingeln können. Außerdem erfahren Sie, an welche Essenszeiten Sie sich halten sollen. Bedanken Sie sich mit einem kleinen Trinkgeld dafür.

Benimm-Codes

- Schlafen Sie länger als eine Nacht in diesem Zimmer, räumen Sie Ihre Kleidung in den Schrank.
- Wenn Sie nach einer Hotelmitarbeiterin/einem Hotelmitarbeiter rufen, seien Sie nicht ungeduldig.
- Überschreiten Sie beim Fernsehen und Telefonieren nicht die Zimmerlautstärke.
- Beachten Sie die Hinweise zum Wäschewechsel – gebrauchte Handtücher auf den Boden, außer es ist tägliches Auswechseln der gesamten Wäsche üblich.

Melden Sie Beschädigungen in Ihrem Zimmer sofort an der Rezeption, damit sie erstens behoben und zweitens nicht irrtümlich auf Ihre Rechnung gesetzt werden.

Der kleine Gruß

In den breiten Treppenhäusern und Gängen großer internationaler Hotels mit vielen Gästen ist ein Gruß im Vorbeigehen nicht üblich. Je schmaler die Treppen und je intimer das Hotel, umso näher kommt man sich auch körperlich und bedankt sich, wenn jemand Platz zum Vorbeigehen macht. Ab diesem Zeitpunkt sind Sie keine Fremden mehr, sondern nicken einander zu oder grüßen. Bleiben Sie einige Tage in einem großen Haus, so grüßen Sie fremde Menschen, denen Sie öfter am Tag begegnen. Dieser „kleine Gruß“ kann sein: „Guten Tag“, „Grüß Gott“, „Guten Morgen“, „Einen schönen Tag“, auch wenn Sie sonst keine Worte wechseln. Sind Sie nur eine Nacht im Hotel, so bleiben Sie mit den anderen Gästen fremd. Ihr Taktgefühl sagt Ihnen, wo höfliche Distanz und freundliches Grüßen angebracht sind.

Im Aufzug

Freundliches Grüßen oder ein paar Worte zu wechseln gehört im Aufzug dazu. Sie haben sicher schon oft die unangenehme Stille in einem Lift erlebt, wenn alle Mitfahrenden betreten auf die Etagenanzeige oder in die Luft starren und keiner weiß, was man sagen könnte. Auch hier ist der „kleine Gruß“ zumindest ein Anfang, das Schweigen zu durchbrechen und höflich zu sein.

Nähere Details dazu im Kapitel „Körpersprache und Distanzzonen“, Seite 38.

Restaurant, Lobby und Hotelbar

Für Hotelrestaurants gelten grundsätzlich die gleichen Benimm-Codes wie in normalen Restaurants der gleichen Kategorie. Korrekte Kleidung zum Frühstück, Mittagessen oder Abendessen ist Voraussetzung. Es gilt als äußerst respektlos, wenn Sie in Jogginganzug oder legerer Sportkleidung zum Frühstück erscheinen, außer es ist Stil des Hauses.

Strenge Kleidervorschriften gibt es in der gehobenen Hotellerie nicht mehr so wie früher, allerdings gelten folgende unausgesprochene Codes: Badekleidung und Bademantel sind absolut tabu, außer der Bademantel ist erlaubt, grundsätzlich wird gepflegte Kleidung vorausgesetzt. Es muss kein eleganter Anzug sein, gehobene Sportlichkeit („Smart Casual") reicht vielfach aus. In guten Häusern überlässt man es den Gästen, ohne Vorgaben ihren Kleidungsstil zu wählen, und hofft auf stilvolle Kleidung. Wer gerne ein Sakko, eine Kombination oder ein schickes Kleid zum Abendessen trägt, macht nie etwas falsch. Bei einem festlichen Dinner sind Anzug und Cocktailkleid notwendig – erkundigen Sie sich vor Reiseantritt, was üblich ist.

In Sport- oder Wellnesshotels gelten für die Gäste besondere Regeln der Bequemlichkeit. Achten Sie darauf, ob es einen extra Lift für den Besuch der Fitness- oder Gesundheitszonen gibt, denn auch hier gilt es als stillos, mit den Badeschlapfen und dem Bademantel durch die Hotellobby zu spazieren – außer es geht nicht anders oder ist Teil des Hotelkonzepts. In vielen Hotels sind die Frühstücksräume schon als handyfreie Zone deklariert, halten Sie sich bitte daran und genießen Sie selbst ein ruhiges Frühstück. Meist suchen Sie sich Ihren Platz selber aus und bestellen, was Sie an warmen Getränken zum Frühstück möchten. Das Frühstücksbuffet hat sich weitgehend durchgesetzt und Sie können selber wählen, wonach Ihnen zum Start in den Tag ist.

Benimm-Codes

- Fassen Sie Essbares nicht mit der Hand an, sondern mit der Brot- oder Kuchenzange und verwenden Sie das Brottuch zum Schneiden des Brotes.
- Nehmen Sie nur so viel, wie Sie tatsächlich essen werden.
- Beugen Sie sich beim Anstellen nicht über andere Leute und greifen Sie ihnen nicht vor.
- Essen und trinken Sie erst bei Tisch in aller Ruhe.
- Nehmen Sie nichts Essbares aus dem Frühstücksraum mit oder richten sich womöglich eine Jause für später. Sich beispielsweise eine Pizza von außerhalb direkt aufs Zimmer liefern zu lassen, geht eindeutig zu weit.

Der Gast und sein Tisch

Im Speisesaal des Hotels weist Ihnen in vielen Fällen das Personal den Platz zu, in kleineren Häusern auch die Inhaber. Diese übernehmen die Tischordnung für Sie und sind auch dafür verantwortlich, dass nicht plötzlich eine fremde Person unerwartet an Ihrem Tisch sitzt.

Auf Ihrem Stammplatz stehen Tischkarten mit Ihrem Namen. Es ist möglich, dass Sie Ihren Tischwein oder andere Utensilien Ihres täglichen Gebrauchs beim Essen stehen lassen. Diese werden für Sie tagsüber weggeräumt und zur entsprechenden Mahlzeit wieder auf den Tisch gestellt.

Dem Personal, das Sie während Ihres Aufenthaltes an diesem Tisch bedient, danken Sie höflich und geben Sie am Ende des Urlaubs angemessenes Trinkgeld für seine Leistungen.

Terrasse

In der warmen Jahreszeit ist es ein Vergnügen, auf der Terrasse zu frühstücken oder sonst eine Mahlzeit dort einzunehmen. Reservieren Sie frühzeitig einen Platz beim zuständigen Personal, da die Terrassenplätze oft rar sind. Außerdem sollten Sie bedenken, dass das Speisenangebot kleiner als in den Restauranträumlichkeiten sein kann und auch andere Gäste hier Platz finden. In vielen Hotels ist es üblich, dass für die Hausgäste eigene Terrassenplätze reserviert sind und diese auch nicht an andere Gäste vergeben werden.

Hotelbar

Die Hotelbar wird gerne noch zum Abschluss des Abends, nach dem Dinner, nach einem Abendprogramm oder zur Zerstreuung allein reisender Gäste aufgesucht. Sie ist angemessener Aufenthaltsort für weibliche und männliche Hotelgäste gleichermaßen, daher sollten Frauen nicht unerwünscht angesprochen oder gar belästigt werden. Viele Frauen gehen lieber abends in die hauseigene Hotelbar als alleine zu einer Abendveranstaltung. Respektieren Sie das bitte.

Bewundern Sie das Können der Barkeeperin/des Barkeepers und genießen Sie einen ausgefallenen Cocktail, wenn Sie daran Vergnügen haben. Trotz der sprichwörtlichen Diskretion des Barkeepers sollten Sie ihn nicht zu Ihrem persönlichen Beichtvater küren und Dinge erzählen, die Ihnen am nächsten Morgen womöglich unangenehm sind.

So punkten Sie

Wenn Sie Ihre Konsumation im Restaurant, im Hotelcafé oder in der Bar auf die Gesamtrechnung setzen lassen, unterschreiben Sie jede Bestellung und schreiben Sie das Trinkgeld gleich dazu. Andernfalls lässt sich kaum noch nachverfolgen, was Sie wann konsumiert haben, die Belege werden Ihnen bei der Abrechnung vorgelegt.

Reklamation und Beschwerde

In den nobelsten Häusern bis zu den kleinsten Pensionen kann es vorkommen, dass Sie Anlass zur Beschwerde haben. Überlegen Sie, wohin Sie sich mit Ihrer Beschwerde oder Reklamation wenden.

Sollten Sie einen technischen Defekt in Ihrem Zimmer oder in den Seminarräumen feststellen, schauen Sie auf der Telefonliste nach, ob es einen zuständigen Hausmeister gibt und informieren Sie ihn darüber. Andernfalls wenden Sie sich an die Portierin/den Portier oder das Empfangspersonal.

Sollten Sie gravierende Mängel in Bezug auf das Hotel oder gar Beschwerden über das Personal haben, jammern Sie nicht herum, sondern wenden Sie sich an das Hotelmanagement. Natürlich sollten Sie das nicht vor dem gesamten Hotelpublikum, sondern diskret machen.

Benimm-Codes

- Beschweren Sie sich nicht wegen jeder Kleinigkeit.
- Verlangen Sie nicht bei jeder Reklamation gleich nach dem Hotelmanagement.
- Wenn schon Beschwerden, dann bitte diskret und nicht lautstark im Restaurant!

So punkten Sie

Sollten Sie Beschwerden über einen anderen Gast haben, so nehmen Sie nicht selber die Initiative in die Hand, sondern weisen die Portierin/den Portier darauf hin. Es ist nämlich immer Aufgabe des Hotels, für die Ruhe und Zufriedenheit der Gäste zu sorgen und Sie ersparen sich damit einen womöglich peinlichen Auftritt.

Sollten Sie mit dem Hotel und seinen Leistungen ganz und gar unzufrieden sein, so wechseln Sie das Haus, denn es entspricht offenbar nicht Ihrem Stil. Hier umfangreiche Reklamationen anzubringen, ist sinnlos. Entscheiden Sie bei der frühzeitigen Abreise selbst, ob Sie den Grund dafür überhaupt angeben möchten.

Hotelbewertungen

Hotelbewertungen im Internet sind eine feine Sache, weil man sich einen Überblick über die Serviceleistungen eines Gastronomiebetriebs verschaffen kann. Jedes Haus macht Fehler und kann nie jeden Gast befriedigen – erst wenn sich die negativen Bewertungen häufen, dann können Sie davon ausgehen, dass es stimmt.

OBJEKTIVITÄT

Nehmen Sie nie nur einen negativen Fall als Grundlage für Ihr Gesamturteil.

Wenn Sie eine Reklamation haben, gehen Sie direkt auf die Hotelleitung oder Mitarbeiter/innen zu. Manchmal handelt es sich um ein Missverständnis (vielleicht auch ein sprachliches) oder das Hotel hat wirklich einen Fehler gemacht. Geben Sie dem Haus die Möglichkeit, den Fehler gutzumachen. Sie fahren mit einem guten Gefühl heim und das Hotel erspart sich eine negative Bewertung. Wenn man Sie bei Ihrer Abreise fragt: „Hat alles gepasst?“ und Sie antworten mit „Ja“, ist es unfair, den eigenen Frust anschließend in der Hotelbewertung auszulassen, denn sie kostet dem Haus Gäste und Geld. Seien Sie fair und klären Sie Ihre Beanstandungen gleich vor Ort.

„UNMORALISCHES ANGEBOT“

Völlig unpassend und niveaulos ist es, eine Kostenreduktion zu erpressen, wie z. B.: „Wenn Sie mir keinen Nachlass geben, schreibe ich eine schlechte Bewertung.“

Bezahlen und Abreise

In allen Hotels ist es täglich eine große Herausforderung, einerseits den abreisenden Gästen genügend Zeit zum Ausschlafen, Frühstücken und Kofferpacken zu lassen und andererseits die Zimmer für die Ankommenden frisch, sauber bezogen und hygienisch rein vorzubereiten. Erkundigen Sie sich bereits bei der Anreise, bis wann die Zimmer am Abreisetag zu räumen sind. Üblich ist, dass Sie das Zimmer bis spätestens 12 Uhr räumen müssen. Sollten Sie das Zimmer noch länger brauchen, so können Sie fragen, ob dies möglich ist. In manchen Hotels gehört dies zum besonderen Service.

Oft stellt es sich als einfacher heraus, wenn Sie bereits am Vorabend die Rechnung des Hotelzimmers bezahlen und am Abreisetag nur noch Kleinigkeiten, wie die Minibar, zu begleichen haben. Diesen Wunsch sollten Sie aber frühzeitig ankündigen, damit das Personal an der Rezeption sich entsprechend vorbereiten kann.

Benimm-Codes

- Überprüfen Sie alle Belege, nach denen abgerechnet wird: unterschriebene Konsumationsscheine, Minibar-, Telefon- und Fernsehrechnung sowie sonstige Leistungen.
- Nehmen Sie sich Zeit fürs Abrechnen und Bezahlen.
- Geben Sie an, wie Sie bezahlen möchten und ob Sie spezielle Rechnungen brauchen.
- Bedenken Sie das Trinkgeld.
- Geben Sie alle Schlüssel(-karten) zurück.
- Bedanken Sie sich für den angenehmen Aufenthalt.

Falls Sie zwar Ihr Zimmer räumen, aber zum Beispiel bei einem Symposium oder Seminar noch länger im Haus bleiben, zeigt Ihnen die Portierin/der Portier, wo Sie im Bereich des Empfangs Ihr Gepäck unterbringen können.

Privater Gast im Hotel

Das Benehmen und Auftreten anderen gegenüber ändert sich nicht, ganz gleich ob man Geschäfts- oder Urlaubsreisender ist. Beachten Sie die Gepflogenheiten im Urlaubsland, zeigen Sie Wertschätzung für andere Sitten und Bräuche und erkundigen Sie sich immer über die Dos and Don'ts.

Handy im Wellnessbereich und Restaurant

Mobiltelefone sind aus dem Alltag nicht mehr wegzudenken, doch nicht überall sind sie gerne gesehen. Im Wellnessbereich und im Restaurant stören sie die Ruhe der anderen Gäste. Wer nicht ohne bleiben kann, sollte das Telefon wenigstens auf lautlos stellen und auf das Telefonieren verzichten. Wer die Zeit bis zum Essen überbrücken möchte und Mails checkt oder im Internet surft, kann sein Telefon benutzen – aber das ist nicht in allen Häusern gerne gesehen.

Liege reservieren

Viele sind besessen davon, sich schon frühmorgens eine Liege am Pool zu reservieren, eventuell diese auch noch lange ungenützt zu blockieren – das ist anderen Gästen gegenüber schlicht und ergreifend unhöflich. Deshalb: Handtuch erst auf die Liege legen, wenn Sie sich tatsächlich im Pool- oder Wellnessbereich aufhalten. Sollten Sie längere Zeit abwesend sein, dann räumen Sie Ihre Liege.

Freunde ins Hotel einladen

Wer Gäste, die nicht im Hotel übernachten, an den Pool, auf sein Zimmer oder zum Frühstück einladen möchte, gibt der Rezeption Bescheid. Hotelfremde Besucher am Pool und zusätzliche Übernachtungsgäste sind in der Regel kein Problem, sie müssen gegebenenfalls für die Nutzung des Pools und des Zimmers und die Konsumationen bezahlen.

Hotelsouvenirs

MITNEHMEN

Als Hotelsouvenirs dürfen Sie nur das mitnehmen, was im Badezimmer für den Gast an Kosmetikartikeln bereitgestellt und nicht wieder befüllbar ist.

Textilien, Einrichtungsgegenstände, Aschenbecher, Dekorationsgegenstände sowie Handtücher oder Fön sind Eigentum des Hotels und dürfen keinesfalls mitgenommen werden, sonst begehen Sie Diebstahl!

In manchen erstklassigen Hotels finden Sie als Gast ein kleines Geschenk mit einem Kärtchen „Mit Empfehlung des Hauses“, das können Sie natürlich mitnehmen, ebenso eindeutige Werbeartikel, wie Zündhölzer, bedruckte Kugelschreiber und Ähnliches. Steht ein Obstkorb für Sie bereit, so dürfen Sie sich nur beim Obst bedienen, nicht aber Korb, Messer oder Stoffservietten einpacken. Bei besonders prestigeträchtigen und renommierten Häusern können Sie Souvenirs in einem kleinen Hotelshop kaufen.

Sport verbindet

Sportliche Betätigung ist nicht nur salonfähig und oftmals ein gut passendes Gesprächsthema, sondern nimmt in unserer immer mehr fordernden Gesellschaft eine wichtige Funktion ein. Nicht umsonst lassen große Firmen Fitnessstudios und Rückenschulen in den eigenen Räumen einrichten oder finanzieren Trainings für die Mitarbeiter/innen.

Sollten Sie sich mit Kolleginnen/Kollegen oder Ihren Vorgesetzten zum Sport treffen, bedenken Sie, dass bestimmte Werthaltungen immer im Mittelpunkt stehen. Beweisen Sie, dass Sie Teamspieler/in sind, indem Sie in der Gruppe zusammenhalten, Freundschaft und Solidarität zeigen. Diese Eigenschaften sind – auch wenn wir hier von Sport reden – im Geschäftsleben sehr bedeutend.

Achtung vor der Gegnerin/dem Gegner hat höhere Bedeutung als der Sieg im Wettkampf. Sollten Sie also gegen Ihre Chefin/Ihren Chef im Tennis antreten, so lassen Sie sie/ihn nicht offensichtlich gewinnen, nur weil sie/er Ihre Vorgesetzte/Ihr Vorgesetzter ist. Dazu gehört auch Fair Play. Akzeptieren Sie bestehende Regeln und halten Sie sie ein, insbesondere in Konfliktsituationen. Beim Spiel zeigen Sie nämlich Ihren wahren Charakter.

Körperlichen Einsatz zeigen Sie ausschließlich im Rahmen der vorgegebenen Regeln. Dass Sie dabei auf psychische Aggression wie Schimpfworte sowie physische Gewalt mit Bodychecks im Mannschaftssport oder „fliegende" Sportgeräte verzichten, versteht sich von selbst.

Geschäftliches beim Sport

Abgesehen von gemeinsamen Sportaktivitäten wie Segeln, Skifahren, Basketball, Fußball oder Tennis hat sich international vor allem der Golfplatz zum wichtigsten Verhandlungsort entwickelt. Biz-Golf dient nicht mehr nur den Chefetagen, sondern auch Damen wie Herren jeden Alters und unterschiedlichster beruflicher Positionen und Tätigkeiten der Geschäftsanbahnung.

Erfolgreiches Netzwerken am Golfplatz

Der Golfplatz bietet eine entspannte Atmosphäre mitten in der Natur, abseits von brodelnden Konferenzräumen und eignet sich daher als Ort, um einen Geschäftskontakt aufzubauen. Golfen ist im Gegensatz zu vielen anderen Sportarten kein Konkurrenzspiel, denn es achten alle auf ihren eigenen Ball. Die Golf-Etikette zu kennen ist professionell und erhöht Ihre Chancen auf ein erfolgreiches Netzwerken am Platz. Abgesehen davon müssen Sie für die Platzreife eine eigene Prüfung über Etikette auf dem Golfplatz ablegen.

Die Disziplin erlaubt ebenso offene wie persönliche Gespräche und bietet die perfekte Gelegenheit, um Vertrauen aufzubauen, Verbindungen zu verbessern und sich privat kennenzulernen – dies kann Grundlage für spätere erfolgreiche Geschäftskontakte sein. Wobei die wirklich wichtigen geschäftlichen Themen nicht während des Spiels angesprochen oder ausverhandelt werden – das ist ein absolutes Tabu, außer es wurde so vereinbart!

Wer jemanden näher kennenlernen möchte, spielt eine Runde Golf mit ihr/ihm und weiß im Anschluss, mit wem sie/er es zu tun hat. Denn bei kaum einem anderen Sport erkennt man die Persönlichkeit besser als auf dem Golfplatz: Rastet jemand aus oder betrügt im Spiel, dann werden auf diese Person auch Rückschlüsse in der geschäftlichen Zusammenarbeit gezogen.

So punkten Sie

- Das sportliche Du ist am Golfplatz nicht für jeden passend. Klären Sie gemeinsam ab, wie Sie sich ansprechen. Spielen Sie mit Mitarbeiterinnen/Mitarbeitern oder Kundinnen/Kunden, überlegen Sie genau, ob Sie sich nur für die Runde duzen, für immer zum Du übergehen oder lieber beim Sie bleiben – das wird gemeinsam vereinbart.
- Bessern Sie Ihre Pitchmarken aus, rechen den Bunker, spielen zügig und halten andere nicht auf. Helfen Sie Ihren Flightpartnerinnen/Flightpartnern beim Suchen des Balls.
- Nach einem schlechten Schlag bewahren Sie Contenance. Schmeißen Sie keinen Schläger und fluchen Sie nicht lautstark.
- Bei einem „Golf-Girlie“ (wenn einem männlichen Golfspieler ein Abschlag misslingt und der geschlagene Ball es nicht einmal über die Abschlagsmarkierungen des kürzesten Damenabschlags schafft) lädt die Spielerin/der Spieler die Flight-Partner/innen im Abschluss an das Spiel im Clubhaus auf ein Getränk ein.
- Haben Sie Golfbälle mit Firmenlogo, verschenken Sie eine Packung Bälle an Ihre Flight-Partner/innen.

Geben Sie acht, dass Sie nicht entgegen der Golf-Etikette eine potenzielle Kundin/einen potenziellen Kunden während der Runde durch zu langsames Spielen nerven oder mit einem läutenden Handy aus der Ruhe bringen. Ebenso sollten Sie mit angemessenen Tischmanieren und ordentlicher Golfkleidung im Clublokal auftreten. Es gibt kaum einen Ort, an dem Etikette so hochgehalten wird wie auf dem Golfplatz – und das weltweit.

Höflichkeit beim Sport

Sollten Sie als Gast zu einem Turnier, einem Wettkampf oder zur aktiven Teilnahme an einer sportlichen Veranstaltung geladen sein, nehmen Sie dankend an. Können Sie diesen Sport allerdings nicht ausführen oder sind nicht entsprechend trainiert, trauen Sie sich das zu sagen, bevor Sie sich blamieren.

Benimm-Codes

- Die allgemeine Etikette gilt auch im Sportdress.
- Zeigen Sie Respekt gegenüber Verliererinnen/Verlierern.
- Setzen Sie sich niemals im verschwitzten Sportdress an einen Tisch mit normal bekleideten Personen.
- Schalten Sie Ihr Handy beim Sport aus, damit Sie andere und sich selbst nicht in der Erholung vom täglichen Stress stören.

So punkten Sie

- Obwohl es üblich ist, sich im Sport zu duzen, ist es manchmal besser zu warten, wie Sie angesprochen werden.
- Protzen Sie nicht mit Ihren sportlichen Erfolgen.

Wenn Sie zu Sportarten wie Fallschirmspringen oder Bungee-Jumping eingeladen sind, für die Sie nicht unbedingt Technik, aber viel Mut einbringen müssen, deklarieren Sie klar, wo Ihre Grenzen liegen. Beweisen Sie sich lieber als gute Zuseherin/guter Zuseher, als dass Sie sich eine Verletzung zuziehen. Gute Gastgeber/innen werden Sie allerdings nicht mit solchen Angeboten behelligen.

Dresscode

Die Aussage „Für den ersten Eindruck gibt es keine zweite Chance“ kommt nicht von ungefähr. Innerhalb von ein paar Sekunden, in denen wir jemanden wahrnehmen, analysiert unser Unterbewusstsein die für uns vermeintlich wichtigsten Merkmale des Gegenübers: Mimik, Körperhaltung und natürlich die Kleidung. Dieses Kapitel erklärt, warum Dresscodes in unserer Gesellschaft so wichtig sind und gibt Ihnen einen profunden Überblick darüber, wann Sie welche Kleidung wie tragen sollten.

Dresscodes wirken immer

Der erste Eindruck ist reine Gefühlssache! Es ist zunächst zweitrangig, ob die Schuhe sauber geputzt sind oder die Ärmellänge des Jacketts korrekt ist. Solche Details erkennen wir erst auf den zweiten Blick.

Unbewusst ordnen wir unser Gegenüber anhand seiner Kleidung in „kompetent", „überlegen", „andere soziale Schicht/Berufsgruppe" usw. ein. Das uralte Schema „Freund oder Feind" hat bis heute nicht an Wirkung verloren.

Früher waren die Bekleidungsregeln der Männer und somit auch die Hierarchien völlig klar. Frauen sind heute in den gleichen Positionen, die Rangordnungen sind flacher geworden und New Work verändert die Arbeitswelt. Die Verwirrung ist perfekt, die alten Regeln wurden trotzdem nicht umgestoßen, sie haben sich nur etwas gelockert.

Menschen bewerten immer

Wir alle kennen das Sprichwort: „Beurteilen Sie ein Buch nicht nach seinem Einband." Wir bemühen uns jeden Tag, Menschen nicht zu beurteilen und doch gelingt es uns nicht, weil die Optik Informationen vermittelt, die wir mit unseren Erfahrungen und Glaubenssätzen vergleichen.

SELBST-VERTRAUEN

Unterschiedliche Studien belegen, dass Menschen, die sich stilvoll kleiden, mehr Selbstvertrauen haben, sich stärker fühlen und sich auf mehr Dinge konzentrieren.

Innerhalb von Millisekunden urteilen wir über andere Personen und dabei spielt auch die Kleidung eine wesentliche Rolle. Eine US-Studie untermauerte das Sprichwort „Kleider machen Leute" sogar wissenschaftlich. Im Fachblatt „Nature Human Behaviour" wurde eine Studie veröffentlicht: Die Testpersonen mussten fremde Personen, die einmal reicher und einmal ärmer gekleidet waren, beurteilen. Die aufgrund ihrer Kleidung reich wirkten, wurden zu 80 Prozent als wesentlich kompetenter beurteilt als die gleiche Person in ärmlich wirkender Kleidung. Diese Studie zeigt den Effekt von äußeren Statusmerkmalen auf die Wahrnehmung der Menschen. Statt Respekt zu erhalten, werden die ärmlich Wirkenden von der

Gesellschaft geringer geschätzt. Durch den niederen Status ihrer Kleidung haben sie leider weniger Chancen im Leben. Es wird den reicher Wirkenden tendenziell mehr zugetraut als den als arm eingestuften.

Wie sehr Kleider Menschen verändern, kann man am Sozialprojekt „Repicturing Homeless" der internationalen Bildagentur „Getty Images" und den Herausgebern von „fiftyfifty" (einem Straßenmagazin, das von obdachlosen Menschen verkauft wird) sehen: Obdachlose wurden in diesem Projekt zu Models für neue Stockfotos. Man inszenierte sie als Personen in unterschiedlichen beruflichen Situationen – als Tourist/in, Köchin/Koch, Businessmanager/in, Designer/in und Ähnliches. Die gefragtesten Motive aus den beliebtesten Kategorien auf „Getty Images" wurden nachgestellt und sämtliche Erlöse gehen zu hundert Prozent an „fiftyfifty" und die Obdachlosen. Es ist verblüffend zu sehen, wie sich das Ansehen einer Person nur durch Kleidung und Styling erhöht, wenn Obdachlose als erfolgreiche Modedesigner oder Businessfrauen dargestellt werden.

BEWERTUNG

Man sieht: Wir können uns der Bewertung eines Menschen nicht entziehen, weder im positiven noch im negativen Sinne.

Dresscodes dienen der Orientierung

Dresscodes dienen der Orientierung und erfüllen eine Erwartungshaltung gegenüber bestimmten Berufsgruppen. In einer Bank weiß man sofort, wer Mitarbeiter/in ist und im Krankenhaus, wer Ärztin oder Arzt ist. Das ist für viele Menschen wichtig, um Vertrauen zum Gegenüber aufbauen zu können, weil Kleidung bestimmte Botschaften sendet. Sehr viele Mitarbeiter/innen empfinden Dresscodes als hilfreich, egal ob sie enger oder lockerer gesteckt sind – sie geben ihnen Sicherheit, bei jeder Gelegenheit adäquat gekleidet zu sein.

Corporate Fashion (Dienstkleidung oder Uniform) ist für viele Unternehmen Teil Ihrer Corporate Identity. Schlampige und altmodisch wirkende Dienstkleidung ist hingegen kontraproduktiv und Image-schädigend. Viele engagieren namhafte Designer/innen, um ihre Mitarbeiter/innen und die dazugehörigen Image-Botschaften eindeutig erkennbar zu machen.

Dresscodes erhöhen das Zugehörigkeitsgefühl

Ein Dresscode zeigt: „Ich gehöre zum Unternehmen, ich bin Teil des Teams", das erfüllt viele mit Stolz und ist eine Form von Prestige. Das Zugehörigkeitsgefühl wird erhöht und die Außenwirkung ist einheitlich. Alle Mitarbeiter/innen sind Repräsentantinnen/Repräsentanten und Bestandteile des großen Ganzen – es geht nicht nur um die Einzelnen.

Seriosität und Professionalität stehen im Vordergrund

In erster Linie präsentiert man seine Professionalität und sein Unternehmen. Die eigene Persönlichkeit sollte erkennbar sein, aber die Rolle als Mitarbeiter/in nicht verdrängen. Wer sich angemessen kleidet, zeigt, dass sie/er ihre/seine beruflichen Aufgaben ernst nimmt und die Erwartungshaltung seines Gegenübers hinsichtlich Kompetenz und Professionalität erfüllt. Wirkung und Wahrnehmung sind Teil des sozialen Spiels und ein Dresscode versucht, dieser Tatsache Rechnung zu tragen

Dresscodes verringern die Individualität

Das stimmt natürlich auch! Wer lieber individuell gekleidet ist und seine Persönlichkeit damit ausdrücken möchte, fühlt sich mit vorgegebenen Dresscodes eingeschränkt – die eigenen Werte werden verletzt – das wirkt sich negativ auf die Arbeitsleistung aus. Wer jeden Morgen mit Freude seine Kleidung aus dem Schrank holt, startet den Tag mit einem positiven Gefühl. Das Gleiche gilt für Unternehmen: Ignorieren Mitarbeiter/innen Dresscodes, entsteht hier eine Werteverletzung. Deshalb sollten sich Individualisten eine/n Arbeitgeber/in suchen, die/der keine Dresscodes vorgibt und im Vorstellungsgespräch das Thema Dresscode bewusst ansprechen.

Kleidung als Ausdruck einer Einstellung

Ihre Kleidung ist immer eine zentrale Botschaft. Damit können Sie eventuell demonstrieren: „Ich habe es nicht nötig, mich anzupassen. Ich will zeigen, dass ich anders bin und provozieren oder aufreizen kann." Berühmt ist das einheitlich schwarze „Individualisten-Outfit" von vielen Personen aus Kunst, Musik und Architektur.

Jugendliche zeigen mit ihrer Kleidung, dass sie sich eine eigene Bühne abseits der Erwachsenen errichten – das ist genauso ein Dresscode. Das Outfit kann aber auch deutlich zeigen, wenn Sie wenig Wert darauf legen oder schlichtweg keine Ahnung von angemessener Kleidung haben. Ein bewusst gestaltetes Erscheinungsbild zeigt, dass Sie sich wohl in Ihrer Haut fühlen. Das heißt, dass die Kleidung zu Ihnen, Ihrem Typ und zum jeweiligen Anlass passen muss.

Sowohl für Vorgesetzte als auch für Mitarbeiter/innen ist es wichtig, den Dresscode des Unternehmens bereits beim Einstellungsgespräch zu klären und sich daran zu halten. Gibt es Kleidervorschriften oder Empfehlungen für Einladungen und gewisse Anlässe, so teilen Sie dies Ihren Gästen mit.

Dresscode im New Work

In der Politik wird nicht mehr täglich Krawatte getragen und in manchen Büros hat sogar der „Athleisure-Style" („Jogginghosenstyle") Einzug gehalten. Es entsteht der Eindruck, strenge Dresscodes gehören der Vergangenheit an. Dabei kann aus „lässig" aber schnell „bequem" werden und der Weg zur Nachlässigkeit ist nicht mehr weit …

Kleidung ist ein starkes Signal der nonverbalen Kommunikation. Sie sendet nicht nur berufliche Attribute aus, sondern zeigt auch, was Sie sich wert sind und wie Sie sich selbst begegnen. Überlegen Sie immer, ob der lässige und bequeme Kleidungsstil des New Work die Botschaften vermittelt, die Sie senden möchten. Wer um einen Auftrag pitcht oder ein Jobinterview hat, sollte das Einmaleins der Botschaften kennen, damit sich Türen öffnen, die sonst verschlossen bleiben.

Dort, wo sich der Dresscode gelockert hat, können Sie um eine Stufe „downgraden", wenn es zum Anlass und zum Firmenimage passt. Wo strenges Business herrscht, ist jetzt hin und wieder auch „Business Casual" möglich und statt „Business Casual" wird immer öfter „Smart Casual" bevorzugt.

Die neue Lockerheit bedeutet nicht, dass Anzugträger/innen oder Kostümträgerinnen jetzt ihren Geschäften in Jeans nachgehen sollten! Es werden auf keinen Fall drei Stufen über-

sprungen – vom strengen Business-Outfit zu „Casual“ – sondern es wird wohlüberlegt der nächstfolgende Dresscode gewählt. Bei allen wichtigen geschäftlichen Begegnungen gilt nach wie vor der branchenübliche Dresscode. Bei firmeninternen Homeoffice-Online-Meetings hat sich in vielen Firmen ein smarter „Casual Look“ etabliert – jedoch nicht bei Kundengesprächen oder wichtigen Verhandlungen.

Als Führungskraft helfen Sie Mitarbeiterinnen/Mitarbeitern, wenn Sie einen Dresscode-Rahmen für Kundengespräche und interne Meetings, ob offline oder online, vorgeben. Ob dieser eng oder weit gesteckt ist, entscheiden das Firmenimage und die Botschaft, die Sie als Unternehmen senden möchten.

Manche Branchen sind freier

Als Freelancer für eine Werbeagentur, in der IT-Branche etc. ist ein lockerer Kleidungsstil kein Problem – je kreativer die Branche, umso mehr Freiheit wird Ihnen zugestanden. Was aber nicht heißt, dass Sie sich anziehen sollen, als seien Sie gerade von der Couch aufgestanden. Auch in freien Branchen gelten Dresscodes – aber eben andere. Auch hier gilt: Die Qualität des Outfits hebt den Status seiner Träger/innen. Auch in Start-up-Unternehmen herrscht ein Dresscode, er heißt meist „Casual“. Jemand in Anzug und Krawatte würde sich dort unwohl fühlen, außer es passt zum Firmenimage.

DRESSCODE EVERYWHERE

Grundsätzlich herrscht in allen Branchen und beruflichen Bereichen ein bestimmter Dresscode, auch wenn er noch so locker ist.

Ein professioneller Dresscode bringt Sie Ihrem Ziel näher

Früher hat der Dresscode gereicht, heute verbindet man seine Persönlichkeit damit, um authentisch und kompetent wahrgenommen zu werden. Der Kleidungsstil sollte beides widerspiegeln, z. B. der modische Inhaber einer kleinen, feinen, italienischen Genussmanufaktur, der immer Chinos und italienische Maßhemden trägt, zeigt mit seiner Kleidung seine Persönlichkeit und verkörpert damit auch einen bestimmten Lifestyle. Trägt er bei einer Produktpräsentation plötzlich Anzug mit Krawatte, wird er damit kaum überzeugen.

Präsentiert hingegen eine sonst immer locker gekleidete Management-Trainerin der Anzug tragenden Geschäftsführung ein neues Konzept, wird sie um einen Hosenanzug oder eine Blazer-Kombination nicht herumkommen. Man würde ihr schon aufgrund der inadäquaten Kleidung nicht die Aufmerksamkeit schenken, die sie benötigt, um zum Abschluss zu kommen. Außer ein exzellenter Ruf eilt ihr voraus, man möchte sie unbedingt gewinnen und ihr Dresscode ist in diesem Fall ein unwichtiger Nebenschauplatz. Überlegen Sie immer, mit welchem Kleidungsstil Sie Ihr Ziel leichter erreichen.

„Overdressed" und „underdressed"

„Overdressed" heißt zu gut und „underdressed" zu schlecht für den Anlass angezogen sein. Wenn Sie in einem sehr exklusiven Unternehmen arbeiten, dann sind Jeans und Polo underdressed, hingegen in einem mittelständischen Unternehmen, das auf Sportartikel spezialisiert ist, können Jeans und Polo welldressed sein. Overdressed wäre beispielsweise ein klassisches Kostüm auf einer urigen Alm.

Dresscode-Einmaleins

WO TRÄGT MAN WAS?

Ob Geschäftsessen, Cocktailparty, Präsentation oder eine Opernpremiere – viele Veranstaltungen erfordern eine bestimmte Kleidung, auch wenn diese Regeln oft nicht mehr eingehalten werden.

Häufig können Sie schon aus dem Ort und der Form der Veranstaltung den richtigen Dresscode lesen. Wenn nicht, erkundigen Sie sich vorher, damit Sie nachher nicht ins Fettnäpfchen treten.

„White Tie“

Der Frack mit weißer Fliege – das ist der sogenannte „große Gesellschaftsanzug“: Die schwarze Frackjacke geht hinten bis zu den Kniekehlen mit dem charakteristischen langen Schwalbenschwanz (in Wien sagt man auch „Schössel“ dazu), vorne ist er taillenkurz (ohne Knopf) und mit einem steigenden seidenverzierten Revers versehen. Die Hose ist schwarz und hat an der Seitennaht doppelte Satinstreifen („Galons“). Dazu werden Lackpumps/Opernpumps – auf keinen Fall Schnürschuhe – mit langen glatten Seidenkniestrümpfen ohne Rippmuster getragen. Das Hemd wird mit weißer Seidenpiqué-Schleife getragen – nur Restaurantfachmänner tragen eine schwarze Fliege – es hat eine gestärkte Piquébrust, eine verdeckte Knopfleiste, stehende Frackknöpfe sowie einen „Kläppchenkragen“, dazu werden edle Manschettenknöpfe getragen.

Die Piqué-Fliege ist selbst gebunden, dazu trägt man eine weiße Weste, weißes Einstecktuch, weißen Seidenschal, weiße Hosenträger; optional runden weiße Glacéhandschuhe, Frackstock und ein zusammenklappbarer Zylinder („Chapeau Claque“) das stilvolle Outfit ab.

Ein Fauxpas wäre es, einen Gürtel und/oder eine Armbanduhr zu tragen – nur eine Taschenuhr ist stilvoll. Die dazu getragenen Orden sind Ihnen selbstverständlich persönlich verliehen worden.

Die Damen tragen zu diesem Anlass die große lange Abendrobe mit Abendtasche und niemals Cocktailkleid, Kostüm oder Hosenanzug. Dazu werden Slingpumps oder Sandalen ohne Strümpfe getragen, auf keinen Fall Pumps.

WHITE TIE	Bei großen Bällen wie dem Opernball in Wien, bei Banketten und ähnlich festlichen Veranstaltungen steht dieser Dresscode auf der Einladung. Er wird ausschließlich ab 18 Uhr getragen.

Smoking, „Black Tie“, „Cravate Noire“, „Tenue de Soirée“ (F) oder „Tuxedo“ (USA)

Er gilt als der „kleine Gesellschaftsanzug“ und ist die weniger festliche Variante des Fracks: der Smoking mit schwarzer Fliege (eine Krawatte wäre ein Fauxpas). Der Smoking besteht aus einem Sakko mit steigendem Revers aus Seidensatin oder einem Schalkragen. Die Smokingjacke hat einen Knopf aus glänzender Steinnuss oder ist mit Seide bezogen und hat keinen Rückenschlitz. Dazu wird ein Einstecktuch in amerikanischer Rechteckfaltung in der

Farbe des „Kummerbunds"/„Cumberbunds" kombiniert. Anders als beim Frack, wo die Farben vorgeschrieben sind, kann der Anzug zwischen Schwarz und Nachtblau oder modischen Farben variieren. Das Smokinghemd ist immer weiß und hat einen „Kläppchenkragen" (eine verdeckte Knopfleiste und Doppelmanschetten mit Manschettenknöpfen). Die schwarze Fliege ist selbst gebunden, gemusterte Fliegen haben hier nichts verloren.

Die Hose hat weder Gürtelschlaufen, Bundfalten noch Umschlag, sie ist an der Seitennaht mit einem einfachen Seidensatinstreifen („Galon") versehen. Statt eines Gürtels wird ein „Kummerbund", mit den Faltenöffnungen nach oben ausgerichtet, getragen, wo man Kleinigkeiten einstecken kann. Dazu gehören schwarze geschnürte Lackschuhe mit langen glatten Seidenkniestrümpfen ohne Rippmuster. Wer gerne eine Armbanduhr tragen möchte, wählt eine elegante mit Lederarmband aus.

Eine andere Variante ist die weiße Smokingjacke. Sie wird in Deutschland „Dinnerjacket", in England „White Dinner Jackett" genannt und bei abendlichen Festen unter freiem Himmel angezogen, einzige Ausnahme: beim Captain's-Dinner auf einer Kreuzfahrt am Luxusliner.

Die Dame trägt ein langes Abendkleid mit Abendtasche, Slingpumps oder Sandalen.

SMOKING

Ursprünglich wurde der Smoking zu jeglicher Art von Abendveranstaltung getragen, heute nur noch zu besonderen Anlässen, wie Opernpremieren, Empfängen, Dinnerpartys mit festlichem Rahmen oder Hochzeiten ab 18 Uhr. Ausnahme: Beginnt eine Veranstaltung am Nachmittag und beinhaltet keine Pause, darf der Smoking bereits ab 15 Uhr getragen werden.

„Black Tie Optional"

Sie können zwischen Smoking mit schwarzer Fliege und elegantem dunklem Anzug mit Krawatte wählen. Damen tragen lange Abendkleider, Cocktailkleider oder festliche Kostüme, auch ein Damensmoking wäre möglich.

„Cut", „Cutaway" oder „Morning Coat"

So wird das Gegenstück zum Frack genannt. Der „Cutaway" verdankt seinen Namen den „abgeschnittenen Ecken" des Gehrocks. Er wird nur tagsüber getragen und deshalb auch

„Morning Coat“ genannt. Er ist ein dreiteiliger Anzug, bestehend aus einer grauen oder schwarzen Jacke mit aufsteigendem Revers, die von vorne nach hinten mit einem runden Abstich länger wird und zu einem Schwalbenschwanz bis zu den Kniekehlen verläuft, einer Weste und einer Hose. Die Hose ist schwarz-grau gestreift ohne Umschlag und wird wahlweise mit einer hellgrauen oder farbigen Weste kombiniert. Das Hemd ist weiß mit einem Cutaway-Kragen, einem klassischen Hemdkragen oder einem Smokinghemd mit verdeckter Knopfleiste und Doppelmanschette, die Krawatte ist silbergrau. Wer es elegant haben möchte, kann auch einen „Plastron“ (Vorläufer der heutigen Langbinder) tragen.

Schwarze, blank polierte elegante Schuhe (keine Lackschuhe) und schwarze glatte Seidenkniestrümpfe ohne Rippmuster sind unerlässlich. Dies ist der einzige Anzug, zu dem die knöchellangen weißen Wollstoff-Gamaschen mit Steg passen, die aber kaum noch getragen werden. Trägt ein Bräutigam einen „Cutaway“, kann er eine Blume in einer zum Brautstrauß passenden Farbe im Knopfloch wählen. Ein grauer oder schwarzer Zylinder aus Seide oder Filz mit farblich passenden Handschuhen sind für größere offizielle Anlässe angemessen.

Frauen tragen ein knieumspielendes oder längeres schönes Kleid mit Strumpfhose oder einen Hosenanzug, auf jeden Fall mit einem festlichen Charakter. Sie können dazu, je nach Anlass, bis 18 Uhr einen Hut tragen. Pumps und Slingpumps mit Strümpfen oder Sandalen ohne Strümpfe runden das elegante Outfit ab.

CUT

Bei einem festlichen Tagesanlass bis 18 Uhr (wie Hochzeiten, diplomatische oder königliche Empfänge, Pferderennen in Ascot, Taufen und Beerdigungen – hier mit schwarzer Weste und schwarzer Krawatte) ist dieser Dresscode angebracht. (Ab 18 Uhr werden Smoking und langes Abendkleid getragen.)

„Formal“ oder „Tenue de ville“

Das ist der schwarze Stadtanzug, zu dem eine dezent festliche Krawatte, weißes Hemd, elegante schwarze Schuhe mit Ledersohle und schwarze glatte Seidenkniestrümpfe ohne Rippmuster getragen werden. Dieser Dresscode wird auch „Cocktail“ oder „Business Attire“ genannt. – Vorsicht: Bei Abendeinladungen bedeutet „Formal“ Smoking und ist gleichbedeutend mit „Black Tie“.

Die Damen entscheiden sich für ein kurzes Cocktailkleid oder eine festliche Kostüm-/Hosenanzug-Kombination – klassisch ist das „Kleine Schwarze“.

FORMAL

Diese Kleidung passt bei feierlichen und festlichen Anlässen (wie Hochzeiten und festlichen Abendveranstaltungen, Abschlussfeiern oder bei Festakten) und wird nicht als „Business-Outfit" getragen.

„Semi-Formal"

Dieser Dresscode klingt legerer als er ist: Tagsüber wird der dunkle Anzug mit Krawatte getragen. Die Damen haben zumindest ein elegantes Kostüm, einen Hosenanzug oder ein Kleid an. Nach 18 Uhr und zu einer Hochzeit kann es durchaus auch ein Smoking sein, dann tragen die Damen Cocktailkleid oder Abendgarderobe. Beim „Business-Day" mit Kontakt zur Chefetage oder bei Geschäftsreisen ist ein elegantes Kostüm oder Kleid passend.

„Business"

Hier werden ein dunkelblauer oder dunkelgrauer Anzug, ein helles Hemd (maximal in Pastelltönen), eine dezente Krawatte, schwarze/dunkelblaue Schuhe und ein gleichfarbiger Gürtel getragen. Ein schwarzer Anzug ist im Business zu formell. Braune Schuhe oder brauner Gürtel gehören nicht zu diesem Dresscode. Das Hemd ist immer weiß oder maximal in Pastelltönen – ein dunkles Hemd ist ein Fauxpas. Als Faustregel gilt: Je höher die Position in einem Unternehmen ist, umso dunkler sollte der Anzug sein. Die Dame trägt Kostüm oder Hosenanzug in dunklen Farben mit heller Hemdbluse. Es werden geschlossene Pumps in den Farben Schwarz oder Dunkelblau getragen, Stiefel gehören nicht zu diesem Dresscode. Selbstverständlich trägt Frau im Business zum Rock oder Kleid eine hautfarbene Strumpfhose. Dazu wird, wenn gewünscht, eine elegante Uhr kombiniert.

Frauen in Führungspositionen sollten edle Kombinationen wählen und auf das klassische Business-Outfit (Hosenanzug/Kostüm mit Hemdbluse) verzichten, damit sie nicht mit einer Assistentin verwechselt werden.

Viele Frauen tragen heutzutage statt „Business" vermehrt den Dresscode „Business Casual streng", weil eine elegante Kombination mehr Individualität bietet als ein klassischer Hosenanzug oder ein Kostüm und man damit trotzdem professionell wirkt.

BUSINESS

Dieser Dresscode wird nur im strengen Business und in hohen Führungsetagen, bei Geschäftsessen und Veranstaltungen sowie bei Besprechungen getragen.

„Business Casual“

Für „Business Casual“ gibt es keine allgemeingültige Definition und doch ergibt sich aus der Wortkombination, dass dieser Dresscode einen Business-Charakter hat: immer mit Sakko oder Blazer. „Business Casual“ kann sowohl von Firma zu Firma als auch im privaten Bereich unterschiedlich streng oder locker gehandhabt werden.

„Business Casual streng“ bedeutet Anzug ohne Krawatte, helles Hemd, mit schwarzen Schuhen und Gürtel. Streng genommen sind braune Schuhe – die Farbe wirkt sportlich – zu diesem Dresscode tabu, werden jedoch heute gerne zum dunkelblauen Anzug kombiniert. Frauen tragen eine Kombination mit einem hochwertigen edlen Blazer, dazu wird ein Stoffrock/eine Stoffhose/ein Etuikleid, alles modisch elegant, mit Bluse oder Shirt, dunklen geschlossenen Schuhen und passender Strumpfhose in Hautfarbe ohne Musterung kombiniert.

„Business Casual locker“ kann je nach Unternehmensimage eine elegante oder sportliche Sakko- oder Blazer-Kombination mit Stoffhose/Stoffrock, Chinohose oder Jeanshose sein. Vertriebsmitarbeiter/innen eines Produktionsunternehmens werden eher die Kombination mit Jeanshose wählen und Steuerberater/innen die elegante Variante mit Stoffhose bzw. Stoffrock. Die Schuh- und Gürtelfarbe kann braun sein und ist passend zum Outfit zu wählen. Wer gerne zum Anzug oder Hosenanzug Shirt und Sneakers trägt, ist „Business Casual locker“ gekleidet und wirkt damit trotzdem professionell und modern.

BUSINESS CASUAL	Üblich ist diese Kleidung am „Casual Friday“, bei legeren Firmenfeiern oder zum edlen Brunch.

„Come as you are“

Klingt zwar ungezwungen, ist es aber nicht. Man erscheint so, wie man das Büro nach Arbeitsschluss verlässt. Es wird Businesskleidung getragen, nur die Krawatte kann abgelegt werden. Das passt zu einem Essen mit Kolleginnen/Kollegen oder zu einem Drink am Abend.

„Smart Casual“

Dieser Look braucht eine freizeitliche Note mit einer gewissen Eleganz und soll gepflegt und ordentlich wirken. Hochwertige Stoffhosen oder Hosen aus festem Baumwollstoff, beispielsweise Chinos, dunkle elegante 5-Pocket-Jeanshosen (nicht verwaschen oder zerrissen), und feine Pullover sind hier erlaubt. Ein Sakko oder Blazer ist nicht erforderlich.

Das Hemd im Business ist langärmlig und wird ohne Krawatte getragen. Wer auf Baustellen oder mit sonstigen handwerklichen Tätigkeiten etc. zu tun hat, kann selbstverständlich ein Kurzarmhemd tragen. Als Schuhe passen dunkle, sportlich-elegante Leder-Loafer oder Slipper.

Für die Dame bedeutet das ein Kleid, eine Hose oder ein Rock (aus Wollstoff oder fester Baumwolle), kombiniert mit einer Bluse, einem Blusenshirt oder einem Pullover aus edlem Material. Die Schuhe sind vorne geschlossen und können hoch oder flach sein, daher bieten sich Pumps, Slingpumps, Stiefeletten und Slipper an. Wenn es zum Firmenimage und zum Dresscode passt, können auch edle Sneakers – keine Turnschuhe – getragen werden, wenn das Outfit smart bleibt. Es soll nicht den Charakter eines zu saloppen Freizeit-Outfits haben.

„Smart Casual" passt für Menschen, die nur im Büro arbeiten, und überall dort, wo lockere Geschäftsmäßigkeit der Dresscode ist, wie bei einem Brunch, beim Stadtbummel oder beim legeren Freizeitprogramm eines Unternehmens.

„Casual" oder „Sportlich"

„Casual" steht für ein ungezwungenes Outfit, wie Jeans, Polos, Shirts, Sneakers etc., aber keine kurzen Hosen, Sport- oder Strandbekleidung. Kurze Hosen, offene Schuhe, Flip-Flops, Crocs oder Adiletten gehören in den Freizeitbereich oder den Sommerurlaub.

Es soll eine zwanglose und locker sitzende Kleidung sein, die einen wirklichen Freizeitcharakter besitzt. Die Materialien haben im Gegensatz zu „Smart Casual" keinen eleganten Touch. Die Stoffe können gröber sein und passen für zu Hause oder beim Stadtbummel.

CASUAL

Dieser Dresscode wird bevorzugt in vielen Start-up-Unternehmen und in manchen New-Work-Unternehmen getragen. Er ist Ausdruck der Lockerheit, die in diesen Unternehmen herrscht.

Dresscode in unterschiedlichen beruflichen Situationen

Achten Sie darauf, dass Sie entsprechend Ihrer Position, Ihrem Stand und Status gekleidet sind. Für das Gespräch mit der/dem Vorgesetzten wählen Sie, was auch sonst betriebsüblich ist. Wichtig ist aber, dass Sie einen korrekten Eindruck machen und sich gut angezogen in ihrer „zweiten Haut" fühlen. Das bringt Ihnen auch Selbstsicherheit.

Online-Meetings

Die Videokonferenz oder das Online-Meeting ist für viele Berufstätige zu einem wichtigen Bestandteil ihres Arbeitsalltags geworden. Führungskräfte und Kolleginnen/Kollegen sitzen im virtuellen Raum zusammen und Kundengespräche werden online geführt. Man sieht nicht mehr als den Oberkörper und den Hintergrund. Was jemand unten trägt, wird nur sichtbar, wenn die Person aufstehen muss und die Kamera nicht ausschaltet. Seien Sie deshalb vorsichtig, hier ist schon so mancher Fauxpas passiert.

Wer im Homeoffice mit Bürokleidung zu Hause auf seiner Couch oder an seinem Schreibtisch sitzt, muss sich erst daran gewöhnen – das war bisher nicht üblich. Im virtuellen Raum gelten mancherorts andere Regeln als beim gemeinsamen Meeting in einem Konferenzraum, dennoch sollte die Bekleidung dem Anlass entsprechend sein.

ONLINE-MEETING

Auch wenn nur der Oberkörper zu sehen ist, achten Sie in Videokonferenzen auf ein professionelles Outfit. Ein strenger Dresscode ist nur in klassischen Branchen und formellen Meetings notwendig.

Bei firmeninternen Konferenzen hat sich der Dresscode „Smart Casual" etabliert – auf keinen Fall sollten Sie einen „Couch-Look" oder „Schlabberlook" tragen. Gehobene Sportlichkeit ist angesagt. Online-Konferenzen mit Kundinnen/Kunden unterliegen der Professionalität, Sie tragen, was Sie sonst auch offline tragen würden. Ob der Kleidungsstil eher strenger oder legerer ist, hängt vom jeweiligen Berufsfeld ab — die Erwartungshaltung an die Kleidung ihrer Mitarbeiter/innen im Online-Meeting einer Anwaltskanzlei mit Klientinnen/Klienten sieht anders aus als Videokonferenzen mit Kundinnen/Kunden in einem Startup-Unternehmen.

STIL

Wägen Sie immer ab, in welchem beruflichen Umfeld Sie sich bewegen – besser overdressed als underdressed!

Sie können strenger starten und wenn Ihre Gesprächspartner/innen lockerer gekleidet sind, können Sie beim nächsten Mal noch immer ein „Downgrade“ machen, wenn es Ihrer Professionalität nicht schadet. Wenn Sie unsicher sind, fragen Sie Ihre Vorgesetzten.

Vertriebssitzungen

Wenn es ums Verhandeln geht, heißt es buchstäblich „gut gewappnet“ zu sein! Ihr Kleidungsstil soll in etwa dem entsprechen, was in der jeweiligen Branche bei Kundenbesuchen getragen wird. So gewinnen die Vertriebs- und Geschäftsführung einen Eindruck davon, wie sich ihre Vertriebsmitarbeiter/innen nach außen darstellen.

„SICHER IST SICHER!“

Wenn Sie diesbezüglich unsicher sind, fragen Sie ruhig Ihre Vorgesetzten nach der firmeneigenen Auffassung zum Kleidungsstil.

Repräsentationsaufgaben

Wo auch immer Sie Ihr Unternehmen repräsentieren, Sie sind die Visitenkarte Ihres Betriebs. Je höher die Position, desto genauer werden Sie beobachtet und bewertet. Jede Unternehmensleitung sollte zur Orientierung einen Leitfaden für Repräsentationsaufgaben ausgeben. Als Teilnehmer/in an einer Fortbildungsveranstaltung repräsentieren Sie auch Ihr Unternehmen – Sie sind nicht als Privatperson, sondern als Mitarbeiter/in anwesend. Entscheiden Sie sich daher für eine dezente smarte Bürokleidung. Leider erlebt man immer wieder, dass Seminarteilnehmer/innen statt in gehobener Freizeitkleidung in alten Jeans, Hausschuhen und ausgewaschenen T-Shirts erscheinen.

Vorträge und Seminare

Bei einem Bühnenauftritt als Referent/in oder Redner/in bestimmt Zurückhaltung Ihre Kleidung. Je kleiner das Publikum, desto weniger auffällig – aber trotzdem schick – sollte Ihr Kleidungsstil sein, um nicht zu sehr von den Inhalten abzulenken. Große Muster und schrille Töne sind zu meiden. Frauen wird generell mehr Farbe zugestanden. Vermeiden Sie eine Lesebrille, die vorne auf der Nase sitzt, weil sie damit oberlehrerhaft wirken könnten, wenn Sie über die Brille zu Ihrem Publikum sprechen. Wählen Sie stattdessen eine normale Brille, die gut auf der Nase sitzt.

Für einen öffentlichen Auftritt wählen Sie keine hellen Outfits, da Sie im Rampenlicht durchsichtig erscheinen können. Ein schlichter Kleidungsstil ohne aufwendige Details sendet klare Botschaften.

Nähere Details dazu im Kapitel „Öffentlicher Auftritt", Seite 276.

MARKEN-ZEICHEN

Wer einen sehr individuellen Kleidungsstil pflegt und diesen zum Markenzeichen gemacht hat, orientiert sich nicht am Dresscode des Publikums.

So punkten Sie

Wählen Sie den Dresscode, der Ihrer Marke, Ihren Werten, Ihrer Persönlichkeit und Ihrem Zielpublikum entspricht und der Ihre Professionalität unterstreicht.

Online-Vorträge und Webinare

Wer online einen Vortrag hält, muss genauso gut hinüberkommen wie auf einer Bühne mit Publikum: Sie tragen den Dresscode, den Sie auch bei analogen Vorträgen wählen.

Meiden Sie weiße Oberteile, denn Webkameras nehmen Weiß viel zu intensiv auf und bewirken, dass alles andere dunkel wirkt. Wenn Sie vor einer hellen Wand präsentieren, wirkt helle Kleidung kraftlos und Sie verschwimmen mit dem Hintergrund. Dunklere Farben, jedoch kein Schwarz, geben Ihnen Kontur und wirken kraftvoll.

Weitere Infos dazu auch im Abschnitt „Bildschirmgerechte Kleidung", Seite 276.

Im Videobild checken Sie vorab Ihren Kleidungsstil, denn er kann digital, wenn Sie nur bis zum Unterleib zu sehen sind, anders wirken als auf der großen Bühne, wo Sie im Ganzen zu sehen sind. Seien Sie vorsichtig mit Schmuck, besonders wenn Sie Brille tragen – in diesem kleinen Bildausschnitt sind alle Details noch prominenter im Fokus.

Messen und Ausstellungen

Bei diesen Besuchen wird im weitesten Sinne „Business Casual" oder „Smart Casual" erwartet und getragen. Je nach Branche sind die Anforderungen etwas strenger oder lockerer. Überlegen Sie immer genau, wie Sie wahrgenommen werden möchten. Das ist besonders wichtig auf Karrieremessen. Tragen Sie gutes und bequemes Schuhwerk zu Ihrem Outfit.

Sind Sie für Ihr Unternehmen bei einer Messe, Ausstellung oder einem Kongress vertreten, so ist es üblich, dass das Unternehmen einheitliche Kleidung der Mitarbeiter/innen verlangt oder bereitstellt. Das kann vom Anzug mit Krawatte (u. a. Versicherungsmesse) bis hin zu Jeans mit Polohemd (z. B. Handwerksmesse) reichen, je nachdem, um welche Branche es sich handelt. Vor allem große Unternehmen lassen einheitliche Kleidung (so etwas wie eine „zivile Uniform") entwerfen, die sie als Teil des äußeren Erscheinungsbildes und der Corporate Identity betrachten. Ist keine einheitliche Kleidung vorgegeben, so lohnt es sich, das Messe- und Kongressteam bezüglich der Kleiderordnung zu befragen.

„Hundstage"

Die heißesten Tage im Jahr zwischen Mitte Juli und Mitte August heißen umgangssprachlich „Hundstage". Diese Bezeichnung leitet sich vom Sternbild „Großer Hund" ab, der früher in diesem Zeitraum am europäischen Sternenhimmel zu erkennen war. Die heißen Temperaturen sind vor allem für Berufstätige eine große Herausforderung, weil die Kleidung im Büro zwar leicht, aber nicht zu freizügig sein soll.

Besonders als Dame sollten Sie darauf achten, dass Sie nicht zu dünn gekleidet sind und zu viel Haut sichtbar wird – das enthebt Sie jeglicher Autorität; Spaghettiträger, transparente Shirts, sichtbare BHs, Shorts und luftige Urlaubskleider gehören nicht ins Geschäftsleben. Bleiben Sie bei Ihrer sonst üblichen Businesskleidung oder machen Sie ein kleines „Downgrade" zum nächsten Dresscode, wenn es zum Termin oder zum Image passt. Die Schuhe sind auch im Sommer vorne geschlossen, Slingpumps (hinten mit Sling) sind eine gangbare Alternative zu Sandalen im Sommer.

GROSSE HITZE

Eine Erleichterung gibt es im strengen Business nur durch die dünnere Stoffqualität Ihrer Kleidung, sonst bleiben Sie beim Dresscode.

In manchen Branchen können Männer an diesen heißen Tagen auf das Sakko und oftmals auf die Krawatte verzichten – entweder trägt keiner eine oder alle, das sollte einheitlich vom Unternehmen geregelt werden. Bei gelockerten Kleidungsregeln an den „Hundstagen" behalten Sie bei Terminen dennoch Sakko oder Blazer an, gegebenenfalls können Sie als Gastgeber/in anbieten, das Sakko auszuziehen. Werden Sie als Gast nicht aufgefordert, das Sakko auszuziehen, lassen Sie es an. Eine Ausnahme gibt es: Sollten Sie kurz vor dem Hitzekollaps stehen, fragen Sie, ob Sie ausnahmsweise das Sakko ausziehen dürfen.

Dresscodes in unterschiedlichen Branchen

In jedem Beruf gilt traditionell ein anderer Kleidungsstil. Was Sie tragen, soll dem Firmenimage entsprechen, berücksichtigen Sie daher die hauseigene Kleiderordnung. Zurückhaltung bei Farben und Accessoires, außer in der Mode- und Werbebranche, gilt in vielen Berufen.

Was Sie täglich anziehen, soll auf die Aufgaben, die Sie an diesem Tag zu erledigen haben, zugeschnitten sein. Bei alltäglichen Gesprächsverhandlungen mit Mitarbeiterinnen/Mitarbeitern ohne Kundenverkehr können Sie ruhig etwas sportlicher – aber smart – gekleidet sein als bei wichtigen Geschäftsabschlüssen, wenn dies dem Stil des Hauses entspricht.

Kleidung in Banken, Versicherungen oder Rechtsabteilungen

Hier trägt die Frau klassisch Kostüm/Hosenanzug/Kombination und der Mann Anzug mit Krawatte. Es gilt, Werte wie Seriosität, Vertrauen und Sicherheit zu vermitteln, und diese werden unter anderem über diesen Kleidungsstil transportiert. Auch die Mitarbeiter/innen des Backoffice-Bereichs sind im Haus unterwegs und sollten diese Kleiderregel beachten. Überall dort, wo kein Kundenverkehr stattfindet, dürfen selbstverständlich Blazer oder Sakko ausgezogen werden.

Die Dresscodes lockern sich in diesen klassischen Branchen immer mehr. In manchen Banken, Versicherungen und Rechtsabteilungen wird entweder Anzug ohne Krawatte oder eine Sakko-Hosen-Kombination mit/ohne Krawatte getragen, der neue Dresscode lautet: „Business Casual“. Um die Einheitlichkeit des Dresscodes besonders in Banken zu gewährleisten, empfiehlt es sich, diesen offiziell einzuführen oder darauf gänzlich zu verzichten – das muss Unternehmensentscheidung sein.

BANK, VERSICHERUNG

Ihre Kleidung soll modern und nicht aus der Zeit gefallen wirken. Bei Kundenterminen eignen sich dunkle Businessfarben für Ihre Kleidung am besten.

Kleidung in Management, Consulting, Training, Marketing und PR

Hier gilt es, schicker zu sein als im klassischen Business, aber nicht zu übermodisch. Hosen mit Pullover sind nur in der Werbe- oder Modebranche adäquat, sonst wählen Sie als Mann je nach Firmenimage Anzug mit oder ohne Krawatte und Sakko-Kombinationen ohne Krawatte.

Als Frau tragen Sie die Blazer-Hose-/Rock-/Etuikleid-Kombination. Grundsätzlich gilt hier der Dresscode „Business Casual“ in dunkleren Farbtönen.

Kleidung im Vertrieb – High-Tech, IT, medizinischer Bedarf

Ein professioneller Look ist notwendig und verlangt je nach Branche und Exklusivität der Produkte nach dem klassischen Business-Outfit: Anzug mit oder ohne Krawatte, Hosenanzug/ Kostüm oder Kombinationen in mittleren bis dunklen Farbtönen. Wenn Sie unsicher sind, wählen Sie je nach Zielgruppe entweder eine elegante oder eine sportliche Sakko-/Blazer-Kombination. Damit machen Sie nichts falsch.

VERTRIEB

Wählen Sie die Farben so, dass sie nicht ins Auge springen, aber trotzdem modern und zeitgeistig sind.

Kleidung im Vertrieb – Makler, Gastronomie, Industrie

Ihre Kleidung sollte geschäftsmäßig sein, aber ruhig etwas modischer. Klassische Kostüme und Hosenanzüge sowie Anzug mit Krawatte sind meist overdressed. Mit einer eleganten Sakko-/Blazer-Kombination sind Sie immer gut angezogen. Als Frau können Sie durchaus zurückhaltende Farben, wie zum Beispiel gedämpfte Grün- oder Rottöne, tragen. Nur bei wichtigen Terminen und Verhandlungen ist es manchmal notwendig, zur klassischen Geschäftskleidung zurückzukehren.

Kleidung im Direktvertrieb – Kosmetik, Geschirr, Dessous, Küchengeräte, Diätartikel

Verkaufen Sie eher ein konservatives Produkt, kleiden Sie sich nicht zu auffällig, sondern in dunklen oder neutralen Farben, die seriös wirken. Je exklusiver das Produkt, umso wertiger muss Ihr Outfit sein, damit die Qualität der Produkte über den Kleidungsstil transportiert wird.

In der Mode- und Schönheitsbranche können Sie sich ruhig farbenfroher zeigen – es wird geradezu von Ihnen erwartet. Wichtig ist, dass Ihr Aussehen immer professionell, aber nie nachlässig oder gar zu bunt ist. Sie sollten Ihre Gastgeber/innen nicht in den Schatten stellen und mit Ihrem Kleidungsstil nicht Tür und Tor für Interpretationen öffnen. Der Fokus der Aufmerksamkeit sollte auf dem Produkt liegen und nicht auf Ihrem Outfit. Ob Sie Kombinationen mit Blazer oder sportlich smart mit Bluse/Hemd oder Pullover zur Hose oder zum Rock wählen, entscheidet das jeweilige Produkt.

Kleidung im kreativen Business – Werbung, Medien, Modebranche

Hier soll Ihr Kleidungsstil modischer, bunter, kreativer und ausdrucksstärker, jedoch nicht nachlässig sein. Sind Sie zu konservativ gekleidet, traut man Ihnen keine Kreativität zu. Ihre Botschaft sollte heißen: „Ich bin kreativ." Versuchen Sie die neuesten Modetrends aufzugreifen, wenn Sie der Typ dafür sind. Wenn nicht: Auch ein schlichter mit Bedacht gewählter Kleidungsstil mit kleinen Details (wie eine kreative Gürtelschnalle oder eine interessante Farbkombination) kann genauso überzeugend wirken.

KREATIVE	Signalisieren Sie im kreativen Business mit Ihrem Stil: „Ich setze Trends und bin informiert!"

Kleidung in Pflege- oder Heilberufen – Sozialdienste, Psychologie, Therapie

Sofern Sie keine vorgeschriebene Anstaltskleidung, eine Uniform oder einen weißen Mantel und eine weiße Hose tragen, eignen sich smarte Kombinationen mit Bluse/Pullover zum Rock oder Hemd/Poloshirt zur Hose. Sie sind praktisch und geben Ihnen Bewegungsfreiheit. Eine Sakko- oder Blazer-Kombination kann durchaus passend sein, wenn dies dem Stilempfinden und der Persönlichkeit der Trägerin/des Trägers entspricht, Businesskostüme oder Anzüge sind hier fehl am Platz.

Kleidung in Lehrberufen – Schule, Erwachsenenbildung, Training

Hier gibt es Unterschiede in den verschiedenen Lehrbereichen. In Bildungseinrichtungen und öffentlichen Schulen kleiden sich Vortragende und Lehrer/innen meist smart ohne Blazer oder Sakko, hingegen erscheinen Trainer/innen in einer Bank in klassischer Businesskleidung bzw. „Business Casual", weil es dem Image der Branche entspricht.

Im Allgemeinen gilt, dass die Kleidung farbenfroher – aber nicht zu schrill – sein soll. Versuchen Sie, keine Interpretationsflächen für Ihre Schüler/innen oder Studentinnen/Studenten zu bieten, beispielsweise mit übertriebenem Schmuck, zu kurzem Rock oder allzu auffälligen Farben. Das mindert die Konzentration und schmälert Ihren kompetenten Auftritt.

Sind Seminare oder Trainings über mehrere Tage geplant, so können Sie sich am ersten Tag eher zurückhaltend kleiden, damit Vertrauen entstehen kann. Haben Sie dies erreicht, kann Ihre Kleidung ab dem zweiten Tag legerer oder auch modischer sein. Erkundigen Sie sich auf jeden Fall nach dem Image des Unternehmens, der Schule oder des Veranstalters, damit Sie hier in kein Fettnäpfchen treten.

So punkten Sie

- Vermeiden Sie im Lehrberuf oder bei Vorträgen Kleidungsstücke mit großflächigem Rot, denn die Farbe wirkt anregend bis aufregend und kann sogar Aggressionen auslösen.
- Tragen Sie gerade in Seminaren nicht ganz Schwarz, das distanziert Sie vom Publikum – mittlere Farben sind eine gute Wahl.
- Wählen Sie als Dame immer Kleidung, die Ihre Schultern und Oberarme bedeckt, ärmellos ist im Geschäftsleben ein No-Go.

Uniformierte Berufe – Apotheke, Hotel, Service

Hier können Sie Individualität nur mit zurückhaltendem Schmuck, einem farbigen T-Shirt oder auch einem Tuch zeigen. Für Damen ist ein gepflegtes Make-up wichtig. Männer müssen sich dem Gesetz der uniformierten Masse unterwerfen und können leider nicht wirklich ihre Individualität zeigen, außer mit ihrem Hemd, wenn Sie dieses frei wählen dürfen.

Krawatte und Einstecktuch

Immer mehr Männer verzichten heutzutage auf die Krawatte. Vor Jahren war man bei Veranstaltungen ohne Krawatte noch deutlich in der Unterzahl – nun fallen Krawattenträger bisweilen sogar auf. Im Business gehörte die Krawatte in vielen Branchen zur Standard-Uniform, aber das hat sich gewandelt. Immer mehr CEOs und Branchenführer wollen sich krawattenlos offen und locker zeigen.

Die Männermode ist eng mit den Wirtschaftszyklen verbunden, so auch die Krawatte. Es ist generell zu beobachten, dass der Stil leidet, wenn die Wirtschaft boomt. In schlechten Zeiten, wenn man um Aufträge und Jobs kämpfen muss, spielt das Outfit eine große Rolle, damit man überzeugend wirkt.

Mit der Krawattenfarbe und einem modernen Krawattenmuster zeigt man jedenfalls Individualität gegenüber Anzugträgern, die mit dunklen Anzügen und weißen Hemden gleich aussehen. Wer gerne Krawatte trägt, soll es unbedingt weiter tun!

Das Einstecktuch ersetzt immer mehr die Krawatte und sollte in keiner Garderobe fehlen, wenn Sie sich damit wohlfühlen. Es passt zu allen Gelegenheiten und gibt dem Mann die persönliche Note, die er sonst mit der Krawatte ausdrückt. Wenn Sie doch zu Krawatte und Einstecktuch greifen, sollte der Farbton des Tuchs den Stil und die Farbe der Krawatte aufgreifen (aber keinesfalls dasselbe Muster haben) und so ein harmonisches Gesamtbild schaffen. Hier ist modisches Geschick gefragt!

ACHTUNG In manchen Branchen besteht durchaus die Gefahr, mit Krawatte und Einstecktuch overdressed zu wirken.

Wir werden sehen, wie sich das Thema Männermode und Krawatte in den nächsten Jahren entwickeln wird: Die Krawatte ist und bleibt ein Symbol von Macht und Individualität, das können weder New Work noch diverse Trends ändern.

Tücher, Schmuck und Accessoires

Tücher und andere Accessoires unterliegen den jeweiligen Modeerscheinungen. Seidentücher oder Schals passen immer zum Business-Outfit, sofern es Sie in Ihrer Bewegungsfreiheit nicht behindert und das Tuch durch zu viel Fülle nicht die Botschaft sendet: „Bitte Abstand halten."

Generell sollten Accessoires nur Ihren Typ unterstützen und nicht von den wesentlichen Inhalten, die Sie vermitteln wollen, ablenken. Vermeiden Sie jeglichen Firlefanz, übertrieben große Ohrringe, „Statementketten" oder zu auffällige Gürtelschnallen. Diese Stücke gehören in den privaten Rahmen, nicht ins Business – außer Sie arbeiten in der Schmuck- oder Modebranche.

Businesstasche, Handtasche und Rucksack

Die moderne Businesstasche hat den Aktenkoffer abgelöst. Sie kann das Tüpfelchen auf dem „i" sein oder Ihr Outfit sabotieren. Es gibt heute viel mehr Freiheiten in Form und Farbe, aber es kommt darauf an, in welcher Branche Sie tätig sind. Kreative Branchen erlauben modisch mehr als das klassische Business und privat muss die Tasche zum Outfit passen, deshalb sollten Sie diese sehr bewusst auswählen. Überlegen Sie, ob es eher eine zeitlos elegante Tasche sein soll, die überall dazu passt, oder ob Sie ein Statement setzen wollen. Sie darf ruhig ein „Bekenntnis" zu einem gewissen Lifestyle sein. Wichtig ist, dass sie zum Stil Ihres Outfits passt und erkennen lässt, dass Sie den Dresscode kennen und beherrschen. Beutel, Rucksäcke und Shopper gehören nicht zum klassischen Business-Style.

Zu einem strengen Dresscode gehört ausschließlich eine schwarze Businesstasche. Ein lockerer Dresscode erlaubt auch eine braune, weinrote, hellbraune oder dunkelblaue Businesstasche aus Glattleder, genarbtem Leder oder Wildleder, wenn der Look relativ klassisch ist. Wer sich um einen Praktikumsplatz bewirbt, sollte seinen abgegriffenen Universitäts-Rucksack gegen eine Businesstasche tauschen (es gibt auch sehr günstige).

ACHTUNG

Jede Tasche, die geöffnet wird, gibt Rückschlüsse auf Ihren Ordnungssinn oder einen eventuellen Hang zur Unordnung.

Businesstasche

Die Business-Tasche muss sich in Farbe und Material nicht nach den Schuhen und dem Gürtel richten, empfehlenswert ist es trotzdem, weil es stilvoller aussieht. Eine Allroundtasche, passend zu jedem Look, ist eine gute Lösung. Ob sie schmäler oder tiefer geschnitten ist, entscheidet, wie viel Platz Sie brauchen.

Handtasche

Eine größere Henkeltasche ist eine Alternative zur klassischen Businesstasche, sie hat unten einen festen Boden und an der Seite ein festes Leder, damit sie beim Hinstellen nicht umfällt. Das ist wichtig, denn es signalisiert: „Mein Business hat Stärke und fällt nicht um." Außerdem können Sie diese auch für andere Gelegenheiten, die keinen Meeting-Charakter haben, verwenden. Tragen Sie entweder die Businesstasche oder die Handtasche, beides zusammen geht nicht.

Rucksack

Ein sportlicher Rucksack, bunt bedruckte Taschen oder Schultertaschen im Retrolook passen nicht zum Business-Outfit, auch wenn Sie mit Anzug/Hosenanzug mit dem Fahrrad oder den öffentlichen Verkehrsmitteln in die Arbeit fahren. Wer gerne einen Rucksack tragen möchte, sollte dies nicht zum klassischen Business-Outfit machen, stattdessen eignet sich ein kleiner Rollkoffer. Wer ein sportliches Business-Outfit trägt, kann selbstverständlich einen schicken Rucksack (zum Beispiel aus Leder) wählen, der businesstauglich ist.

RUCKSACK | Das Gesamtkonzept muss passen, dann können Sie auch einen Rucksack tragen, sonst nicht.

Schuhe

Das Thema Schuhe spielt eine wichtige Rolle im Berufsleben, denn diese geben Ihnen Bodenhaftung oder lassen Sie unsicher wirken, wenn Sie damit nicht gehen können. Daher sollten Damen während der Geschäftszeiten auf High Heels oder Stilettos verzichten, denn je hochhackiger der Schuh, umso gestelzter kann der Gang werden. Ein eleganter Pump in mäßiger Absatzhöhe passt immer.

Wer gerne flache Schuhe trägt, sollte darauf achten, dass diese nicht mädchenhaft (wie z. B. Ballerinas mit Schleifchen) wirken. Sie sind auf jeden Fall sauber geputzt und ordentlich geschnürt. Stiefel oder Stiefeletten sind in vielen Branchen kein Problem, achten Sie darauf, dass sie stilistisch zum Outfit passen.

Der Herr trägt zum Anzug dunkle, elegante Schuhe – je sportlicher das Outfit, umso sportlicher können auch die Schuhe sein. Sie müssen auf jeden Fall im Stil zum Outfit passen und sollten kein Fremdkörper sein. Braune Schuhe machen jedes Outfit etwas sportlicher.

Sneakers und Turnschuhe haben im Business Einzug gehalten: Die Frau trägt zum Beispiel dunkelblauen Hosenanzug, Rollkragenpullover und weiße Sneakers, der Mann den Anzug mit weißem Shirt und Sneakers. Das sieht stylish aus und ist für viele trendige Menschen eine tolle Alternative zum klassischen Business-Outfit. Das gibt dem Businessstil eine persönliche Note und zeigt Individualität. Wirkt hingegen diese Kombination allzu bemüht trendig und ist man nicht der Typ dazu, ist es nicht mehr stilvoll. Hingegen sehen Turnschuhe zum Anzug oder Hosenanzug/Kostüm/Kleid im Business selten cool aus. Der Turnschuh sollte wirklich nur von sehr sportlichen Menschen oder Modebloggerinnen getragen werden, denen man den Turnschuh zum Business-Outfit auch abnimmt.

Achten Sie darauf, dass die Schuhabsätze nicht abgetreten sind und das Oberleder nicht ausgebeult ist. Sollte es so weit sein, dass Ihre Lieblingsschuhe solche Alterserscheinungen zeigen, müssen Sie sich von ihnen als Begleiter leider trennen.

Flip-Flops, zehenfreie Sandalen, geflochtenes Schuhwerk oder Crocs gehören in den privaten Bereich. Gesundheitspantoffel sind Standard in Gesundheitsberufen, haben aber im Business nichts verloren.

Genaueres dazu, was Sie im Berufsleben nicht tragen sollten, siehe Abschnitt No-Gos im Business-Outfit, Seite 293.

NACHFRAGEN

Fragen Sie nach, wenn Sie unsicher sind oder orientieren Sie sich an den Outfits Ihrer Kolleginnen/Kollegen.

Image und Markenbildung

Wer am Markt bestehen will, muss ihr/sein Image pflegen. Das gilt gleichermaßen für Unternehmen, die ihre Marke stärken möchten, wie für Menschen, die auf der Karriereleiter die nächste Stufe erklimmen oder ein höheres Einkommen erzielen möchten. Jede/r ist heutzutage im Berufsleben „ihre/seine" Marke! Ein guter Ruf ist heute wichtiger denn je, um am Markt zu bestehen. Man ist Werbebotschafter/in in eigener Sache, um von potenziellen Kundinnen/Kunden und zukünftigen Arbeitgeberinnen/-gebern als glaubwürdig und kompetent eingestuft zu werden. Ein guter Ruf – das Image – eilt Ihnen immer voraus und legt den roten Teppich für die Inhalte.

IMAGE

„Image“ ist ein englischer Begriff, der alle Erwartungen und Vorstellungen umfasst, die subjektiv mit einer Persönlichkeit, einem Produkt oder einem Unternehmen verbunden sind. Das Image bildet sich aus verschiedenen Facetten und stellt dar, wie man wahrgenommen wird.

Denken Sie an ein Mosaikbild, das sich aus tausenden Steinchen zusammenfügt. Das ist Ihr Image, je nachdem, welche Bauteile in welcher Qualität und Größe – ob fein geschliffen oder grob behauen – Sie dafür wählen. Das heißt ins Berufsleben übersetzt: Es ist entscheidend, in welcher Kleidung und mit welchem Erscheinungsbild Sie auftreten, wie Sie sprechen, sich anderen gegenüber verhalten, welche Tischsitten und Umgangsformen Sie pflegen und vieles mehr. Wir verwenden viel Zeit dafür, um unser Image zu schaffen, zu pflegen, neu anzupassen oder gar zu korrigieren.

In den letzten Jahren ist es für Unternehmen immer mehr eine Imagefrage geworden, wie sehr sie sich für das Gemeinwohl einsetzen, beispielsweise mit Sozial-, Kultur- oder Sportsponsoring.

Wie wird ein Unternehmensimage aufgebaut?

Das Image ist mit der Aussagekraft von Symbolen verbunden, denn diese zeigen den tatsächlichen Imagewert. Herstellung, Verpackung, Vermarktung und Qualität Ihrer Produkte, der Firmensitz, analoge und virtuelle Marktauftritte – das alles ist imagebildend. Je harmonischer sich das Bild eines Unternehmens nach außen präsentiert, umso leichter ordnen sie andere ein.

Es wird immer schwieriger, zwischen Sein und Schein zu unterscheiden, weil es keine Frage des Geldes mehr ist, sich ein entsprechendes Image zuzulegen. Wichtig ist es, einen einheitlichen Auftritt, die Corporate Identity, zu zeigen und bewusst zu pflegen. Halten Sie, was Sie versprechen!

Wie wichtig ist Status heute?

Status zeigt einen bestimmten Platz in der Gesellschaft an und übt immer noch eine hohe Anziehungskraft aus. Die klassischen Statussymbole „Mein Haus, mein Auto, mein Boot" treffen den Zeitgeist nur noch teilweise. Status wird heute sehr dezent zur Schau getragen und ist eher ein Code, den nur „Eingeweihte" kennen.

Der neue Status ist Understatement und Anderssein. Es findet eine Rückbesinnung auf Zufriedenheit und Sinnhaftigkeit statt. Der Fokus wird zum Beispiel auf Digital Detox, teure Fahrräder, Bio-Fleisch, ein Studium an einer amerikanischen Eliteuniversität etc. gelegt. Der Personalcoach oder das Sabbatical können wichtiger sein als das Firmenauto – die erfolgreiche Führungskraft kommt mit dem Fahrrad und Vorgesetzte sitzen gemeinsam mit ihren Mitarbeiterinnen/Mitarbeitern im Team bei Kaffee und Snacks. Sie sitzen nicht mehr nur „oben", sondern fördern mit flachen Hierarchien das Betriebsklima, den Informationsaustausch und die Kommunikation. Die neue digitale Zusammenarbeit beschleunigt die Einführung einer neuen „Augenhöhe" in der Organisation.

SUBTIL

Status zeigt sich heutzutage subtiler und fällt nicht mehr auf den ersten Blick ins Auge.

Image ist Chefsache

In einem Unternehmen wird das Image üblicherweise der PR- oder Marketingabteilung zugeordnet und als Strategie entwickelt, denn das glaubwürdige Image entsteht nicht durch geschriebene Worte, sondern durch persönliches Verhalten. An erster Stelle steht dabei die Chefin/der Chef – ihr/sein gelebtes Beispiel ist die erfolgreichste und kostengünstigste Imagestrategie.

Porschefahrende Geschäftsführer/innen passen nicht ins Image einer Sozialorganisation, die von Spendengeldern lebt. Wie auch Vorstandsvorsitzende mit einem Kleinwagen ihrem Image nicht gerecht werden, außer sie setzen damit bei einer Unternehmenskrise ein bewusstes Zeichen, dass jetzt überall gespart wird, auch ganz oben. Das wird als positives Zeichen gewertet und schadet dem Image nicht, sondern stärkt es nach außen und innen.

Ihr Unternehmen hat eine bestimmte Corporate Identity und Sie haben viel in Marketing-Strategien und die Optimierung Ihrer Produkte investiert. Orientieren Sie sich als Führungskraft an folgenden Regeln, die Sie täglich aufs Neue fordern werden.

Benimm-Codes

- Die Führungsebene ist verantwortlich für die Corporate Identity.
- Fördern Sie wertschöpfende Bilder des Unternehmens.
- Imagebewusstsein soll gelebte Realität sein.
- Als Vorbild kommunizieren Sie die wichtigsten Unternehmensgrundsätze.

So punkten Sie

Thematisieren Sie regelmäßig das persönliche Erscheinungsbild und Auftreten Ihrer Mitarbeiter/innen, denn es bringt positive Verhaltensänderungen und schafft Sicherheit. Ein Imageseminar, eine Klausur oder themenbezogene Sitzungen können nachhaltige Veränderungen auslösen.

Mitarbeiter/innen als Imageträger/innen

Mitarbeiter/innen sind das wichtigste Gut eines Unternehmens. Der Fokus hat sich in den letzten Jahren von den Maschinen und Investitionsgütern wieder auf Mitarbeiter/innen gelegt. Man erkennt, dass sie eine Firma erfolgreich machen, den nötigen Wettbewerbsvorteil aufbauen und absichern. Ein Unternehmen lebt von der positiven Präsenz der Mitarbeiter/innen. Produkte werden immer ähnlicher, die Konkurrenz immer größer, was zählt, sind die Mitarbeiter/innen, die ihr Unternehmen durch Image, Outfit und Umgangsformen repräsentieren. Ihr Verhalten ist Teil des Unternehmensimages und fällt in die Verantwortung der „Human Ressources Manager" oder der Personalentwicklungsabteilung.

Von den Mitarbeiter/innen wird auf das Unternehmen geschlossen. Daher ist es notwendig, ihnen in der Entwicklung eines wertschöpfenden Images Bilder zu vermitteln, die sie in ihrer Tätigkeit bestärken. Eine deutsche Studie belegt, dass in der Computerbranche 68 Prozent der Kundinnen/Kunden, die die Marke gewechselt haben, nicht wegen des Produktes, sondern wegen des persönlichen Verhaltens der Kundenberater/innen umgestiegen sind.

Sollten Sie als Kundenberater/in privat auf dem Sportplatz sein, so wird auch dieses Verhalten in der Situation entscheidend sein, wenn Sie dort Kundinnen/Kunden treffen oder von ihnen gesehen werden. Treten Sie dort unangemessen laut und rücksichtslos auf, ist Ihr Image gleich ein anderes. Das bereits könnte Ihnen berufliche Probleme schaffen. Wir sind also kaum einmal so privat, dass unser Verhalten keine Rolle spielt. Dieselbe Wirkung erzielen unangemessene Einträge in den sozialen Netzwerken.

Imagerelevante Umgangsformen

Die Sprache und der Ton eines Unternehmens spielen eine wichtige Rolle: Dazu gehören Wortwahl, Briefstil, Gepflogenheiten in der Gestaltung der E-Mails oder der Telefonate. Richtlinien für Kontaktformen unterstützen die Mitarbeiter/innen, denn sie wissen: „Wir machen das so." Sollte es keine Vorgaben von der Unternehmensleitung geben, so fragen Sie nach, wenn Sie unsicher sind.

Benimm-Codes

Klären Sie folgende Vorgaben genau ab:

- Die Corporate Identity und das Image Ihres Unternehmens
- Sprache und Wortwahl in Ihrem Unternehmen
- Kleidungsvorgaben in Ihrem Unternehmen
- Prüfen Sie Ihre eigenen Umgangsformen und korrigieren Sie diese, wenn nötig.
- Stellen Sie Kundenwünsche in den Mittelpunkt und nicht das eigene Empfinden.

Ein stimmiger Auftritt hat nicht nur mit Kleidung zu tun, sondern auch mit einem höflichen Umgang mit Kundinnen/Kunden und Geschäftspartnerinnen/-partnern.

Imagebildung in den sozialen Medien

Jedes Unternehmen muss sein Markenimage in den sozialen Medien gezielt steuern und wissen, wer seine Kundinnen/Kunden, Mitarbeiter/innen, Lieferantinnen/Lieferanten, Banken etc. sind, weil das Image einer Marke den Erfolg stark beeinflusst.

Das Internet bietet Kundinnen/Kunden die Möglichkeit der uneingeschränkten Vergleichbarkeit. Der hohe Konkurrenzdruck und ein gesättigter Markt mit ähnlichen Produkten verlangen nach einem Marketing, das auf die geänderten Bedingungen reagiert und das Produktangebot „wertvoll“ macht, um Kundinnen/Kunden zu gewinnen. Die Imagebildung und Kundengewinnung erfolgen heute fast ausschließlich im Internet und in den sozialen Medien. Das Image eines Unternehmens muss mithilfe eines erfolgreichen Corporate-Reputation-Managements das Marketing in den sozialen Medien nachhaltig beeinflussen, um am Markt zu bestehen.

ONLINE-AUFTRITT

Die Online-Reputation eines Unternehmens dient möglichen Kundinnen/Kunden als Orientierungshilfe, unterstützt deren Kaufentscheidungen und regt sie zum Produktkauf an.

CEOs und Führungskräfte als „Personal Brand“

Soziale Medien machen Menschen zu Marken (dem sogenannten „Personal Brand“), damit diese aus der Masse hervorstechen. Nicht das Unternehmen oder dessen Produkte stehen an vorderster Front, sondern die Führungskraft oder die Eigentümerin/der Eigentümer als Mensch: Sie intensivieren das Vertrauen, wie Studien zeigen, weil Menschen lieber Menschen folgen und nicht Marken. Das ist heute ein Muss für Führungskräfte und bietet einen unschätzbaren Wettbewerbsvorteil. Die wenigsten können darauf verzichten, weil sie damit ihren Expertenstatus und ihre Meinungsführerschaft als CEO und Führungskraft ausbauen – das geht bis in die persönliche Darstellung in den sozialen Medien. So mancher potenzielle Kunde wurde bei seiner Online-Suche schon positiv überrascht oder auch enttäuscht.

So punkten Sie

- Sie werden als Mensch wahrgenommen, deshalb ist es wichtig, anderen wertschätzend zu begegnen.
- Ein aussagekräftiges Profilbild, Ihrer Marke entsprechend, und ein sauber erstelltes Profil sind das A und O.
- Posten Sie nicht ohne Verstand und unterschätzen Sie Ihre Profilbesucher nicht – Sie werden kritisch beobachtet.
- Ob Sie per Du oder per Sie in den sozialen Medien kommunizieren, entscheidet das Firmenimage, beziehungsweise wie Besucher auf der Webseite angesprochen werden. In der Direktnachricht bleiben Sie beim Sie.

Nähere Details dazu im Kapitel „Vom Sie zum Du", Seite 60.

- Machen Sie einen Redaktionsplan und legen Sie fest, welches Ziel Sie verfolgen: Kundinnen/Kunden-, Mitarbeiter/innen- oder Investorengewinnung?
- Jeder Text, jedes Video muss für eine klare interne und externe Strategie stehen.
- Überlegen Sie genau, ob und wie Sie polarisieren, so mancher Shitstorm hat Unternehmen schon sehr viel Geld gekostet.
- Verbringen Sie nicht zu viel Zeit auf Social Media, sonst gewinnt man den Eindruck, Sie haben nicht genug zu tun.
- Achten Sie darauf, dass Ihre Aktivitäten nicht außer Kontrolle geraten.
- Geben Sie die Betreuung Ihres Accounts nicht einfach an Mitarbeiter/innen weiter, die plötzlich für Sie Branding machen sollten und wenig Ahnung davon haben, wie man damit Ihre Personenmarke aufbaut. Holen Sie sich Unterstützung von Personal-Branding-Expertinnen/-Experten.

Berühmte Personal Brands beeinflussen sogar Aktienkurse. Niemand kann sich mehr dem Social-Media-Trend entziehen, jede Kundengruppe ist im Internet vertreten.

Wie wird der eigene „Personal-Brand" aufgebaut?

Wer als Mitarbeiter/in, Bewerber/in, Freelancer/in oder Coach ihre/seine fachlichen Kompetenzen darstellen möchte, baut sich seinen eigenen Personal-Brand auf, um seine Reputation in sozialen Netzwerken sichtbar zu machen. Wir leben im Zeitalter der medialen Selbstdarstellung und unsere Referenzen werden im Internet gegoogelt und beurteilt.

Diesen Nutzen haben Sie davon: Sie werden auf Webseiten gefunden, positionieren sich als Expertin/Experte auf Ihrem Gebiet, dadurch steigt Ihr Marktpreis, Sie bekommen spannende

Jobanfragen oder lukrative Aufträge. Ihnen eilt ein tadelloser Ruf voraus, das macht Sie für potenzielle Arbeitgeber/innen, Headhunter/innen und Kundinnen/Kunden interessant. Das ist Ihre digitale Visitenkarte.

So punkten Sie

So bauen Sie Ihren „Brand“ auf:

- Ihr aussagekräftiges Profilbild und ein sauber erstelltes Profil sind Grundlagen Ihrer Online-Reputation. Es muss auf den ersten Blick ersichtlich sein, was genau Sie machen.
- Bleiben Sie ehrlich, zeigen Sie Charakter und geben Sie auch ein Scheitern oder Fehlentscheidungen zu, das macht Sie für Menschen nahbarer als ein allzu glatt poliertes Auftreten.
- Achtung: Eine exzessive Selbstdarstellung ist kontraproduktiv und schadet Ihrer Marke.
- Bleiben Sie auch im Erstkontakt immer per Sie.
- Lassen Sie die Meinungen anderer gelten und beleidigen Sie niemanden, nur weil sie/er anders denkt. Sie können Ihre Meinung trotzdem kundtun, aber höflich.

Nähere Details dazu im Kapitel „Vom Sie zum Du“, Seite 60.

- Stehen Sie für Ihre Überzeugungen ein und bleiben Sie sich treu.
- Seien Sie auf den Kanälen präsent, wo Sie Ihre Zielgruppen finden, und folgen Sie diesen. Kommentieren und liken Sie wichtige Postings, damit verankern Sie sich in den Köpfen Ihrer potenziellen Kontakte.
- Machen Sie einen Redaktionsplan und schreiben Sie regelmäßig Artikel und Beiträge mit interessanten Inhalten für Ihre Zielgruppe. Kommentieren Sie auch bei Ihren Followern.
- Das Internet vergisst nie: Jedes Bild, das Sie hochladen, muss Ihre Personenmarke stärken. Vermeiden Sie Bilder, die Ihre Online-Reputation schwächen.

Öffentlicher Auftritt

Sie kennen sicherlich das Gefühl schweißnasser Hände, Herzklopfen, ein leichtes Flattern in der Magengegend – nur noch fünf Minuten bis zum öffentlichen Auftritt oder Interview! Auch wenn Sie schon viele Reden gehalten und Interviews gegeben haben, so sind diese Ereignisse immer mit Anspannung verbunden und das ist gut! Nur so bleiben Sie spannend für Ihre Zuhörer/innen, ob auf der Bühne, im Fernsehen oder im Radio.

Ihre erste große Präsentation war sicherlich ein wichtiger Meilenstein in Ihrem Berufsleben. In Führungspositionen mehren sich diese Aufgaben und Sie sollten sich nicht routinemäßig daran gewöhnen, sondern sie mit Freude annehmen.

ERFAHRUNG SAMMELN

Öffentliche Auftritte sind eine wunderbare Chance, vor vielen Menschen zu reden, zu überzeugen und sich zu profilieren.

Vielfach sammeln Menschen Erfahrungen in ihrem privaten Umfeld mit öffentlichen Auftritten – als Vereinsobleute, Musiker/innen, Vorsitzende in Kultur- und Sportorganisationen, in Bürgerinitiativen etc. Das ist immer ein großer persönlicher Profit.

Bei Auftritten ist der erste Eindruck über Ihren Erfolg entscheidend, bereiten Sie sich daher inhaltlich, rhetorisch und persönlich gut vor. Dazu gehören auch Körperhaltung, Mimik, Gestik, Kleidung, Frisur und natürlich die technischen Abläufe.

Bühnenauftritte

Es ist nicht entscheidend, ob Sie auf eine erhöhte Bühnenkonstruktion steigen oder einfach nur in einem größeren Rahmen sprechen. Wichtig bei einem Auftritt ist, die Aufmerksamkeit aller Anwesenden in dieser Situation auf Ihre Person zu richten und die räumliche Distanz zu Ihrem Publikum gut zu überwinden.

Jede noch so winzige Kleinigkeit am äußeren Erscheinungsbild und jeder Anflug von Unsicherheit werden vom Publikum registriert und gespeichert. Durchschreiten Sie vor Beginn der Veranstaltung den Raum, um ein Gefühl für diesen zu bekommen.

Manche Redner/innen oder Präsentatorinnen/Präsentatoren genießen diese Augenblicke des „Ausgeliefertseins“ bei einem Auftritt und laufen zur Höchstform auf, andere gewöhnen sich nur schwer an diese Herausforderung – auf jeden Fall ist es eine Sache der Übung und Erfahrung.

Bereiten Sie sich daher umfassend auf Ihren Auftritt vor, das ist der erste Schritt zum Erfolg. Sie können sicher sein, auch begnadete Profiredner/innen erkundigen sich vorher über die Örtlichkeit, das Publikum und das technische Equipment – nach dem Motto: „Wer gut vorbereitet ist, kann auch gut improvisieren!“

Benimm-Codes

- Verwenden Sie ein Mikrofon, um von allen gut gehört zu werden.
- PowerPoint-Folien verwenden Sie dann, wenn sie das Thema visuell unterstützen. Vermeiden Sie „betreutes Lesen“ – also das Ablesen der Rede von den Folien.
- Eine technische Probe ist unbedingt notwendig.
- Erkundigen Sie sich nach dem Dresscode.
- Wählen Sie ein Outfit, in dem Sie sich wohl fühlen, das Ihre Persönlichkeit unterstützt und das zu Dresscode und Thema passt – außer Ihr Kleidungsstil ist Ihr Markenzeichen und hängt nicht vom Dresscode der Veranstaltung oder dem Zielpublikum ab.

So punkten Sie

- Eine Stunde vor Veranstaltungsbeginn anwesend zu sein, schafft Ihnen einen guten Zeitpolster, um noch einmal alles durchzugehen.
- Nehmen Sie Ersatzkleidung mit oder kleiden Sie sich erst kurz vor Veranstaltungsbeginn entsprechend. Sollten Sie in letzter Sekunde noch einen Fleck auf Ihr Hemd oder eine Laufmasche in den Strumpf bekommen, sind Sie nicht in der Verlegenheit, so Ihren öffentlichen Auftritt absolvieren zu müssen. Außerdem ist Ihre Kleidung dann frisch und gebügelt und nicht von einem arbeitsamen Tag gezeichnet. Leinenkleidung eignet sich für solche Auftritte nicht, da sie in kurzer Zeit aus der Form geht, knittert und Ihnen dadurch ein schlampiges Aussehen verleiht, auch wenn es teure Designermodelle sind.
- Überlegen Sie immer, welche Botschaft Sie senden möchten und ob diese zu Ihrem Markenversprechen oder dem Veranstaltungsrahmen passt. Vermeiden Sie große Muster und alle Details, die die Aufmerksamkeit weg von Ihrer Rede lenken.
- Ist der Hintergrund auf der Bühne hell oder dunkel? Ein dunkler Hintergrund verlangt nach farbiger oder hellerer Kleidung, sonst sieht das Publikum nur Ihr Gesicht und Ihre Hände.
- Bei einem hellen Hintergrund sollen Sie dunkle oder farbige Kleidung tragen, aber nie helle Kleidung – Sie verschwimmen sonst mit der Wand und wirken konturlos.
- Helle Hosen, besonders weiße Hosen sind für die Bühne ungeeignet, weil sie die Aufmerksamkeit nach unten ziehen.
- Machen Sie sich früh genug darüber Gedanken, wo das Mikrofon befestigt werden kann. Kleider sind ungünstig.

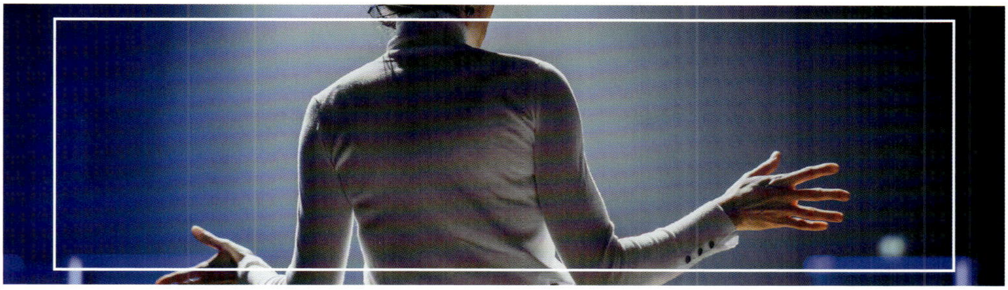

Auf die Bühne, fertig, los!

Fragen Sie vor der Veranstaltung, welche Möglichkeiten Sie bei Ihrer Rede haben und klären Sie mit der Moderation, wie Sie angesprochen werden wollen. Vereinbaren Sie, ob „Du“ oder „Sie“ auf der Bühne gilt, vor allem, wenn Sie mit der Moderatorin/dem Moderator privat per Du sind. Ist ein Rednerpult aufgestellt, auf dem Sie gegebenenfalls Ihre Unterlagen ablegen können? Klären Sie auch unbedingt die Auf- und Abgangsmöglichkeiten der Bühne.

Für Ihre Präsentation ist es entscheidend, ob Sie an einem Rednerpult freistehend auf der Bühne sind, auf einem Podium oder bei Diskussionen und Interviews auf Sofas auf der Bühne sitzen: Danach richten sich Ihre Vorbereitung und die Kleidung. Wenn Sie einen Rock tragen, sollten Sie darauf achten, dass Sie sich wohlfühlen und dass der Rock beim Sitzen lang genug ist, damit Sie nicht zupfen müssen, wenn er hochrutscht. Stellen Sie Ihre Beine seitlich und parallel – das sieht besonders elegant aus. Als Mann sollten Sie darauf achten, dass die Socken lang genug sind und keine Haut zwischen Hosensaum und Socken sichtbar wird, wenn Sie sitzen. Wer modisch nackte Haut zeigen will, hält es am besten wie die Italiener: Sie tragen keine Socken.

KLEIDUNG

Wenn Sie aufgefordert werden, öffentlich aufzutreten, kontrollieren Sie zuvor Ihre Kleidung und nicht erst auf dem Weg zur Bühne.

Wenn Sie Sakko tragen, schließen Sie als Mann den obersten Sakkoknopf bei einem Zweiknopf-Sakko und den mittleren bei einem Dreiknopf-Sakko bereits vor dem Losgehen zu, gehen lächelnd, aufrechten Schrittes und verstauen nichts mehr in der Sakkotasche. Als Frau können Sie den Blazer offen oder geschlossen tragen. Damit vermitteln Sie Selbstsicherheit und Kompetenz, außerdem bringt Ihnen die aufrechte Haltung einen guten Resonanzkörper für eine feste Stimme. Das Mobiltelefon lassen Sie – lautlos gestellt – auf Ihrem Platz liegen. Verstauen Sie es auf keinen Fall in der Hosentasche, damit sich nichts abzeichnen kann. Handys stören außerdem die Funkanlage auf der Bühne.

So punkten Sie

- Starten Sie erst zu sprechen, wenn Sie stehen und Blickkontakt zum Publikum aufgenommen haben.
- Stützen Sie sich nicht am Rednerpult ab, das hemmt Sie in Ihrer Gestik.
- Sollten Sie mit Unterlagen – also Moderationskarten – sprechen, nummerieren Sie die Blätter.
- Verstecken Sie sich nicht hinter dem Rednerpult oder der Bühnendekoration.
- Blicken Sie immer wieder ins Publikum und starren Sie nicht auf Ihre Unterlagen.
- Wer eine freie Rede ohne Manuskript und ohne Pult hält, darf sich selbstverständlich auf der Bühne frei bewegen. Stehen Sie nicht zu nahe an der Bühnenkante, sondern eher mittig auf der Bühne.
- Zeigen Sie dem Publikum niemals den Rücken.
- Beugen Sie sich nicht zu einem fix montierten Mikrofon vor, es ist eigens für Rednerpulte eingerichtet und verlangt eine größere Distanz.
- Stehen Sie mit hüftbreiten Beinen fest auf dem Boden und wackeln Sie nicht.
- Stöckelschuhe geben keinen Halt, Schuhe mit einem breiteren Absatz geben mehr Sicherheit.
- Wenn Sie zu schwitzen beginnen, wischen Sie sich nicht mit dem Taschentuch vor dem Publikum ab. Es könnte der Eindruck entstehen, Sie stünden unter Druck oder das Publikum bringt Sie zum Schwitzen. Sie wirken damit inkompetent.
- Hände in der Hosentasche lassen Sie verlegen und unsicher scheinen. Nehmen Sie stattdessen beide Unterarme in einem Neunzig-Grad-Winkel hoch, das gibt Körperspannung und erlaubt Ihnen unterstreichende Gestik.
- Wenn Sie Ihre Präsentation beginnen, freuen Sie sich auf die kommenden Minuten Ihrer Rede, denn es kann Ihnen kaum noch etwas passieren. Sie sind gut vorbereitet, haben Ihren Vortrag und die Technik im Griff, nun brauchen Sie nur noch Ihre Begeisterung für das Thema an Ihre Zuhörer/innen weiterzugeben. Natürlich ist das ein Lernprozess, bis Sie diese Augenblicke genießen können, in welchen alle an Ihren Lippen hängen. Aber es ist eine schöne Herausforderung!

Online-Vorträge

Wer seinen Vortrag übers Internet hält, sollte ihn genauso wie auf einer großen Bühne im Stehen halten. Sie zeigen damit Haltung, wirken lebendiger, gestikulieren mit den Händen viel freier als sitzend und die Stimme ist kräftiger.

Bei Online-Events sieht man viele, die im Sitzen präsentieren. Vermutlich weil der Laptop oder die Kamera auf dem Schreibtisch steht. Der Online-Vortrag wirkt dann mehr wie ein Webinar und nicht wie ein Online-Vortrag. Möchten Sie trotzdem im Sitzen präsentieren, achten Sie darauf, dass die Lehne bzw. Kopfstütze Ihres Bürostuhls Ihren Kopf nicht verschwinden lässt oder Ihre Haarpracht verdoppelt.

BILDAUSSCHNITT

Der gewählte Bildausschnitt sollte den Prinzipien der Drittel-Regel oder des Goldenen Schnitts entsprechen: Sie stellen sich im Bild ins rechte Drittel und die Augen sind auf der oberen Drittel-Linie oder neben der Präsentationsfolie. Die Kamera sollte auf Augenhöhe sein.

So punkten Sie

- Verwenden Sie nie das interne Mikrofon, investieren Sie bei Online-Vorträgen in ein gutes Mikro und in eine externe Kamera. Sie werden den Unterschied im Vergleich erkennen!
- Ein Technik-Check mindestens einen Tag oder eine Woche vorher gehört unbedingt dazu, um das Set-up zu verbessern. Wenn Sie ein Video-System benutzen, das Sie nicht kennen, ist das besonders wichtig.

Stimmen Sie sich mit der Moderation und allen Beteiligten ab, machen Sie einen Regieplan für Ihren Vortrag und klären Sie, wer Sie grundsätzlich in der Technik unterstützt, besonders bei Problemen. Es gibt sehr gute digitale Tools, die den gesamten Prozess der Ablauf- und Regieplanung vollständig und nahtlos integrieren und während der Veranstaltung parallel und live mitlaufen lassen. Erkundigen Sie sich danach.

Eine sehr gute Internetleitung muss garantiert sein, am besten hat sich kabelgebundenes Internet bewährt. Schließen Sie alle anderen Programme und besonders Ihr E-Mailprogramm, damit keine Klingeltöne zu hören sind. Starten sie den Rechner neu und stecken Sie den Computer ans Netzwerkkabel an. Damit es zu keiner Rückkoppelung kommt, legen Sie Ihr Mobiltelefon weit genug weg und schalten es auf lautlos.

BELEUCHTUNG

Wichtig ist, dass Sie nicht im Gegenlicht stehen, sondern eine auf Sie gerichtete Lichtquelle aufstellen, damit Ihr Gesicht gut ausgeleuchtet ist.

Videokameras brauchen Helligkeit und starke Konturen. Daher schminken Sie sich mehr als gewöhnlich – bitte vorher Probeschminken, um den Effekt zu überprüfen. Achten Sie darauf, dass Ihr Gesicht nicht glänzt. Am besten wählen Sie möglichst einfarbige Kleidung ohne Muster (v. a. kein kleines Muster). Meiden Sie große Weißflächen auf Bluse oder Hemd. Webkameras nehmen weiße Farben viel zu intensiv auf und das bewirkt, dass alles andere rundherum dunkel wird.

Nähere Details dazu im Abschnitt „Bildschirmgerechte Kleidung", Seite 284.

Stellen Sie ein Getränk in die Nähe, falls die Stimme trocken wird, aber nicht zu nahe an den Laptop, denn es kann passieren, dass Sie in der Hektik das Glas umkippen und das Wasser auf den PC schütten.

Nähere Details dazu im Abschnitt „Telefon, Online-Meetings und Soziale Netzwerke", Seite 104.

STREAMING-STUDIOS

Bei hybriden Seminaren oder Online-Vorträgen haben professionelle Streaming-Studios viele Vorteile.

Streaming-Studios können je nach Dauer und Aufwand stundenweise gebucht werden. Dort erhalten Sie eine perfekte Bühnensituation, professionelle Licht- und Tonausstattung, mehrere Kameras sowie gute technische Unterstützung. Techniker/innen können für Sie wichtige Aufgaben übernehmen, wie z. B. Bildschirme teilen, virtuelle Fragen und Antworten hinzufügen, Abstimmungen abhalten, virtuelle Breakout-Räume und Chats einrichten, On-Demand-Inhalte einfügen oder Video–Aufzeichnungen verwalten. Vor allem garantieren Streaming-Studios fixe und schnelle 5G-Datenleitungen, die Ihre Sessions ohne Stress technisch einwandfrei laufen lassen.

Fernsehauftritt

In unserem Medienzeitalter kann jede/r täglich in die Situation kommen, dass sie/er vor einer Kamera ein Statement oder ein Interview geben soll oder in einer Fernsehsendung als Studiogast eingeladen ist. Das ist keine gewöhnliche Situation und eine große Herausforderung! Aber es ist Ihre Chance, sich zu präsentieren und zu bewähren.

EIGENE SPRACHE

Die audiovisuellen Medien haben ihre eigene Sprache und die Mitarbeiter/innen des Fernsehens ihre eigenen Regeln – und diese zu kennen bedeutet einen großen Vorteil!

Bildschirmgerechte Sprache

Ein gefilmter Auftritt – ob in einer Nachrichtensendung, einer Live-Show, einem Interview oder bei einem kurzen Statement vor laufender Kamera – ist immer öffentlich und richtet sich an ein Massenpublikum. Überlegen Sie sich daher im Vorfeld gut, welche Ihre wichtigste Botschaft ist und wählen Sie nur ein Thema aus der Vielzahl Ihrer Fachbereiche aus. Eine logische Struktur, kurze Sätze und einfache Formulierungen sind die wichtigsten verbalen Elemente Ihrer Rede. Besser ist, Sie wiederholen Ihre Hauptbotschaft, als Sie reißen ständig neue Themen an, die aufgrund der knapp bemessenen Sendezeit ohnehin nicht in voller Länge diskutiert werden können. Interviews in sozialen Medien folgen denselben Regeln wie im Fernsehen – alle sind öffentliche Präsentationen!

Benimm-Codes

- Unterbrechen Sie nicht und fallen Sie niemandem ins Wort, denn Sie bekommen Ihre Sprechzeit ohnehin.
- Antworten Sie in kurzen Sätzen und bilden Sie keine Schachtelkonstruktionen, denn die lassen sich kaum schneiden bzw. nur schwer untertiteln.
- Sprechen Sie ruhig, langsam, nicht zu hastig oder gar hysterisch. Bleiben Sie sich selber treu!
- Fragen Sie nach, wenn Sie etwas nicht verstanden haben.
- Unterbrechen Sie Ihren Satz, wenn Sie sich versprechen und beginnen Sie neu.
- Deuten Sie nichts an, sondern sagen Sie, was Sie meinen!

So punkten Sie

Vermeiden Sie folgende Sprachwendungen: „Wie ich schon gesagt habe …", „Wie Sie wissen …", „Da möchte ich noch etwas sagen" etc. Diese Wiederholungen sind bei Videointerviews nicht passend und lassen Sie unsicher wirken.

Bildschirmgerechte Kleidung

Neben den Inhalten, die Sie bei Ihrem gefilmten Auftritt – ob fürs Fernsehen oder Online – transportieren wollen, sind Ihr Erscheinungsbild und Ihr Auftreten von zentraler Bedeutung. Da es sich um ein optisches Medium handelt, werden visuelle Reize zuerst und am stärksten aufgenommen. Laut einer Untersuchung richtet sich die Aufmerksamkeit der Zuseherinnen/Zuseher zu mehr als dreißig Prozent auf Ihre Stimme, zu knapp sechzig Prozent auf Ihr Aussehen und nur zu maximal zehn Prozent auf den Inhalt. Daher sollten Sie besonderes Augenmerk auf Ihr optisches Erscheinungsbild legen.

Überprüfen Sie rechtzeitig, ob Sie mit Ihrem Aussehen und Ihrer Kleidung zufrieden sind. Nehmen Sie sich ausreichend Zeit vor dem Spiegel, korrigieren Sie, was Ihnen nicht gefällt und bitten Sie Ihr Umfeld um eine ehrliche Rückmeldung. Jede Situation ist anders. Sind Sie in einer Fernsehsendung zu Gast, so sollte Ihre Kleidung zum Hintergrund und zu Ihrem Farbtyp passen. Hat beispielsweise jemand eine rote Hautfarbe oder rote Flecken im Gesicht und trägt einen grasgrünen Pullover, so wird das Gesicht am Bildschirm gleichsam zu einem „Tomatengesicht". Das Rot wird durch die Komplementärwirkung des Grüns verstärkt.

Bei der Auswahl der Kleidung überlegen Sie, welches Image Sie vermitteln möchten. Eher leger wirken Sie in Hemd/Bluse/Pullover und Hose/Rock, es sollte aber nicht schlampig aussehen, auch wenn es ein teures Designerstück ist. Allzu große Rollkrägen können schlapp herunterhängen und wirken dann in der halbtotalen Kameraeinstellung kraftlos.

ACHTUNG An Pullovern lassen sich die üblichen Ansteckmikrofone nur schlecht anbringen.

Seriös und kompetent wirken Sie in Anzug/Hosenanzug oder in einer Blazer-/Sakko-Kombination, wenn dies Ihrem Image und Ihrer Botschaft, die Sie senden möchten, entspricht. Es besteht allerdings die Gefahr, dass diese Kleidung konservativ wirkt. Stoffe sollten nicht groß gemustert sein (diese lenken von Ihren Inhalten ab), kleine Muster können am Bildschirm flimmern, deshalb ist einfarbige Kleidung die beste Wahl.

Das Outfit sollte nicht glänzen oder reinweiß sein, denn die Kamera macht daraus ein lästiges Flimmern. Schwarze Kleidung, vor allem am Oberkörper, ist besonders ungünstig, da Sie aufgrund fehlender Farbreflexe optisch die Figur verlieren. Meiden Sie auf jeden Fall knitternde Stoffe oder Leinen. An Jacken lässt sich das Mikrofon gut befestigen und die dazugehörige Funkanlage kann man in einer Tasche oder am Bund gut verstecken.

Krawatten und Tücher

Krawatten sind ein wichtiges Thema im Fernsehen und können Signalwirkung haben. Manchmal sind sie zu glänzend oder haben einen starken Moiré-Effekt, sodass die Aufmerksamkeit der Zuseher/innen mehr auf dieses Accessoire als auf Ihre Botschaft gerichtet ist. Bei politischen Diskussionen in Wahlkampfzeiten sehen Sie oft, dass Politiker die Krawattenfarben ihrer Partei tragen oder die Farbe als Annäherung an eine entsprechende Partei interpretiert wird.

Bei offiziellen Anlässen, wie Empfängen oder feierlichen Veranstaltungen, ist eine Krawatte obligat, das gilt auch für Fernsehsendungen und TV-Auftritte. Von losen Schals oder Tüchern ist abzuraten, da sie ständig verrutschen und außerdem an den Ansteckmikrofonen scheuern, sodass Ihre Sprache von einem lauten Kratzen überdeckt wird.

Make-up, Brillen und Schmuck

PUDER | Achten Sie darauf, dass Ihr Gesicht nicht glänzt, denn das verstärkt sich im Kameralicht.

Etwas Puder sorgt für einen matten Teint, selbst wenn Sie als Dame sonst nicht geschminkt sind – das gilt ebenso für Herren. Schmuck ist ein Blickfang, der dezent sein sollte, damit die Zuseher/innen Ihnen ins Gesicht sehen und nicht abgelenkt sind.

Tragen Sie eine Brille, so sollte sie sauber sein und nicht automatisch nachdunkeln. Sonnenbrillen nehmen Sie bitte unbedingt ab. Die dunklen Gläser lassen Ihre Augen verschwinden und sehen wie zwei dunkle Löcher in Ihrem Gesicht aus. Wenn jemand mit schwarzen Haaren und schwarzem Bart vor einem dunklen Hintergrund auftritt und dabei eine schwarze Hornbrille und einen schwarzen Rollkragenpullover trägt, darf er sich nicht wundern, wenn er vom Publikum als furchterregender, unheimlicher „Schwarzer Mann“ gesehen wird.

So punkten Sie

Fragen Sie direkt vor Beginn der Aufnahme die Redakteurin/den Redakteur oder das Kamerateam, ob Sie gut aussehen und Frisur und Kragen richtig sitzen. Bei Sendungen, wo Sie als Gast vor laufender Kamera eingeladen sind, werden Sie ohnehin vor der Sendung entsprechend geschminkt und vorbereitet. Lassen Sie das geschehen, denn es sind Profis am Werk, die Ihnen einen guten Auftritt ermöglichen wollen.

Ort des Interviews

PLATZWAHL

Wenn Sie frei wählen können, wo Sie das Interview geben, nehmen Sie Ihren Lieblingsplatz im Büro oder draußen im Freien ein, dort, wo Sie gerne ein Buch zur Entspannung lesen würden.

Vielleicht möchten Sie an einer Arbeits- oder Produktionsstätte des Unternehmens gefilmt werden. Meistens ist das Kamerateam dankbar, wenn Sie selbst einen guten Interviewort vorschlagen.

Wenn Sie bei Ihrem Interview lieber stehen, achten Sie darauf, dass Sie eine bequeme gerade Haltung einnehmen und nicht mit dem Oberkörper wippen. Möchten Sie beim Interview sitzen, sagen Sie das auch. Hinter dem Schreibtisch wirken Sie streng und distanziert, aber kompetent. Der Schreibtisch sollte ordentlich aufgeräumt, aber nicht kahl sein. Fotos, Blumen oder Produktionserzeugnisse wirken, dezent arrangiert, immer sympathisch und geben dem Kamerateam einen guten Vordergrund. Legen Sie die notwendigen Unterlagen geordnet auf Ihren Tisch.

Auf einem freistehenden Stuhl haben Sie viel Freiraum, allerdings keinen „Schutz" durch das Mobiliar. Auf einer Sitzgarnitur ist es manchmal schwierig, mit einem Rock auch wirklich aufrecht und trotzdem bequem zu sitzen. Männer sollten darauf achten, dass Sie ihre Beine nicht zu weit auseinanderfallen lassen. Dieses „Manspreading" genannte Verhalten sorgt immer mehr für Unmut, da es als aggressive Macho-Geste gesehen wird.

Achten Sie unbedingt darauf, dass die Kamera auf Höhe der Augen eingerichtet ist. Wenn die Redakteurin/der Redakteur im Verhältnis zu Ihrer Körpergröße sehr groß oder sehr klein ist, versuchen Sie, diesen Größenunterschied durch Hinsetzen oder Aufstehen auszugleichen.

Benimm-Codes

Achten Sie darauf,

- dass der Raum ruhig ist und die Fenster geschlossen sind.
- dass keine lauten Umgebungsgeräusche, wie Musik, Straßenlärm oder Produktionsgeräusche, ablenken.
- dass Ihr Telefon umgeleitet ist.
- dass der Computer ausgeschaltet ist, denn er erzeugt ein lästiges Brummgeräusch, an das wir uns im Büro bereits gewöhnt haben, das im Fernsehen aber zu hören ist.
- dass niemand plötzlich hereinkommt – ein auf der Tür aufgeklebter Zettel verhindert dies.
- dass im Hintergrund keine Leute vorbeigehen oder Fahrzeuge vorbeifahren.
- dass Sie selbst nicht durch irgendwelche Ereignisse in Ihrem Blickfeld abgelenkt werden.

So punkten Sie

Die Entscheidung über den Interviewort und die Form des Gesprächs treffen aber immer die Redaktion und das Kamerateam. Sie können Vorschläge oder Wünsche einbringen, sollten sich aber nicht zu sehr in die professionelle Arbeit einmischen.

Umgang mit dem Filmteam

Bitten Sie das Filmteam herein. Meistens sind es drei Personen: Redakteur/in, Kamerafrau/-mann und Assistent/in. Fragen Sie nach Getränkewünschen, das bricht das erste Eis und lenkt ab.

Geben Sie bei der Begrüßung Ihre Visitenkarte der Redakteurin/dem Redakteur, sie/er ist für sämtliche Inhalte zuständig und braucht als Einzige/r Ihre Karte. Damit ist auch geklärt, wie Sie angesprochen werden wollen und was Ihre Funktion ist. Fragen Sie, ob sich das Team für das Interview umsehen möchte, wenn nicht, schlagen Sie dezent Ihren selbst gewählten Interviewort vor.

Die Redakteurin/Der Redakteur will mit Ihnen ein Vorgespräch zum Interview führen. Erklären Sie in Stichworten, worum es geht, was Ihre Position ist und welches Thema besonders interessant und neu ist. Verschießen Sie hier aber nicht gleich „Ihr Pulver". In der Zwischenzeit baut das technische Team sein Equipment für das Interview auf. Schicken Sie neugierige Zuschauer/innen weg, wenn Sie sich irritiert fühlen.

SPRECH-PROBE

Bei der Sprechprobe vor der tatsächlichen Aufnahme sagen Sie Ihren Namen und Ihre Funktion in diesem Zusammenhang. Es festigt Ihre Stimme, die Redakteurin/der Redakteur ist informiert, wie Sie angesprochen werden wollen und welche Funktion Sie haben.

Lächeln Sie während der ersten Frage, wenn es zum Thema passt, das entspannt Sie und macht Sie sympathisch. Antworten Sie freundlich, passen Sie sich in Ihrer Sprechlautstärke an die Redakteurin/den Redakteur an und flüstern Sie nicht. Schauen Sie nicht in die Kamera, sondern sprechen Sie ungezwungen mit der Sie interviewenden Person, die knapp neben der Kamera steht.

Wenn die Sendung vorbei oder das Filmteam gegangen ist, haben Sie sich einen Kaffee und zumindest eine Pause verdient. Außerdem sind die Kolleginnen/Kollegen neugierig, wie es Ihnen ergangen ist. Sie waren toll!

Das Radiointerview

Das Radio gehört zu den ältesten Massenmedien unserer Zeit und folgt seinen eigenen Regeln. Diese zu kennen, gibt persönliche Sicherheit und schafft Professionalität. Damit kann man sich ein gutes Image machen.

Grundsätzlich gelten beim Radio die gleichen akustischen Gesetze wie beim Fernsehen. Ein paar Komponenten verschieben sich allerdings, da das Bild fehlt und Stimme und Inhalt die visuellen Informationen ersetzen müssen. Das Radio stärkt Impulse, gibt Informationen und schafft individuelle Bilder im Kopf. Eine radiogerechte Sprache orientiert sich an der gesprochenen und nicht an der geschriebenen Sprache. Das persönliche Aussehen tut in diesem Medium nichts zur Sache, daher sind viele Radiomitarbeiter/innen bei ihrer Studioarbeit eher salopp gekleidet.

Stimme und Sprache

Die Redewendung „Wer das Ohr beleidigt, dringt nicht zur Seele vor" ist gleichbedeutend mit dem ersten Radiogesetz: „Stimme macht Stimmung!" Das bedeutet, dass Stimme und Sprache in unmittelbarem Zusammenhang mit der gesamten Persönlichkeit stehen. Sie spiegeln wider, ob die sprechende Person sie selbst ist oder nicht.

SPRACH-BILDER

Beim Radio ist es wichtig, lebendige Bilder durch Sprache zu erzeugen.

Umschreibungen und konkrete Beispiele bleiben mehr im Gedächtnis hängen als Theorien und sind dadurch natürlich wesentlich spannender. Haben Sie keine Scheu, wichtige Statements zu wiederholen und senden Sie Ihre Botschaft. Erzählen Sie keine großen Geschichten, sondern antworten Sie in knappen Sätzen, aber mit den notwendigen Informationen. Achten Sie darauf, dass ein Gesprächsfluss zustande kommt.

So punkten Sie

Aktive Formulierungen ohne Füllwörter in aufeinanderfolgenden klaren Sätzen sind besonders wichtig, damit Ihre Botschaft dynamisch wirkt. Setzen Sie die Stilmittel der gesprochenen Sprache ein: Lebendigkeit, Spannung, situationsgerechtes Sprechtempo und Pausen!

Viel Erfolg bei Ihren öffentlichen Auftritten, Sie werden mit der Zeit einen großen Erfahrungsschatz anlegen – und vor allem genießen lernen.

Pannen und Peinlichkeiten

„Oh mein Gott!“ – Sie sind bei der Arbeit ins Fettnäpfchen getreten und haben sich blamiert. Jetzt ist es wichtig, nicht den Kopf in den Sand zu stecken, sondern sich dieser Situation professionell zu stellen. Denn peinliche Situationen passieren jedem von uns einmal. Lesen Sie in diesem Kapitel, wie Sie im Berufsleben souverän mit peinlichen Situationen umgehen.

Pannen mit Gästen im Restaurant

- Haben Sie die Kleidung eines Gastes verschmutzt, legen Sie nicht selbst Hand an. Bieten Sie an, die Reinigung zu übernehmen. Sollten Sie sich selbst bekleckert haben, erledigen Sie die Reinigung so gut es geht im Waschraum.
- Sollten Sie einen Gast beleidigt haben, entschuldigen Sie sich kurz bei Tisch und sprechen es später unter vier Augen oder am nächsten Tag schriftlich oder mündlich an.
- Wenn Ihnen ein Glas umfällt, entschuldigen Sie sich kurz, legen die eigene Serviette darauf, rufen das Personal und bitten um eine neue Serviette.

Was Sie bei Tisch vermeiden sollten

▶ FILM AB

Wie löffelt man die Suppe und isst Spaghetti?

www.trauner.at/SuppeSpaghetti.aspx

Manche Dinge haben sich zwar regional oder im privaten Rahmen eingebürgert und sind dort auch durchaus üblich. Dennoch gilt es, dass Sie diese bei Geschäftsessen oder in gehobenem Ambiente unbedingt vermeiden sollten.

Löffel als „Wickelhilfe“

Beim Aufwickeln der Spaghetti wird kein Löffel verwendet, auch wenn er im deutschsprachigen Raum eingedeckt wird. Es ist kein Fauxpas, ihn zu verwenden, aber stilvoller ist es, wie die Italiener zu essen. Man nimmt nur wenige Nudeln, um einen großen Knäuel zu verhindern, und wickelt diese am Tellerrand auf die Gabel, bis kaum noch eine Nudel herunterhängt. Passiert es trotzdem, wird nicht abgebissen, sondern mit der Gabel nachgehoben.

BITTE NICHT! Das „Hineinschlürfen“ der Spaghetti in den Mund ist unmöglich.

Teller tauschen oder von anderen probieren

In gehobenen Restaurants gilt es als Affront, wenn Gäste nach Belieben die Teller tauschen. Eingedecktes Geschirr wird vom Gast nicht verrückt und es werden keine Versuchshappen über den Tisch gereicht. Sie können bei der Bestellung die Restaurantfachkräfte bitten, ein bis zwei Happen vom Essen Ihres Partners auf einen kleinen Extrateller zu geben. Das wäre eine gute Lösung und damit entfällt auch das Kleckern auf das Tischtuch. Teller werden weder verschoben noch bewegt. Außerdem gehört es sich nicht, über den Teller zu greifen.

In rustikalen Lokalen wird die Etikette viel lockerer gehandhabt. Sie können dort gerne vom Partner einen Happen probieren, bitten dafür jedoch auch dort immer um einen Extrateller.

Doggy-Bag

Es gibt Gegenden, wo man sich die eigenen Speisereste einpacken lassen kann. In gehobenen Restaurants ist das ein Fauxpas, schon alleine deshalb, weil die Portionen klein sind. Die Ökologiebewegung hat aber auch hier ein neues Bewusstsein geschaffen und man weiß, Lebensmittel sind wertvoll. Daher haben sich doch schon viele Gastronomiebetriebe darauf eingestellt und halten eigenes Verpackungsgeschirr für Ihre Gäste bereit. Die Ausrede, dass es für den Hund mitgenommen wird, ist nicht nötig.

Zahnstocher, Lippenstift und Puderdose

Manchmal kann es passieren, dass ein Speiserest zwischen Ihren Zähnen hängen bleibt. Eine unangenehme Situation, da er dauernd stört und man so rasch wie möglich wieder ungehindert sprechen möchte. Sie ersuchen also möglichst unbemerkt um einen Zahnstocher, verlassen den Gastraum und erledigen das Reinigen der Zähne im Waschraum. In Amerika gehört es zum guten Ton, eine kleine Dose Zahnseide dabeizuhaben.

ZAHN-STOCHER

Den Zahnstocher verwenden Sie bitte niemals bei Tisch, auch nicht hinter vorgehaltener Hand.

Auch das Nachziehen der Lippen, das Pudern des Gesichtes sowie Kämmen sind bei Tisch verpönt. Allzu oft schneiden die Frauen Grimassen dabei und beäugen sich ausgiebig im Spiegel. Das ist nicht sehr stilvoll. Erledigen Sie auch das im Waschraum, wo Sie ungestört und vor allem unbeobachtet sind.

Benimm-Codes

- Mit offenem Mund zu kauen oder mit vollem Mund zu sprechen, gehört zu den großen Tabus.
- Ebenso sind Schlürfen und Schmatzen absolute Tabus.
- Wenn Sie mit dem Essen fertig sind, stapeln Sie bitte nicht die leer gegessenen Teller oder stellen Ihren Salatteller auf den Teller des Hauptgerichts. Sie helfen damit dem Personal nicht, denn es hat eine eigene Ordnung beim Abservieren.

So punkten Sie

Um einen Kaugummi loszuwerden, werfen Sie ihn in Papier eingewickelt in den Mülleimer. Überall dort, wo Menschen in ein Gespräch kommen könnten, ist es klüger, auf Kaugummi zu verzichten. Im Berufsleben ist das Kaugummikauen ein Fauxpas.

No-Gos im Business-Outfit

Was für die einen als modisches Statement gilt, ist für die anderen ein absolutes No-Go – hier kann es immer wieder Konflikte geben. Auch wenn viele Firmen keinen konkreten Dresscode vorschreiben, sollten Sie auf keinen Fall morgens unüberlegt in Ihren Kleiderschrank greifen. In jeder Branche gibt es ungeschriebene Dresscode-Regeln.

NACHFRAGEN | Fragen Sie nach, wenn Sie unsicher sind oder orientieren Sie sich an den Outfits Ihrer Kolleginnen/Kollegen.

Auf der nächsten Seite finden Sie die wichtigsten No-Gos im Business-Outfit.

ALS FRAU VERMEIDEN SIE IM BUSINESS:

- Zu kurze, zu lange, zu weite Kleidung (die Passform muss stimmen)
- Zu enge Kleidung
- Zu kurze Röcke (knieumspielend passt immer)
- Hotpants oder Shorts
- Blazer oversized – im klassischen Business
- „Destroyed" Jeans (Jeans mit Löchern) – in konservativen oder exklusiven Unternehmen
- Bauchfreie Tops
- Spagettiträger oder schulterfreie Oberteile
- Glitzer-Outfits
- Auffällige Muster im Kundenkontakt
- Tiefe Dekolletés (die Brustfalte sollte nicht sichtbar sein)
- Überlange Armlängen bei Pullovern und Blusen
- Schlabberlook
- Durchscheinende oder sichtbare Unterwäsche
- Schrille Farben
- Nachlässig und ungepflegt wirkende Kleidung
- Ungebügelte Kleidung
- Crocs, Adiletten, Flip-Flops, Hauspantoffel, Birkenstockschlapfen
- Abgelaufene Schuhe und kaputte Absätze
- Auffallend gemusterte Strümpfe
- Ungepflegte Frisur und fettige Haare
- Abgesplitterten Nagellack und nicht gepflegte Fingernägel
- Zu viel Schmuck
- Aufdringliches Parfum

ALS MANN VERMEIDEN SIE IM BUSINESS:

- Zu kurze, zu lange, zu weite Kleidung (die Passform muss stimmen)
- Kurze Hosen
- Schwarzes Hemd mit heller Krawatte
- Grelle Krawattenfarben und -muster
- Krawattenmuster und Einstecktuch im selben Design
- Zu kurz oder zu lang gebundene Krawatte
- Krawattenklammer
- Ausgebeulte Sakkotaschen
- Kurzarmhemden, mit oder ohne Krawatte kombiniert
- Schlabberlook
- Abgestoßenen Hemdkragen
- Nachlässig und ungepflegt wirkende Kleidung
- Ungebügelte Kleidung
- Label-Aufnäher (Herstellernamensetikett) am Ärmel von Sakkos
- Schrille Farben
- Crocs, Adiletten, Flip-Flops und abgetragene Schuhe
- Zu kurze Socken, bei denen man die Waden beim Sitzen sieht
- Weiße Socken
- Ungepflegte Frisur und fettige Haare
- Herausstehende Nasen- und Ohrenhaare
- Ungepflegten Bart
- Barthaare, die den Mund nur noch erahnen lassen
- Nicht ausrasierte Nackenhaare
- Aufdringliches Parfum oder Aftershave

Peinlichkeiten im Business

Im Berufsleben kann es schon einmal vorkommen, dass Ihnen oder anderen „Hoppalas“ passieren. Geben Sie acht, dass keine Peinlichkeiten daraus entstehen, nur weil Sie falsche Rücksicht nehmen oder Signale nicht verstehen.

Die Hose des Chefs ist offen

Kein Mensch möchte mit einer offenen Hose durch den Tag gehen, ohne dass ihn jemand darauf aufmerksam macht. Weisen Sie ihn aber nicht in der Gruppe darauf hin, sondern dann, wenn Sie mit ihm alleine sind. Sie sagen ganz einfach: „Ihre Hose ist offen!“, dann drehen Sie sich um und sehen nicht beim Zumachen zu.

Darf man bei Erkältung einen Händedruck zurückweisen?

Ja, das darf man. Das wird heutzutage nicht mehr als persönliche Zurückweisung empfunden. Wenn Sie selber die/der Erkältete sind, können Sie es auch aktiv ansprechen und sagen: „Bitte entschuldigen Sie, darf ich Sie heute ohne Händedruck begrüßen – ich bin erkältet und möchte Sie nicht anstecken. Passt das für Sie?“ Das versteht dann jede/r und man beweist einen sorgsamen Umgang mit dem Gegenüber.

Mit Missgeschicken umgehen

Ob das Rotweinglas umgeschüttet wird oder man unerwartet hörbar rülpst – so etwas kann jeder/m einmal passieren. Entschuldigen Sie sich kurz. Das war es, mehr nicht. Lenken Sie auf keinen Fall mehr Aufmerksamkeit auf das Missgeschick als nötig und machen Sie kein Drama daraus. Wir sind alle nur Menschen.

Handling von Missgeschicken anderer

Darf man andere auf Missgeschicke hinweisen? Das kommt auf Ihr Verhältnis zueinander an. Ist es ein freundschaftliches Verhältnis, kann man sicher darauf hinweisen. Ist der Reißverschluss offen, hat die Strumpfhose eine Laufmasche oder ist ein Fleck auf dem Anzug, kann man das ansprechen. Wenn jemand die Tischkultur oder eine andere Regel der Etikette nicht beherrscht, sollte man das nicht ansprechen, außer man wird gefragt.

Körpergeruch, Mundgeruch und Ähnliches

Am besten spricht man die betroffene Person auf Unangenehmes direkt an, auch wenn manche Themen peinlich sind. Es ist Aufgabe einer Führungskraft, dies in einem Vier-Augen-Gespräch zu klären, am besten zum Schluss eines Arbeitstages. Manchmal ist es leichter, von Frau zu Frau als von Mann zu Frau zu reden – das muss auf jeden Fall abgewogen werden.

Warum ist es vielen unangenehm, peinliche Dinge anzusprechen? Weil man dem anderen nicht zu nahetreten und ihn nicht verletzen möchte. Und weil es einfach unangenehm ist. Allerdings ist man häufig nicht allein mit der Beobachtung. Den Betroffenen ist die Peinlichkeit oft nicht bewusst und sie sind meist dankbar für die Rückmeldung.

NUR MUT!

Am besten bringen Sie deutlich zum Ausdruck, dass es Ihnen unangenehm ist, das Manko Ihres Gegenübers anzusprechen, aber dass Sie sich um ihretwillen/seinetwillen dazu entschlossen haben.

Pannen bei öffentlichen Auftritten

Mit technischen Pannen umgehen

Den besten Rednerinnen und Rednern passieren Pannen, das kann durchaus einmal vorkommen – oberste Devise ist, Ruhe zu bewahren. Alle Zuhörer/innen beobachten Sie nämlich in solchen überraschenden Momenten ganz besonders intensiv. Pannen können Ihre Chance sein, alle Sympathien auf sich zu ziehen. Beweisen Sie Humor!

Sie bleiben also ruhig und fragen über das Mikrofon die Haustechnik, ob die Panne (was auch immer es ist) gleich behoben werden kann. Wenn nicht, bitten Sie Ihr Publikum, entweder näher zu rücken, wenn die Tontechnik streikt, oder ruhig sitzen zu bleiben, wenn die Lichttechnik ausfällt und es finster ist. Entschuldigen Sie sich mit fester Stimme für den technischen Defekt und weisen Sie darauf hin, dass daran gearbeitet wird.

Das Redemanuskript fehlt oder Sie sind ungeschickt

Sollten Sie kurz vor Redebeginn Ihr Manuskript nicht mehr finden, schreiben Sie sich kurz die notwendigsten Stichworte auf und starten Sie, als ob alles in Ordnung wäre. Wenn Sie sich fest auf den Inhalt konzentrieren, kommen Sie leicht durch Ihre Rede. Empfehlenswert ist immer, dass Sie die vier bis sechs großen Themen im Kopf haben, dann kommen Sie nie in Verlegenheit. Weisen Sie keinesfalls darauf hin, dass Sie das Manuskript vergessen haben und nun versuchen, den Vortrag zu retten oder dergleichen. Das Publikum würde dabei nämlich besonders aufmerksam auf Ihr Stolpern und Stottern warten.

Sollten Sie sich einmal versprechen, fällt das meist gar nicht auf. Reden Sie lieber weiter, denn das ist der Charakter einer Live-Veranstaltung, umständliche Entschuldigungen bei kleinen Versprechern langweilen nur und schwächen Ihre Aussage.

Wenn ein Kabelsalat auf der Bühne Ihr Verhängnis wird, beweisen Sie Humor und schimpfen nicht über Ihre eigene Ungeschicklichkeit oder die des technischen Personals. So etwas kann passieren, daher ist auch keine Entschuldigung notwendig. Wenn Ihnen etwas zu Boden fällt, das Sie brauchen, heben Sie es ganz ruhig ohne Kommentar auf. Sollten Sie dieses Utensil ohnehin nicht brauchen, so lassen Sie es einfach liegen.

Unruhe im Publikum

Entsteht Unruhe im Saal, weil jemand zu spät kommt, niesen muss oder wenn andere akustische Störungen passieren, lassen Sie sich zunächst nicht aus dem Konzept bringen. Sollten die Störungen aber weitergehen, werden Sie in Ihrer Rede langsamer und leiser und blicken in die Richtung, aus der die Unruhe kommt. Überlegen Sie aber auch selbstkritisch, ob Ihre Präsentation nicht schon zu lange dauert.

So punkten Sie

Sie selbst sind Ihre kritischste Zuhörerin/Ihr kritischster Zuhörer und kaum jemand im Publikum nimmt Ihre Pannen tatsächlich wahr. Mit einem Lächeln zu Beginn und am Ende Ihrer Rede sowie mit einer festen Stimme haben Sie bereits gewonnen. Ihre Zuhörer/innen erkennen Sie als einen Menschen mit Emotionen, Wissen und einer großen Natürlichkeit.

➔ *Nähere Details zu Dialekt und Umgangssprache im Kapitel „Sprache ist Macht", Seite 130*

Anhang – Checklisten

Die passende Kleidung für jeden Anlass

PRIVATE ANLÄSSE – „CASUAL"/SPORTLICH

- Zu Hause
- Stadtbummel
- Besuch von Ausstellungen, Museen, Messen, Kino

ZWANGLOSE ANLÄSSE – „SMART CASUAL"

- Einladung zum Grillabend
- Private Familienrunde
- Tanzveranstaltung
- Vereinsabend
- Lockeres Sommerfest
- Einladung zum Brunch

HALBOFFIZIELLE ANLÄSSE – „BUSINESS CASUAL"

- Vorstellungsgespräch im lockeren Business
- Seminarbesuch
- Businesslunch
- Kundenkontakt mit Marketing, PR, Verkauf
- Einladung zum Essen
- Elternabend
- Konzert oder Theater (je nach Veranstaltung)
- Firmeneröffnung
- Vortragsbesuch

OFFIZIELLE ANLÄSSE – STRASSENANZUG, FESTLICHER UND DUNKLER ANZUG, SMOKING

- Vorstellungsgespräch im strengen Business
- Geschäftsessen
- Sitzung
- Als Vortragende/r bei öffentlichem Vortrag und Präsentation
- Kundenkontakt in Versicherungen, Banken etc.
- Firmeneröffnung
- Ball und Galaabend (festlicher, dunkler Anzug und Smoking)
- Diplomfeier
- Premiere (festlicher, dunkler Anzug, bei den Salzburger Festspielen Smoking)
- Einweihung oder Würdigung
- Konzert oder Theater (je nach Veranstaltung)
- Cocktailparty
- Hochzeit
- Taufe
- Beerdigung
- Firmung

HOCHOFFIZIELLE ANLÄSSE – CUT, FRACK, SMOKING

- Trauerfeier für hohe Würdenträger (schwarzer Cut, besonders in Monarchien)
- Hochzeit in Adelskreisen (Cut)
- Pferderennen in Ascot (Cut)
- Wiener Opernball (Frack zwingend)
- Nobelpreisverleihung (Frack)
- Frankfurter und Züricher Opernball (Smoking und Frack)

Rangordnung

BEI BESONDERS GROSSEN FEIERLICHKEITEN

- Bundespräsident/in
- Kardinal
- Bundeskanzler/in
- Nationalratspräsident/in
- Vizekanzler/in
- Bundesminister/in
- Vorsitzende/r des Bundesrates
- Präsident/innen der Höchstgerichte – Verfassungsgerichtshof, Verwaltungsgerichtshof, Oberster Gerichtshof
- Präsident/in des Rechnungshofes
- Sektionschef/in, wenn sie/er als persönliche Vertretung der zuständigen Bundesministerin/des zuständigen Bundesministers kommt
- Landeshauptfrau/-mann
- Zweite und Dritte Nationalratspräsidentin/Zweiter und Dritter Nationalratspräsident
- Landtagspräsident/in
- Staatssekretär/in
- Diözesanbischof der katholischen Kirche
- Weihbischof
- Superintendent/in der evangelischen Kirche
- Landeshauptfrau/-mann-Stellvertreter/in
- Landesrätin /-rat
- Zweite und Dritte Landtagspräsidentin/Zweiter und Dritter Landtagspräsident
- Obfrau/-mann eines Landtagsklubs
- Abgeordnete zum Nationalrat
- Abgeordnete zum Landtag
- Mitglieder des Bundesrates
- Präsident/innen der Kammern – Handels-, Landwirtschafts-, Arbeiterkammer
- Sektionschefinnen/-chefs
- Landesamtsdirektor/in
- Ministerialrätin/-rat

- Präsident/in des Oberlandesgerichtes
- Oberstaatsanwältin/-anwalt
- Präsident/in des Landesgerichtes oder Kreisgerichtes
- Erste leitende Staatsanwältin/Erster leitender Staatsanwalt
- Präsident/in der Finanzlandesdirektion, Post- und Telegrafendirektion, Bundesbahndirektion
- Amtsführende Präsidentin/Amtsführender Präsident des Landesschulrates
- Militärkommandant/in
- Sicherheitsdirektor/in
- Landeskommandantinnen/-kommandanten – Polizei, Feuerwehr
- Äbte und Prälaten
- Präsidentinnen/Präsidenten des Gemeindebundes
- Bürgermeister/innen von Statutarstädten
- Bezirkshauptleute
- Polizeidirektor/in
- Bürgermeister/innen
- Pfarrer, Dechanten
- Abteilungsleiter/in des Amtes der Landesregierung
- Hofrätin/Hofrat/ und Landesbeamtin/-beamter
- Bezirksobfrauen/-männer – Partei, Kammern
- Kammerrätinnen/-räte – Mitglieder der Vollversammlung, Landwirtschaftskammer, Handelskammer, Arbeiterkammer
- Gemeindevorsteher/innen
- Gemeinderatsmitglieder
- Ortskommandantinnen/-kommandanten – Polizei, Feuerwehr
- Höhere Funktionärinnen/Funktionäre von Vereinen und befreundeten Organisationen
- Gemeindesekretärinnen/Gemeindesekretäre
- Besonders wichtig: Vertreter/innen von Presse, Rundfunk und Fernsehen
- Musikkapellen, Sing-, Tanz- und Spielgruppen
- Alle übrigen Gäste

KLEINERE RANGORDNUNG

Keine Liste ist absolut bindend, das heißt, dass bei einer Kammerveranstaltung die Kammerfunktionärinnen und -funktionäre weiter vorne als auf obiger Liste rangieren. Man sollte auch unterscheiden, ob ein Ehrengast privat oder dienstlich anwesend ist. Die zuständige Abteilungsleiterin/der zuständige Abteilungsleiter des Amtes der Landesregierung wird von einer/einem im Ort wohnenden weiteren Abteilungsleiter/in begrüßt – auch wenn diese/r älter oder bekannter ist.

- Landeshauptfrau/-mann
- Erste Landtagspräsidentin/Erster Landtagspräsident
- Landeshauptfrau/-mann-Stellvertreter der eigenen Fraktion und dann der anderen
- Landesrätinnen/-räte nach Wichtigkeit für die Veranstaltung
- Zweite und Dritte Landtagspräsidentin/Zweiter und Dritter Landtagspräsident/
- Obfrau/-mann eines Landtagsklubs
- Abgeordnete/r zum Nationalrat
- Abgeordnete/r zum Landtag
- Abgeordnete/r zum Bundesrat
- Bezirkshauptfrau/-mann
- Bürgermeister/in
- Pfarrer/in
- Abteilungsleiter/in des Amtes der Landesregierung
- Bürgermeisterstellvertreter/in
- Parteiobfrau/-mann – wenn sie/er nicht in einer anderen Funktion bereits begrüßt wurde
- Gemeindevorstände und Gemeinderätinnen/räte: wenige einzeln, mehrere als Gruppe
- Kommandantinnen/Kommandanten der Polizei und Feuerwehr
- Höhere Vereinsfunktionärinnen/-funktionäre und befreundete Organisationen
- Presse, ORF
- Musik (gleich oder erst bei der Ansage des Musikstückes)
- Alle übrigen Ehrengäste
- In einer Pauschalbegrüßung die anwesenden Besucher/innen

Formelle Anrede – Briefanschrift

Öffentliche Ämter und Funktionen

PERSÖNLICHE ANREDE	BRIEFANSCHRIFT
Frau Bundespräsidentin Herr Bundespräsident	An die Präsidentin der ..., Frau ... (Titel, Name) An den Präsident der ..., Herr ... (Titel, Name)
Frau Bundeskanzlerin Herr Bundeskanzler	An die Kanzlerin der ..., Frau ... (Titel, Name) An den Kanzler der ..., Herr ... (Titel, Name)
Frau Ministerin Herr Minister	Der Bundesministerin für ..., Frau ... (Titel, Name) Dem Bundesminister für ..., Herr ... (Titel, Name)
Frau Staatssekretärin Herr Staatssekretär	An die Frau Staatsekretärin des ..., (Titel, Name) An den Herrn Staatsekretär des ..., (Titel, Name)

Und so weiter in dieser Form, die auch für Gerichte, Rechtsanwältinnen/-anwälte und Notarinnen/Notare gilt.

Diplomatisches Corps gemäß internationalem Protokoll

TITEL	PERSÖNLICHE ANREDE	BRIEFANSCHRIFT
Botschafter/in Gesandte/r	Eure Exzellenz	An die Botschafterin/den Botschafter der Republik ..., Frau/Herrn ... (Titel, Name)
Apostolischer Nuntius	Eure Exzellenz	Seiner Exzellenz dem Apostolischen Nuntius, Monsignore ... (Titel, Name)
Botschaftsrätin/Botschafts-rat	Frau Botschaftsrätin/Herr Botschaftsrat/	Der Botschaftsrätin/Dem Botschaftsrat bei der ... (Staatsbezeichnung) Botschaft, Frau/Herrn ... (Titel, Name)
Gesandtschaftsrätin/-rat Botschaftssekretär/in	siehe Botschaftsrat	siehe Botschaftsrat

Kirchen- und Religionsgemeinschaften

Würdenträger der römisch-katholischen Kirche:

TITEL	PERSÖNLICHE ANREDE	BRIEFANSCHRIFT
Papst	Eure Heiligkeit	Seiner Heiligkeit Papst ... (Vorname) oder „Heiliger Vater"
Kardinal	Eure Eminenz	Seiner Eminenz, Herrn ... (Vorname) Kardinal ... (Nachname)
Bischof	Eure Exzellenz	Seiner Exzellenz, Bischof von ... (Ort), ... (Vorname, Nachname)
Prälat	Herr Prälat	Herrn Prälaten ... (Titel, Name)

Würdenträger der evangelisch-lutherischen Kirche:

TITEL	PERSÖNLICHE ANREDE	BRIEFANSCHRIFT
Landesbischöfin/-bischof	Frau Landesbischöfin/Herr Landesbischof	Frau Landesbischöfin/Herrn Landesbischof ... (Titel, Name)

Nach diesem Beispiel werden alle mit ihrem Rang und dem Namen sowohl persönlich angesprochen als auch schriftlich kontaktiert: Dekan/in, Superintendent/in, Pröpstin/Propst, Pfarrer/in, Pastor/in, Vikar/in.

Würdenträger der jüdischen Gemeinde:

TITEL	PERSÖNLICHE ANREDE	BRIEFANSCHRIFT
Landes- , Ober-, Rabbiner	Herr Rabbiner	Herrn Rabbiner ... (Titel, Name)

Adelshäuser

So sprechen und schreiben Sie bestehende oder noch regierende Adelshäuser, die Wert auf ihre Abstammung legen und entsprechend dem Protokoll angesprochen oder kontaktiert werden wollen, an.

TITEL	PERSÖNLICHE ANREDE	BRIEFANSCHRIFT
Prinzessin/Prinz (regierend)	Königliche Hoheit	An ihre/seine Königliche Hoheit, die Prinzessin/den Prinzen ... (Vorname) von ...
Großherzog/in	Königliche Hoheit	An ihre/seine Königliche Hoheit, die Großherzogin/den Großherzog ... (Vorname) von ...
Prinzessin/Prinz (herzoglich)	Hoheit	An Ihre/seine Hoheit Prinzessin/Prinz ... (Vorname) von ...
Herzog/in	Hoheit	An ihre/seine Hoheit Herzog/in ... (Vorname) von ...
Fürst/in	Durchlaucht	An ihre/seine Durchlaucht Fürst/in ... (Vorname) von ...
Gräfin/Graf	Gräfin/Graf Mustermann	Frau Gräfin/Herrn Graf ... (Vorname) von Mustermann
Gilt auch für Baron/in und Freifrau/Freiherr		

Universitäten, Hochschulen

TITEL	PERSÖNLICHE ANREDE	BRIEFANSCHRIFT
Rektor/in	Magnifizenz oder Professor/in	An die Rektorin/den Rektor der ... Universität ..., Frau Professorin/Herrn Professor ... (Titel, Name)
Dekan/in	Spektabilität oder Professor/in	An die Dekanin/den Dekan der ... Universität ..., Frau Professorin/Herrn Professor ... (Titel, Name)
Professorin	Frau Professorin	Frau Professorin ... (Titel, Name)
Professor	Herr Professor	Herrn Professor ... (Titel, Name)

In gleicher Weise werden auch hochgestellte Persönlichkeiten der Wirtschaft kontaktiert.

Symbolik der Blumen

Die Sprache der Blumen ist kompliziert und vielfältig. Lassen Sie sich im Fachgeschäft beraten. Heute können Sie auch Herren Blumen schenken, aber wählen Sie dabei eher gedeckte Farben. Die Blumensprache gilt nur, wenn Sie einzelne Blüten wählen oder ausschließlich eine Sorte. Aber grundsätzlich sei Ihnen empfohlen, sich an einem geschenkten Blumenstrauß zu freuen, bevor Sie zu viel heruminterpretieren!

Anemone	Freude, Verlassenheit
Chrysantheme	„Mein Herz ist frei!"
Flieder	„Bist du auch treu?"
Hyazinthe	Wohlwollen, „Deine Kälte lässt mich verschmachten."
Immergrün	Erinnerung
Immortelle	Ewige Liebe
Jasmin	„Du bist bezaubernd!"
Lilie	Glaube, Reinheit, daher oft bei kirchlichen Anlässen verwendet
Maiblume, Maiglöckchen	Unschuld
Malve	Garten, Schönheit
Nelke, rot	Heiße Liebe, auch politisches Symbol der Sozialistischen Internationalen
Orchidee	„Du bist mir zu verspielt."
Rose, rot	„Ich liebe dich über alles!"
Rose, gelb	Untreue, Eifersucht
Rose, weiß	Schweigen, Treue, Zustimmung zur Liebe
Schneeglöckchen	Trost
Vergissmeinnicht	„Denk an mich!"

Online-Inhalte zum Buch

Im Online-Paket zum Buch finden Sie zahlreiche ergänzende Materialien wie das E-Book, Videos und Podcast-Tipps sowie das zusätzliche Kapitel „Europäisches Parkett“. Ihren individuellen Lizenz-Key für den Zugang auf die TRAUNER-DigiBox finden Sie auf der Innenseite des Umschlags. Sie können diesen unter **www.trauner-digibox.com** freischalten. An vielen Stellen im Buch finden Sie QR-Codes zum Scannen, über die Sie das jeweilige Video auch direkt aufrufen können.

Filmverzeichnis

▶ FILM AB

Die QR-Codes zum Scannen mit dem Smartphone oder Tablet finden Sie im Buch bei den jeweiligen Themen. Sie können aber auch einfach die Links im Browser eingeben, um zum passenden Video zu gelangen.

VIDEO	LINK	SEITE
Darf eine Frau im geschäftlichen Kontext sitzen bleiben?	www.trauner.at/SitzenimBusiness.aspx	24
Wer gibt wem privat die Hand?	www.trauner.at/HandgebenPrivat.aspx	24
Chef mit Frau und Mitarbeiter mit Frau treffen aufeinander – Wer gibt als Erster die Hand?	www.trauner.at/HandgebenChef.aspx	28
Wie wird die Kundin/der Kunde im Unternehmen vorgestellt?	www.trauner.at/VorstellungimUnternehmen.aspx	29
Duzen und siezen – nicht immer so einfach	www.trauner.at/DuzenundSiezen.aspx	60
Das Du-Angebot als Führungskraft an einen wesentlich älteren Mitarbeiter	www.trauner.at/FuehrungskraftDuzen.aspx	61
Das Du-Angebot bei Firmen- oder Weihnachtsfeiern	www.trauner.at/DuzenFeier.aspx	70
Wie übergibt man die Visitenkarte?	www.trauner.at/Visitenkarteuebergeben.aspx	74
Das Handy im Meeting	www.trauner.at/HandyimMeeting.aspx	107

VIDEO	LINK	SEITE
E-Mailknigge	www.trauner.at/E-Mailknigge.aspx	119
Wo setzt man sich hin bei einer Besprechung zu zweit?	www.trauner.at/Sitzordnungzuzweit.aspx	136
Wie ist man gute/r Gastgeber/in und Gast?	www.trauner.at/GastgeberGast.aspx	158
Die perfekte Weinprobe	www.trauner.at/Weinprobe.aspx	165
Wie benimmt man sich im Restaurant auf keinen Fall?	www.trauner.at/BenehmenimRestaurant.aspx	189
Die Haltung bei Tisch	www.trauner.at/TischHaltung.aspx	193
Ist Aufstehen während des Essens erlaubt?	www.trauner.at/AufstehenbeimEssen.aspx	194
Wie wird die Serviette richtig verwendet?	www.trauner.at/Serviette.aspx	200
Die Besteckspache	www.trauner.at/Bestecksprache.aspx	201
Wie wird der Brotkorb am Tisch weitergereicht?	www.trauner.at/Brotkorbweiterreichen.aspx	205
Die Verwendung des Brottellers	www.trauner.at/Brotteller.aspx	205
Darf nachgesalzen werden?	www.trauner.at/Nachsalzen.aspx	208
Wie viel Trinkgeld ist angebracht?	www.trauner.at/Trinkgeld.aspx	211
Wie und wo wird der Zahnstocher verwendet?	www.trauner.at/Zahnstocher.aspx	224
Wie löffelt man die Suppe und isst Spaghetti?	www.trauner.at/SuppeSpaghetti.aspx	291

Videos: © Rainer Lagemann und Elisabeth Motsch (Dreh: Torsten Halm)

Bildnachweis

S. 4: © Hannelore Kirchner
S. 5: © Sabine Starmayr
S. 265: © Tony Neil Thompson / Shutterstock.com
S. 273: © 2018 Anton Ivanov / Shutterstock.com

Alle weiteren Bilder und Grafiken sind Eigentum der TRAUNER Verlag + Buchservice GmbH bzw. wurden von Bildagenturen (stock.adobe.com, istockphoto.com, shutterstock.com) zugekauft.

Stichwortverzeichnis

F

G

H

U

V

W

Z